ディスプレイ材料と機能性色素

Display Materials and Functional Dyes

監修：中澄博行

シーエムシー出版

は じ め に

　ディスプレイ分野では，従来のブラウン管型のディスプレイから薄型液晶ディスプレイやプラズマディスプレイに大きく変わりつつある．本書は，このディスプレイ分野で大きく発展を遂げた液晶ディスプレイ，液晶プロジェクター，プラズマディスプレイ，有機ＥＬディスプレイなどの新しいディスプレイの概要とこれらに使用される機能性色素や機能性材料についての最新技術情報をそれぞれの分野の技術者・研究者によってまとめたものである．

　これまでのゲスト―ホスト型液晶表示用機能性色素や今後のディスプレイの中心となる薄型液晶ディスプレイ，液晶プロジェクターやプラズマディスプレイの概要や市場動向とそれらに使用される液晶材料，高精細カラーフィルターやそこに使用される機能性色素，偏光フィルムに使用される二色性色素，プラズマディスプレイ用近赤外遮蔽フィルム，反射防止フィルムに多くのページを割いた．さらに，大きく発展している液晶ディスプレイ用バックライトやプラズマディスプレイ用発光材料も取り上げ，本書を通じて新しいディスプレイと使用される主な機能性材料について一目でわかるようにまとめられている．

　また，2003年に商品化されたフルカラー有機ＥＬディスプレイに用いられている機能性色素と今後の技術動向や未来のディスプレイと位置付けられているデジタルペーパーを実現するための3つのアプローチについてその最新技術が紹介されている．さらに，次世代の薄型の高精細画像表示パネルとしてカーボンナノチューブを用いた電界放出型ディスプレイ（FED）の最新技術情報や周辺技術も解説されている．一方，ガリウムナイトライト系青色発光ダイオードの製品化で急速に発展している発光ダイオード（LED）については，LEDの要素技術の概要とこれらを用いた屋外ディスプレイの最新技術情報と市場動向も合わせて解説されている．

　機能性色素という名詞は本来，情報表示・記録分野で使用される有機の色素を表す名詞であるが，本書では，LEDや液晶ディスプレイ用バックライトおよびプラズマディスプレイ用の発光材料を含めた機能性色材を新しいディスプレイ用機能性色素として幅広く取り上げ解説が加えられているので，さまざまな分野の技術者・研究者にも格好の手引き書になると確信する．

2004年 8月

中澄博行

普及版の刊行にあたって

本書は2004年に『ディスプレイと機能性色素』として刊行されました。普及版の刊行にあたり,内容は当時のままであり加筆・訂正などの手は加えておりませんので,ご了承ください。

2010年2月

シーエムシー出版　編集部

執筆者一覧（執筆順）

中澄 博行	(現)大阪府立大学　大学院工学研究科　物質・化学系専攻　応用化学分野　教授
小林 駿介	(現)山口東京理科大学　工学部　電気工学科　教授；液晶研究所　所長
鎌倉　弘	セイコーエプソン㈱　研究開発本部　融合商品創生開発部　部長
後藤 泰行	チッソ㈱　液晶事業部　副事業部長　兼技術部長
日口 洋一	大日本印刷㈱　ディスプレイ製品事業部　ディスプレイ製品研究所　エキスパート
伊藤 和典	サカタインクス㈱　研究開発本部　第二研究部　マネージャー
門脇 雅美	㈱三菱化学科学技術研究センター　光電材料研究所　シニアリサーチャー (現)㈱三菱化学科学技術研究センター　機能商品研究所　主席研究員
横溝 雄二	㈱ハリソン光技術研究所　所長
別井 圭一	㈱富士通研究所　ペリフェラルシステム研究所　ディスプレイ研究部　ディスプレイ研究部長 (現)㈱日立製作所　コンシューマエレクトロニクス研究所　主管研究員
Min-Suk Lee	Electronic Materials Development Team, Corporate R&D Center, Samsung SDI
Jong-Seo Choi	Electronic Materials Development Team, Corporate R&D Center, Samsung SDI
Dong-Sik Zang	Electronic Materials Development Team, Corporate R&D Center, Samsung SDI
大井　龍	三井化学㈱　マテリアルサイエンス研究所　機能設計グループ　主席研究員 (現)三井・デュポン ポリケミカル㈱　テクニカルセンター　工材グループ　グループリーダー

（つづく）

野島　孝之	(現)日油㈱　機能フィルム研究所 AC1グループ　主事
久宗　孝之	(現)三菱化学㈱　情報電子本部　フォスファー事業部 フォスファー技術開発センター　センター長
佐藤　佳晴	㈱三菱化学科学技術研究センター　光電材料研究所　副所長
浜田　祐次	三洋電機㈱　技術開発本部　OEプロジェクトBU　主任研究員
橋本　和明	(現)千葉工業大学　工学部　生命環境科学科　教授
小田喜　勉	㈱ファインラバー研究所　研究員
杉本　武巳	(現)㈱矢野経済研究所　事業部長
中本　正幸	(現)静岡大学　電子工学研究所　教授
潘　路軍	(現)大連理工大学　物理与光電工程学院　教授
田中　博由	大阪府立大学　大学院工学研究科　電子物理工学分野　特別研究員
中山　喜萬	大阪府立大学　大学院工学研究科　電子物理工学分野　教授 (現)大阪大学　大学院工学研究科　機械工学専攻　教授
中西　洋一郎	静岡大学　電子工学研究所　教授 (現)静岡大学　電子工学研究所　特任教授
有澤　宏	(現)富士ゼロックス㈱　研究技術開発本部　チーム長
重廣　清	富士ゼロックス㈱　研究本部　先端デバイス研究所　マネジャー
町田　義則	(現)富士ゼロックス㈱　研究技術開発本部　研究主任
川居　秀幸	セイコーエプソン㈱　テクノロジープラットフォーム研究所 第一研究グループ　主任研究員

執筆者の所属表記は，注記以外は2004年当時のものを使用しております．

目 次

第1章 ディスプレイと機能性色素の係わり　　中澄博行

1 はじめに ……………………………1
2 液晶ディスプレイに係わる機能性色素 ……2
3 プラズマディスプレイに係わる機能性色素 ……………………………4
4 ブラウン管型ディスプレイに係わる機能性色素 ……………………………5
5 有機ELに係わる機能性色素 …………7
6 デジタルペーパーに係わる機能性色素 ……………………………8
7 その他 ………………………………9
8 おわりに ……………………………9

第2章 液晶ディスプレイと機能性色素

1 液晶ディスプレイにおける課題
　　………………………小林駿介 ……11
　1.1 はじめに ………………………11
　1.2 LCDの使われ方の種類 ………11
　1.3 表示の種類 ……………………12
　1.4 カラー表示の方式 ……………12
　1.5 LCDの評価項目と課題 ………12
　1.6 LCDの動作モード ……………14
　1.7 LCDにおける技術的課題 ……16
　1.8 まとめ …………………………17
2 液晶プロジェクターの概要と技術課題
　　…………………………鎌倉 弘 ……18
　2.1 はじめに ………………………18
　2.2 拡大する大型テレビ市場 ……18
　2.3 液晶プロジェクターの主な構成要素 ……………………………19
　　2.3.1 液晶プロジェクターの分類 ……19
　　2.3.2 透過型液晶プロジェクター ……19
　　　① 光源 ………………………20
　　　② 色分離・色合成光学系 ……21
　　　③ ライトバルブ ……………21
　　　④ 投射レンズ ………………23
　　　⑤ スクリーン ………………23
　　2.3.3 反射型液晶プロジェクターの開発 ……………………………24
　2.4 光学要素技術の課題 …………26
　2.5 おわりに ………………………27
3 TFT-LCD用液晶材料の今後の展望
　　…………………………後藤泰行 ……29
　3.1 はじめに ………………………29
　3.2 TFT-LCD用液晶材料への要求特性 ……………………………29
　3.3 要求される特性の改善 ………31
　　3.3.1 TNモードのしきい値電圧と応

I

　　　　　　答時間‥‥‥‥‥‥‥31
　　　3.3.2　誘電率異方性（Δε）の増大
　　　　　　‥‥‥‥‥‥‥‥‥‥32
　　　3.3.3　回転粘性係数（γ₁）の低下
　　　　　　‥‥‥‥‥‥‥‥‥‥34
　　　3.3.4　複屈折（Δn）の増大‥‥‥40
　　　3.3.5　液晶材料の信頼性の向上‥‥42
4　高精細LCD用カラーフィルター
　　‥‥‥‥‥‥‥‥‥日口洋一‥‥45
　4.1　カラーフィルターの高精細化と高
　　　機能化‥‥‥‥‥‥‥‥‥‥‥45
　4.2　CF機能付与のための材料開発状況
　　　‥‥‥‥‥‥‥‥‥‥‥‥‥‥46
　　　①　フォトスペーサ（パールレスCF）
　　　　‥‥‥‥‥‥‥‥‥‥‥‥‥46
　　　②　MVA‥‥‥‥‥‥‥‥‥‥‥46
　　　③　IPS‥‥‥‥‥‥‥‥‥‥‥47
　　　④　COA‥‥‥‥‥‥‥‥‥‥‥47
　　　⑤　配線BM技術‥‥‥‥‥‥‥48
　4.3　CFの色要求性能（色の最適化）‥‥48
　4.4　顔料分散材料（レジスト・インキ）
　　　から求められる機能性色材‥‥‥‥49
　　　①　演色性‥‥‥‥‥‥‥‥‥‥50
　　　②　透明性‥‥‥‥‥‥‥‥‥‥50
　　　③　耐光（候）性・耐熱性・耐溶剤性
　　　　‥‥‥‥‥‥‥‥‥‥‥‥‥51
　　　④　レジストとの良好な混合適性と顔
　　　　料分散安定性‥‥‥‥‥‥‥‥51
　　　⑤　パターニング（印刷方法）による
　　　　固有の要求特性‥‥‥‥‥‥‥51
　4.5　今後の展望‥‥‥‥‥‥‥‥‥52

5　カラーフィルター用機能性色素
　　‥‥‥‥‥‥‥‥‥伊藤和典‥‥55
　5.1　はじめに‥‥‥‥‥‥‥‥‥‥55
　5.2　カラーフィルターの分光特性‥‥55
　5.3　色再現の方向性‥‥‥‥‥‥‥55
　5.4　顔料分散法‥‥‥‥‥‥‥‥‥55
　　　5.4.1　顔料分散法とは‥‥‥‥‥55
　　　5.4.2　カラーレジスト‥‥‥‥‥57
　　　5.4.3　色度設計と顔料‥‥‥‥‥57
　5.5　カラーフィルターの高性能化と顔料
　　　の関わり‥‥‥‥‥‥‥‥‥‥60
　　　5.5.1　透過率の向上‥‥‥‥‥‥60
　　　5.5.2　コントラストの向上‥‥‥60
　　　5.5.3　色再現域の拡大‥‥‥‥‥61
　　　5.5.4　ブラックマトリックス（BM）
　　　　　　材料‥‥‥‥‥‥‥‥‥‥62
　5.6　おわりに‥‥‥‥‥‥‥‥‥‥62
6　ゲストーホスト型液晶用機能性色素
　　‥‥‥‥‥‥‥‥‥門脇雅美‥‥64
　6.1　はじめに‥‥‥‥‥‥‥‥‥‥64
　6.2　GH型液晶用色素（二色性色素）‥‥64
　　　6.2.1　二色性色素と要求性能‥‥‥64
　　　6.2.2　二色性色素の二色性比‥‥‥65
　6.3　二色性色素の高二色性化‥‥‥‥65
　　　6.3.1　連結伸張型色素‥‥‥‥‥66
　　　6.3.2　液晶性置換基－導入型色素‥‥67
　6.4　蛍光二色性色素‥‥‥‥‥‥‥69
　6.5　おわりに‥‥‥‥‥‥‥‥‥‥71
7　偏光フィルム用機能性色素
　　‥‥‥‥‥‥‥‥‥門脇雅美‥‥73
　7.1　はじめに‥‥‥‥‥‥‥‥‥‥73

7.2　偏光フィルムの要求特性‥‥‥‥73
7.3　偏光フィルム用二色性色素‥‥‥74
　　7.3.1　PVAフィルム用二色性色素‥74
　　7.3.2　配向薄膜用二色性色素‥‥‥75
7.4　おわりに‥‥‥‥‥‥‥‥‥‥‥79
8　LCD用バックライトの発光材料―冷陰極蛍光ランプを中心に―‥‥横溝雄二‥‥82
8.1　はじめに‥‥‥‥‥‥‥‥‥‥‥82
8.2　バックライトの構成材料と技術課題
　　‥‥‥‥‥‥‥‥‥‥‥‥‥‥‥83
　　①　光源‥‥‥‥‥‥‥‥‥‥‥‥83
　　②　導光板‥‥‥‥‥‥‥‥‥‥‥84
　　③　プリズムフィルム‥‥‥‥‥‥85
8.3　冷陰極蛍光ランプの現状と開発動向
　　‥‥‥‥‥‥‥‥‥‥‥‥‥‥‥85

8.3.1　冷陰極蛍光ランプの発光原理
　　‥‥‥‥‥‥‥‥‥‥‥‥‥‥‥85
8.3.2　冷陰極蛍光ランプの構成部材
　　と特徴‥‥‥‥‥‥‥‥‥‥‥87
8.3.3　冷陰極蛍光ランプの発光効率・
　　高輝度化‥‥‥‥‥‥‥‥‥‥88
8.3.4　冷陰極蛍光ランプの長寿命化
　　‥‥‥‥‥‥‥‥‥‥‥‥‥‥‥89
8.3.5　冷陰極蛍光ランプのUVカット
　　技術‥‥‥‥‥‥‥‥‥‥‥‥89
8.4　外部電極蛍光ランプ‥‥‥‥‥‥90
8.5　水銀レス蛍光ランプ（キセノン蛍光ランプ）‥‥‥‥‥‥‥‥‥‥‥‥90
8.6　まとめ‥‥‥‥‥‥‥‥‥‥‥‥91

第3章　プラズマディスプレイ（PDP）と機能性色素

1　PDPの概要と今後の動向‥‥別井圭一‥‥93
1.1　はじめに‥‥‥‥‥‥‥‥‥‥‥93
1.2　PDPの原理・構造‥‥‥‥‥‥‥93
1.3　PDPの作製方法‥‥‥‥‥‥‥‥96
1.4　最新技術‥‥‥‥‥‥‥‥‥‥‥98
　　1.4.1　高精細PDPテレビ‥‥‥‥‥98
　　1.4.2　各種セル構造‥‥‥‥‥‥100
　　1.4.3　前面フィルターによる色再現
　　　　範囲の拡大‥‥‥‥‥‥‥‥103
1.5　まとめ‥‥‥‥‥‥‥‥‥‥‥104
2　PDP Technology‥‥‥‥Min-Suk Lee, Jong-Seo Choi, Dong-Sik Zang‥‥106
2.1　Introduction‥‥‥‥‥‥‥‥‥106

2.2　What is PDP cell?‥‥‥‥‥‥107
2.3　What is filter?‥‥‥‥‥‥‥109
2.4　Luminous efficiency‥‥‥‥‥110
2.5　Technical issues‥‥‥‥‥‥‥111
2.6　R&D activities‥‥‥‥‥‥‥‥112
3　PDP近赤外線遮断フィルム用機能性色素
　　‥‥‥‥‥‥‥‥‥‥‥大井　龍‥‥115
3.1　はじめに‥‥‥‥‥‥‥‥‥‥115
3.2　近赤外線遮断の必要性‥‥‥‥115
3.3　近赤外線吸収色素‥‥‥‥‥‥116
3.4　PDP用光学フィルター‥‥‥‥118
3.5　高品位な画質を得るための選択吸収色素‥‥‥‥‥‥‥‥‥‥‥‥‥119

- 3.6 おわりに ……………………… 122
- 4 ディスプレイ用特殊低反射フィルム「リアルック®」……… **野島孝之** … 123
  - 4.1 はじめに ……………………… 123
  - 4.2 反射防止とは ………………… 123
  - 4.3 反射防止フィルム …………… 127
  - 4.4 特殊低反射フィルム「リアルック®」シリーズ ………… 127
    - ① 光学性能 …………………… 128
    - ② 表面強度 …………………… 128
    - ③ 帯電防止処理 ……………… 128
    - ④ 信頼性 ……………………… 128
    - ⑤ 生産性及び品質 …………… 128
  - 4.5 PDP用途におけるARフィルム … 129
    - ① 防汚性 ……………………… 129
    - ② 表面硬度 …………………… 130
    - ③ 機能複合フィルム ………… 131
  - 4.6 おわりに ……………………… 131
- 5 PDP用発光材料 ……… **久宗孝之** … 134
  - 5.1 はじめに ……………………… 134
  - 5.2 PDP用蛍光体に求められる特性 … 134
    - 5.2.1 輝度(効率) ……………… 134
    - 5.2.2 色度 ……………………… 135
    - 5.2.3 残光 ……………………… 135
    - 5.2.4 プロセス劣化耐性 ……… 135
    - 5.2.5 寿命 ……………………… 135
    - 5.2.6 粉体特性(塗布特性) …… 136
    - 5.2.7 電気的特性 ……………… 136
  - 5.3 現行PDP用蛍光体の特性と課題 … 136
    - 5.3.1 青色蛍光体 ……………… 136
      - (1) BAMの効率,寿命改善 … 136
      - (2) その他の青色蛍光体の改善 … 138
    - 5.3.2 緑色蛍光体 ……………… 138
      - (1) $(Zn, Mn)_2SiO_4$ の改善 … 138
      - (2) その他の緑色蛍光体の改善 … 139
    - 5.3.3 赤色蛍光体 ……………… 139

第4章 有機ELディスプレイと機能性色素

- 1 材料開発からみた有機EL技術の現状と今後の動向 ……… **佐藤佳晴** … 141
  - 1.1 材料開発の課題 ……………… 141
  - 1.2 材料開発の現状 ……………… 141
    - 1.2.1 高効率化 ………………… 141
    - 1.2.2 長寿命化 ………………… 143
    - 1.2.3 有機EL素子の総合性能 … 144
  - 1.3 長寿命化技術:材料からのアプローチ ……………………… 145
    - 1.3.1 耐熱性改善:高ガラス転移温度 ……………………… 146
    - 1.3.2 電気化学的安定性 ……… 147
    - 1.3.3 電荷注入の制御 ………… 148
  - 1.4 今後の動向 …………………… 148
- 2 有機ELディスプレイ用機能性色素 ……………… **浜田祐次** … 151
  - 2.1 はじめに ……………………… 151
  - 2.2 低分子型有機EL素子の概要 … 151
  - 2.3 キャリア輸送(注入)材料 …… 152
  - 2.4 発光材料 ……………………… 153

2.5	マイクロ波合成方法・・・・・・・・・・156			・・・・・・・・・・・・・・・・・・・・・・・・・・・157
2.6	有機ELディスプレイの製造方法・・・156		2.8	有機ELディスプレイの特徴・・・・・159
2.7	有機ELディスプレイのフルカラー化		2.9	まとめ・・・・・・・・・・・・・・・・・・・・160

第5章　LEDと発光材料

1　LED技術と今後の動向・・・橋本和明・・・162
 1.1　はじめに・・・・・・・・・・・・・・・・・・・・162
 1.2　LEDのこれまでの開発動向・・・・・・162
 1.3　LEDの動作原理・・・・・・・・・・・・・164
 1.4　白色LEDの種類と特徴・・・・・・・・166
 1.5　光源としての白色LEDの展望・・・・170
 1.6　おわりに・・・・・・・・・・・・・・・・・・・・170
2　LED用蛍光材料・・・・・・小田喜　勉・・・172
 2.1　はじめに・・・・・・・・・・・・・・・・・・・・172
 2.2　青色LED用蛍光体・・・・・・・・・・・・172
  2.2.1　YAG：Ceの発光特性・・・・・・172
  2.2.2　白色LED（Blue＋YAG）の問
   題点・・・・・・・・・・・・・・・・・・・・174
  2.2.3　その他の蛍光体・・・・・・・・・・・175
 2.3　近紫外LED用蛍光体・・・・・・・・・・176
  2.3.1　近紫外LED用蛍光体・・・・・・176
  2.3.2　赤色蛍光体の開発状況・・・・・・176
 2.4　おわりに・・・・・・・・・・・・・・・・・・・・180

3　白色LEDとその応用・・・・・杉本武巳・・・182
 3.1　急増する白色LED・・・・・・・・・・・・182
 3.2　携帯電話における白色LEDの採用
  　　状況と今後の展望・・・・・・・・・・・・・・183
  3.2.1　携帯電話におけるLED採用状
   況・・・・・・・・・・・・・・・・・・・・・・183
  3.2.2　携帯電話における今後のLED
   ニーズ・・・・・・・・・・・・・・・・・・184
 3.3　車載用における白色LEDの採用状況
  　　と今後の展望・・・・・・・・・・・・・・・・185
  3.3.1　様々な箇所で活躍するLED・・185
  3.3.2　車載用LEDの使い分け・・・・・186
  3.3.3　今後の車載用LEDの動向と白
   色LEDの市場性・・・・・・・・・・・187
 3.4　照明用白色LED・・・・・・・・・・・・・・188
  3.4.1　照明用光源としての白色LED
   の特徴・・・・・・・・・・・・・・・・・・188
  3.4.2　白色LED光源の普及展望・・・189

第6章 FED

1 FED技術と今後の展開・・・**中本正幸**・・・191
  1.1 はじめに・・・・・・・・・・・・・・・・・191
  1.2 FEDの概要と基本原理・・・・・・・・・191
  1.3 FEAの研究開発動向・・・・・・・・・・193
    1.3.1 回転蒸着法（Spindt法）FEA
        とFEDへの応用・・・・・・・・・193
    1.3.2 低加速電圧型FEDと回転蒸着
        法FEA・・・・・・・・・・・・・・・・194
    1.3.3 高加速電圧型FEDと回転蒸着
        法FEA・・・・・・・・・・・・・・・・195
    1.3.4 FEA及びFEDの技術課題と新
        しいFEA・・・・・・・・・・・・・・196
  1.4 おわりに・・・・・・・・・・・・・・・・・199
2 カーボンナノチューブを用いたFED
  ・・・**潘　路軍，田中博由，中山喜萬**・・・201
  2.1 はじめに・・・・・・・・・・・・・・・・・201
  2.2 CNTの電界放出特性・・・・・・・・・・202
  2.3 CNTの作製法・・・・・・・・・・・・・203
  2.4 FED用CNTエミッタの作製法と特
    徴・・・・・・・・・・・・・・・・・・・・・・204
    2.4.1 塗布法・・・・・・・・・・・・・・・204
    2.4.2 直接成長法・・・・・・・・・・・・205
    （1）熱CVD法・・・・・・・・・・・・・205
    （2）プラズマCVD法・・・・・・・・・208
  2.5 開発現状と今後の展望・・・・・・・209

3 電子線励起用蛍光体・・・**中西洋一郎**・・・211
  3.1 はじめに・・・・・・・・・・・・・・・・・211
  3.2 電子線励起による発光機構・・・・・・211
    3.2.1 励起過程の概要・・・・・・・・・・211
    3.2.2 発光効率に影響する電子線励
        起特有の現象・・・・・・・・・・・212
    （1）電子の侵入深さ・・・・・・・・・・212
    （2）2次電子放出能・・・・・・・・・・213
  3.3 FED用蛍光体に必要な性質・・・・・214
    3.3.1 導電性・・・・・・・・・・・・・・・214
    3.3.2 高密度電子線励起下での発光
        効率の維持・・・・・・・・・・・・214
    3.3.3 高密度電子線照射による劣化
        の防止・・・・・・・・・・・・・・・215
    3.3.4 粒径・・・・・・・・・・・・・・・・216
    3.3.5 薄膜・・・・・・・・・・・・・・・・216
  3.4 FED用蛍光体の現状・・・・・・・・・・216
    3.4.1 高電圧タイプ用蛍光体・・・・・216
    3.4.2 低電圧タイプ用蛍光体・・・・・217
    3.4.3 低抵抗蛍光体の形成・・・・・・218
    （1）導電性極薄膜被覆蛍光体・・・218
    （2）導電性蛍光体・・・・・・・・・・・220
    （3）薄膜蛍光体・・・・・・・・・・・・221
  3.5 電子線照射に対する蛍光体の安定
    化・・・・・・・・・・・・・・・・・・・・・223
  3.6 おわりに・・・・・・・・・・・・・・・・・224

第7章 デジタルペーパー

1 光アドレス電子ペーパー
　　　　　　　　　　　　有澤　宏 … 226
　1.1 はじめに … 226
　1.2 基本原理 … 227
　1.3 コレステリック液晶の電気光学応
　　　答 … 228
　1.4 両側電荷発生層型有機光導電層 … 229
　1.5 白黒表示媒体 … 230
　1.6 カラー化に向けて … 230
　1.7 おわりに … 233
2 トナーディスプレイ
　　　　　　　　重廣　清, 町田義則 … 234
　2.1 はじめに … 234
　2.2 基本原理 … 234
　　2.2.1 基本構成 … 234
　　2.2.2 表示駆動原理 … 235
　2.3 表示特性 … 235
　　2.3.1 表示コントラスト … 235
　　2.3.2 帯電特性 … 236
　　2.3.3 粒子混合率 … 237
　　2.3.4 粒子充填率 … 237
　　2.3.5 電圧印加方法 … 238
　2.4 カラー表示 … 239
　　2.4.1 カラー表示の基本構成と表示
　　　　駆動原理 … 239
　　2.4.2 カラー表示特性 … 240
　　2.4.3 プラスワンカラー表示 … 240
　　2.4.4 マルチカラー表示 … 241
　2.5 特長 … 241
　2.6 今後 … 242
3 電気泳動ディスプレイ … 川居秀幸 … 243
　3.1 はじめに … 243
　3.2 EPDの原理・特長 … 243
　3.3 開発の歴史 … 246
　　3.3.1 黎明期・繁栄・衰退 … 246
　　3.3.2 水面下の開発 … 246
　　3.3.3 そして再燃 … 248
　3.4 最近の技術動向 … 248
　　3.4.1 E-INK社 … 248
　　3.4.2 各社の開発状況 … 249
　　3.4.3 NEDOプロジェクト … 250
　3.5 おわりに … 250

第1章　ディスプレイと機能性色素の係わり

中澄博行[*]

1　はじめに

　テレビやパーソナルコンピューター用のディスプレイが，これまで主力であったブラウン管型のディスプレイから薄型の液晶ディスプレイ，プラズマディスプレイに大きく変わりつつある。ブラウン管型のディスプレイは2000年をピークにその生産実績は減少し，2002年は世界市場で7800万台にまで低下し，2005年には4000万台にまで生産は減少すると予測されている。これに取って替わり薄型の液晶ディスプレイが急速に生産実績を上げている。日本市場では前年比30%増であったが，世界市場規模では，予想を大きく上回る前年比2倍の市場規模に拡大している。(社)電子情報技術産業協会では液晶ディスプレイは2005年には日本，台湾，韓国の生産力増強で世界市場では現状の3倍に相当する9000万台まで拡大が続くと予想している。一方，プラズマディスプレイの生産台数も，2003年度の100万台から2005年には300万台に世界市場が拡大すると業界内部では予想している。現在，日本メーカーが世界市場のシェアの80%を占めているが，韓国，台湾企業もシェアの拡大のために設備増強を進めている状況である。

　ディスプレイ分野での今後の技術動向について考えてみると図1のようになる。これまでのブラウン管を書き換え性の信頼性，耐久性という点で最高位に位置付けるとすると，他方，薄さ，形状可変性，取扱の容易性という観点では最高位にディスプレイとしての「紙」が位置付けられる。これらの位置付けから，究極のディスプレイは，「紙」のような薄さと形状可変性がありブラウン管のような耐久性の優れた書き換え信頼性の高いディスプレイとなる。現在の薄型のフラットパネルとしてのプラズマディスプレイや液晶ディスプレイは，ブラウン管よりは寿命や信頼性という点では少し劣るものの，「薄さ」という横軸では一歩ブラウン管に比べて進化したとみなせる。一方，携帯電話，デジタルカメラやモバイル端末用ディスプレイとして実用化された有機ELディスプレイやリライタブルな感熱記録紙のデジタルペーパーは「薄さ」という横軸では，さらに進化した位置に置くことができるが，縦軸の書き換え性の信頼性，耐久性という観点では，ブラウン管に比べ著しく低位に位置づけられ，書き換え性の信頼性や耐久性に今後も多大な技術

---

[*]　Hiroyuki Nakazumi　大阪府立大学大学院　工学研究科　物質系専攻　機能物質科学分野　教授

ディスプレイと機能性色素

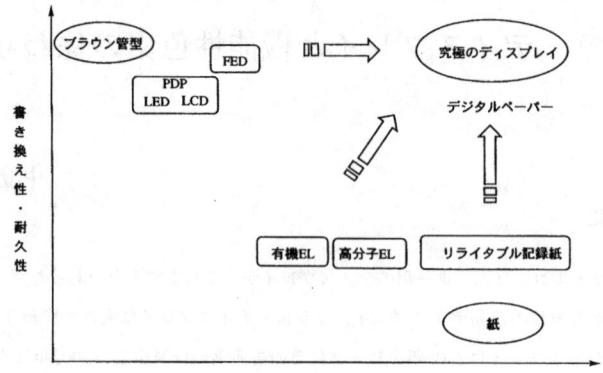

図1　ディスプレイの技術動向

的改良が必要と思われる。他の発光ダイオード（LED）や電界放出型ディスプレイ（FED）の位置付けは図1のようになる。

　液晶ディスプレイ，プラズマディスプレイ，ブラウン管型のディスプレイ，有機ELディスプレイには，様々な有機色素が基幹材料として使用されている。有機色素に求められる機能は，特定波長の選択的な光吸収機能，二色性，蛍光性などである[1,2]。

　ここでは，これら新しいディスプレイに使用されている有機色素や無機の蛍光体を含めた機能性色材を機能性色素として取扱い，このような機能性色素がそれぞれのディスプレイの機能にどのように係わっているか概説する。

2　液晶ディスプレイに係わる機能性色素

　液晶ディスプレイは，ブラウン管型ディスプレイやプラズマディスプレイのように自ら発光して表示しているものでなく，単に光の透過のオン-オフを活用したディスプレイであり，画像形成するために様々な機能をもった基材から構成されている。液晶ディスプレイには，大別すると背面にあるバックライトから出る光のスイッチングをする透過型と周囲の光の入射・反射光のスイッチングをする反射型がある。代表的な透過型液晶パネルの構造を図2に示す。この中で機能性色素が係わる部分は，カラーフィルター部分の着色材，偏光フィルムの偏光基材，バックライトの発光材である。液晶カラーフィルターの役割は，バックライトの白色光源から特定波長の光を透過させることである。したがって，理想的には，赤色の光を透過させるためには，図3の点

第1章　ディスプレイと機能性色素の係わり

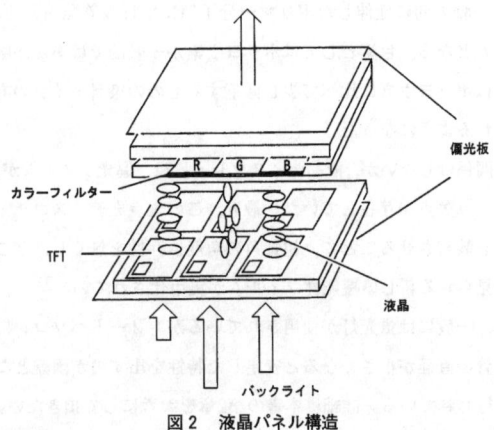

図2　液晶パネル構造

線で示される分光特性のカラーフィルターが望まれる[2]。しかしながら、有機色素による着色では、有機色素がある半値幅をもった吸収バンドを示すため吸収端が存在し、実線のような分光特性しか得られず、これらを改善する必要がある。カラーフィルターの形成方法は、電着法、印刷法、染色法、顔料分散法など開発されてきたが、今日では、一部で染料による染色法も残存するが、有機顔料を分散させた樹脂を用いたフォトリソグラフィー法が主流となっている。したがって、

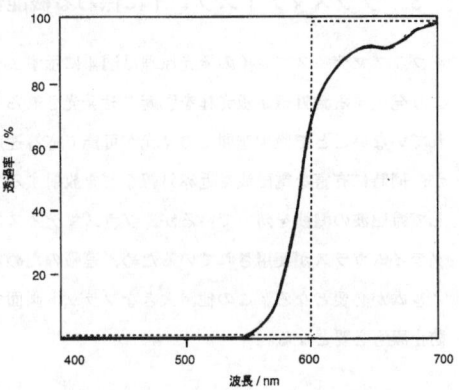

図3　赤色カラーフィルターの分光透過率

カラーフィルターの分光特性を向上させるためには、顔料の粒径制御や顔料分子の凝集制御も重要となる。用いられている有機顔料としては、ジスアゾ系顔料、アンスラキノン系顔料、ジオキサジン系顔料、フタロシアニン系顔料である。

　液晶ディスプレイの基幹材料である偏光フィルムは、一定方向の振動をもつ光のみ選択的に通過させるものであり、一般には、一軸に延伸されたポリマーに二色性色素を吸着配向させて製造される。理想的な二色性色素は、分子長軸方向の光を吸収し、それに直交する方向の光は透過するものであるが、実際には色素の分子長軸方向と光吸収の遷移モーメントの方向は少しずれる。

また，二色性色素を一軸方向に延伸したポリマー分子鎖に平行吸着配向させることができれば，高性能の偏光フィルムとなる。色素としてはポリヨウ素が一般的ではあるが耐熱性，耐光性に難点があり，偏光特性はポリヨウ素に比べて少し低下するものの染料タイプの有機色素を用いた偏光フィルムが使用されるようになった。

機能性色素と直接関係はしないが，液晶ディスプレイには，偏光フィルムが使用されることで，視野角が狭くなるという欠点が存在していた。最近，この欠点をディスコティック液晶化合物を配向させたフィルムを装着させることで，視野角の角度依存性を無くし，どこから見てもコントラストの高い画像が見られる新しい機能性フィルムが実用化されている[3]。

バックライトには，一般には蛍光灯が使用されているが，ノートパソコンに使用されるバックライトのように蛍光管の直径が小さくなると安定した特性を出すのが困難となる。様々な工夫が製造プロセスの中で行われている。詳細は本書の第2章を参考にして頂きたい。

3 プラズマディスプレイに係わる機能性色素

プラズマディスプレイの発光原理は図4に示すようにネオン—キセノンガスのプラズマ放電により発生する紫外線が蛍光体を励起させ発光させる[1]。原理は蛍光灯に類似するが，水銀が含まれていないことで微少空間での発光が可能で応答速度などでディスプレイとしての優位性があるが，同時に有害な電磁波や近赤外線などを放射する欠点がある。ブラウン管では鉛ガラスを使用して電磁波の漏洩を防いでいるが，プラズマディスプレイでは鉛フリーのガラス，すなわちソーダライムガラスが使用されているため，遮蔽のために電磁波シールドフィルムや近赤外線遮蔽フィルムが必要となる。この他，大きなフラット画面であるために全可視光波長領域にわたる反射防止膜も必要となる。

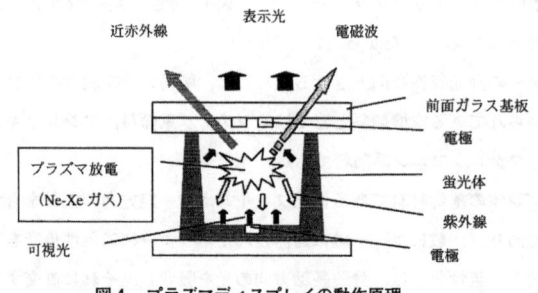

図4　プラズマディスプレイの動作原理

第1章　ディスプレイと機能性色素の係わり

　有機の機能性色素は，ネオン―キセノンガスプラズマ放電により発生する紫外線以外の光を吸収するために用いられる。特に，キセノンの発光による850nm以上の近赤外光は，家電製品に用いられているリモコン用波長に近いため放置すれば誤作動を招くおそれがある。近赤外吸収色素については，1990年までに開発されてきた近赤外吸収色素を総説[4]の中にまとめたが，この新しいディスプレイ分野に応用されるためには，400～700nmの可視光領域には吸収が皆無で，しかも800～1100nmに吸収を示す特殊な近赤外吸収色素が必要となる。市販されている近赤外吸収色素で含フッ素フタロシアニン，ジイミニウム系近赤外吸収色素，ニッケル錯体などがこの分野で応用されている。使用形態としては近赤外吸収色素を用いた近赤外線遮蔽フィルムがプラズマディスプレイの全面パネルに貼付されている。この他ネオン―キセノンガスプラズマ放電で580nmにもネオンの燈色発光があり，この発光色もシアニン色素やアザポルフィリン等の機能性色素で吸収されている。現在，いずれの色素もフィルムの中で使用されているが，無機の機能性色素である発光材料の改良などでプラズマディスプレイの消費電力を下げる技術開発が進めば，薄膜状態での機能性色素の利用へと技術転換が迫られる。

4　ブラウン管型ディスプレイに係わる機能性色素

　一般のカラーテレビやコンピューターのカラーディスプレイ用ブラウン管は高画質マスクや反射防止膜でブラウン管のガラス表面を特殊な着色技術で機能化されている。この着色技術はゾル―ゲル着色法として1989年に日本で開発[5]されたもので，現在，ブラウン管の標準的な高画質技術として世界中で使用されている。このゾル―ゲル着色法は，ガラス表面に有機色素を含む無機質の薄膜で着色させる方法である。この着色方法は，カラーテレビやカラーディスプレイ用ブラウン管の高画質マスクや反射防止膜の他に，リサイクルに適した着色ガラスびんの着色膜[6]にも応用されている。以下にこのゾル―ゲル着色法について簡単に解説する。

　ゾル―ゲル法と呼ばれる酸化物ガラスの合成法は，いろいろな無機材料，特にガラスやセラミックスの高機能化に数多く利用[4]されているが，この手法の最大の特徴は溶液状態からゲルまたはガラス薄膜が作製できる点にある。このようなゾル―ゲル法と有機色素の長所である高い着色力（大きなモル吸光係数）を活用することでガラスの新しい着色方法となっている[7]。ゾル―ゲル法とは，無機材料の合成法の一種であり，金属アルコキシドのアルコール溶液から出発して，溶液中での金属アルコキシドの加水分解，重合により，その酸化物または水酸化物の微粒子のゾルを生成し，さらに，アルコール等の溶媒の除去により生成するゲル（ゾルがゼリー状に固化したもの）を加熱して，ガラスまたは非結晶の無機材料をバルクやコーティング膜として得るものである。新しいガラスの着色方法は，このゾルに有機色素を加え，生成する着色ゲルを薄膜とし，

ガラスの着色に利用するものである。実際には，ディップ法やスピンコート法が用いられる。得られる着色コーティング膜の特長は，有機色素の選択により種々の透明な着色コーティングが可能となること，1回のコーティングで形成する膜厚は0.1〜0.3μmの薄膜であること，いろいろな種類のガラスへの着色[7]が容易であることなどである。

このゾル―ゲル着色膜が実用化された最初の例がカラーテレビのブラウン管外壁の高画質化膜である。これは，テレビの高画質化技術として，発光体の発光波長の重なり部分の波長を有機色素で吸収させ，高解像度の画像を実現させたものである。図5に示すように赤色と緑色の発光波長の570nm付近の重なり部分を有機色素で吸収させ，見かけ上，赤色，緑色の発光スペクトルを鋭くし，画像の解像度を向上させたものである。使用された有機顔料はPigment Violet 19である。さらに，他の重なり部分も有機色素で吸収させることで，ハイビジョン用ブラウン管にも応用されている。また，このような高画質マスクは，外光の反射防止膜としても優れた効果を示し，さらに屈折率の異なる二層のゲル膜を塗布することで可視光波長領域全般にわたる低反射を実現している。

また，ブラウン管型ディスプレイ分野では，赤，緑，青色発光の3種類の蛍光体は，フォトリソグラフィー法の技術で塗布されているが，それぞれの蛍光体の前に無機顔料で色純度を向上させる目的でマイクロフィルターが付けられ画像のコントラストを高くする技術が確立されている[1]。

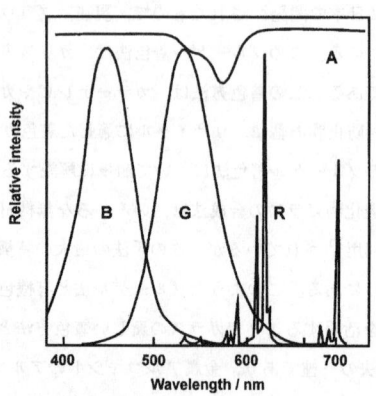

図5　カラーブラウン管の(B)青，(G)緑，(R)赤の発光スペクトルと高画質マスクの吸収スペクトル(A)

5 有機ELに係わる機能性色素

有機EL (Electroluminescent) 素子は，1987年にTang[8]らによって低電圧で高輝度発光を得ることに成功して以来，フラットディスプレイとしての実用化が検討されてきた。単色の有機ELディスプレイはこれまでにオーディオ機器の表示部分で一部実用化されていたが，フルカラー有機ELディスプレイは2003年にコダックのデジタルカメラに初めて搭載され商品化された。今後も携帯電話用カラーディスプレイやカーナビゲーションシステム用ディスプレイとして期待されることから，本格的な生産が始まろうとしている。使用される機能性色素としては，蛍光性を有する機能性色素である。また，1990年には高分子有機EL素子[9]も発表されている。

有機EL素子の基本構造は積層構造であり，有機発光層を陽極側に積層されたホール注入層，ホール輸送層と陰極側に積層された電子輸送層で挟み込むという構造になっている。これに電界をかけて外部の電子とホールを注入し，有機発光層で電荷を再結合させ，電気エネルギーで色素分子を励起させ，励起分子は蛍光発光して失活する。これを繰り返すことで発光を持続させている。有機発光層には様々な蛍光色素が提案されているが，実際には，基本的な発光層として8-オキシキノリン―アルミニウム錯体とドーパントとして様々な蛍光有機色素を組み合わせて用いられている。この発光システムは図6に示すように電荷再結合で本来発光する8-オキシキノリン―アルミニウム錯体の蛍光発光エネルギーをドーパント蛍光色素に移動させ，蛍光色素を効率的に発光させている。様々な蛍光有機色素については，第4章に記載されているので，ここでは省略する。

有機EL発光素子は，素子の長寿命化など課題も多いが三原色を発光させることができることから白色光源として利用することも可能であり，新しい白色光源としても期待されている。特に，

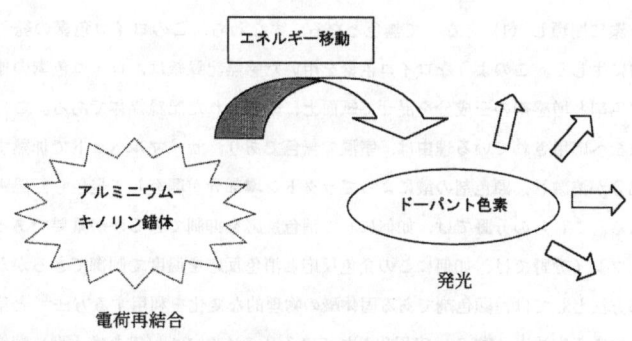

図6　有機ELにおけるドーパント色素の発光

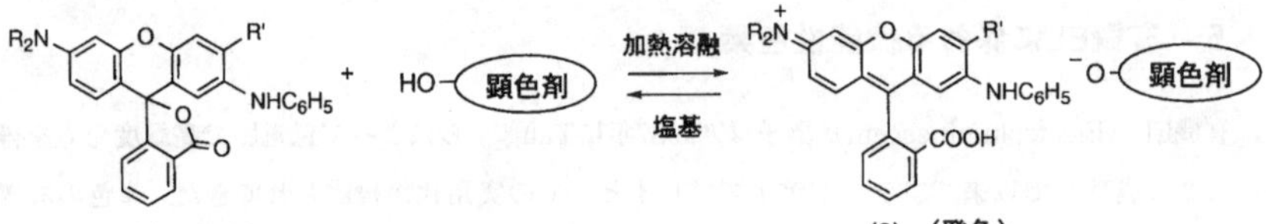

図7 フルオラン系ロイコ色素の発色・消色反応

高分子材料で白色発光材料の開発が進めば,薄膜光源として他のディスプレイ分野にも応用できることから,高分子EL材料の開発が活発に進められている。

6 デジタルペーパーに係わる機能性色素

究極の薄さと形状の可変性を備えた「紙」と書き換え性と耐久性で高い信頼性のあるブラウン管ディスプレイの長所を融合した「デジタルペーパー」または「電子ペーパー」は,電子情報を活用した書き換え性に優れた究極のディスプレイ形態として提案されているものである。このような表示媒体を可能にするアプローチとして,電気泳動型ディスプレイ,トナー型ディスプレイ,光書き込み型ディスプレイや感熱発色型ロイコ色素を用いたリライタブル記録表示媒体がある。詳細は,第7章に記載されているが,有機の機能色素という観点からは,感熱発色型ロイコ色素系[1]が特に興味深い。

感熱発色型色素は,ロイコ色素と呼ばれる分子内にラクトン環を有する無色の化合物が用いられる。代表的なフルオラン系ロイコ色素 (1) の例を図7に示す。このロイコ色素は,酸によってラクトン環が開裂してカチオン部分が生成し発色する(発色体 (2))。また,(2) は塩基と反応してラクトン環に閉環し (1) となって無色となる。すなわち,このロイコ色素の発色・消色反応は,可逆的に生じる。このようなロイコ色素を用いた感熱記録紙は,ロイコ色素の他に,酸を発生させる顕色剤と増感剤の三成分を混ぜて紙面上に塗布された記録媒体である。このロイコ色素が感熱記録紙へ応用されている理由は,室温で無色であり,サーマルヘッドで加熱することで加熱された部分が溶融し,顕色剤の酸によってラクトン環部分が開裂して発色し記録画像がえられるためである。これらの分野では,如何にして消色反応を抑制できるかが重要であった。ところが,ディスプレイ分野では,如何にこの発色反応と消色反応を温度で制御できるかが重要となる。この制御方法としては,顕色剤である固体酸の物理的な変化を利用する方法[10]と第3成分として消色剤を加える方法[11]がある。実用化されているリライタブル(書き換え型)記録では,前者の方法で長鎖アルキルホスホン酸などの長鎖型顕色剤を利用して,発色している状態をさらに

第1章　ディスプレイと機能性色素の係わり

加熱，冷却する過程で顕色剤が単独で結晶化する力で発色体（2）からロイコ色素（1）に戻し消色する。すなわち，顕色剤の分子集合状態の変化を利用するもので，繰り返し特性に優れている[10]。このようなリライタブル記録媒体は，現在すでに磁気カードやICカードの情報表示部分にも広く用いられている。

7　その他

　有機の機能性色素は使用されていないが，無機の機能性色素である発光材料を用いたLED分野では，新しいディスプレイとして，青色LEDを組み込んだ屋外ディスプレイが実用化された。また，次世代薄型ディスプレイとしてFEDが試作段階にある。p型半導体とn型半導体を接合させた発光ダイオードLEDが製品化されて以来，軽量，小型で消費電力が小さく，長寿命であることから屋外ディスプレイ市場で中心的な役割を担うと期待されながら，今一つ市場が拡大しなかった。ところが，ガリウムナイトライト系の青色LEDが製品化されたことで，性能が急激に向上し，フルカラー表示が可能となり，急速に屋外ディスプレイへの応用，信号機のLED化，白色光原としてのLEDの利用など様々な分野での実用化が拡大している。

　一方，次世代ディスプレイであるFEDは，薄型の高精細画像表示パネルとして検討されてきた。近年，カーボンナノチューブを電界電子原とするフラットディスプレイの試作も行われるようになった。詳細な特性は，本書の第6章を参考にされたい。

8　おわりに

　機能性色素の市場は，液晶ディスプレイ，プラズマディスプレイ，有機ELディスプレイなどの新しいディスプレイの出現で飛躍的に拡大している。しかしながら，これら新しいディスプレイの製造プロセスは，今後コストの低減化に向けて革新的な製造技術の導入も検討されている。機能性色素はいずれの場合にも必要不可欠ではあるが，使用形態としては今後は必要最小量を塗布する技術に大きく変って行くと予測される。

文　　献

1) 中澄博行，機能性色素の最新技術，シーエムシー出版，p3，p85，p91，p164（2003）
2) 中澄博行，色材協会誌，**74**，404（2001）
3) H. Mori, Y. Itoh, Y. Nishiura, T. Nakamura, Y. Shinagawa, *Jpn. J. Appl. Phys.*, **36**, 143（1997）
4) J. Fabian, H. Nakazumi, M. Matsuoka, *Chem. Rev.*, **92**, 1197（1992）
5) 伊藤武夫，松田秀三，清水和彦，東芝レビュー，**45**，831（1990）
6) H.Nakazumi, K. Ishii, Y. Sakashita, *et al.*, Proc. 2nd int. Conf. Coating on Glass; 1998 September 6-10, H. Pulker, H. Schmidt, M. A. Aegerter, ed. Saarbrucken, Germany: 1998, 114
7) H. Nakazumi, T. Itoh, *J. Soc. Dyes Colour.*, **111**，150（1995）
8) C.W. Tang and S. A. VanSlyke, *Appl. Phys. Lett.*, **51**，913（1987）
9) J. H. Burroughes *et al.*, *Nature*, **347**，539（1990）
10) 筒井恭治，色材協会誌，**76**，154（2003）
11) 佐野健二，未来材料，**1**，34（2001）

第2章 液晶ディスプレイと機能性色素

1 液晶ディスプレイにおける課題

小林駿介[*]

1.1 はじめに

 液晶物質そのものは，生体の神経組織の一部として1864年に，また，今日知られているコレステリック液晶は1888年に発見された。液晶ディスプレイの初期のデモストレイションを表1に示す。

表1 初期の頃の液晶デバイスのデモストレイション

年	技術	会社
1964	コレステリック液晶を用いたサーモグラフィ	ウェスティングハウス
1968	ネマティック液晶 動力的散乱モード	RCA
1971	ねじられたネマティック(TN-LCD)	フマンラロッシェ
1986	STN-LCD	BBC

 LCDはその後大いなる発展をとげて，今日LCD産業は液晶テレビや携帯電話の表示用など2兆円産業へと発展している。本稿においては，LCDの使われ方の種類，特性の評価，生産および環境問題等について述べる。

1.2 LCDの使われ方の種類

 すでに商品として用いられているように，LCDの使われ方につぎの種類がある[1,2]。

 A）直視型（バックライト使用）
 B）反射型 ── 完全反射型
           └─ 半透過型
 C）投射型 ── スクリーン投射型（Front projection）
           └─ 背面投射型（Rear projection）
 D）立体表示

---

[*] Shunsuke Kobayashi 山口東京理科大学 液晶研究所 教授 所長

1.3 表示の種類
　A) 記号　B) 文字数字　C) ドットマトリクス

1.4 カラー表示の方式
　A) カラーフィルター
　B) フィールドシークェンシャル（色順次）方式

1.5 LCDの評価項目と課題[1)]
　電子ディスプレイ全般に共通する評価項目は，細部に亘ってあげれば60～100項目ぐらいある。その中で，総括的・代表的な項目は次の通りである。
　A) 形状
　　1) 表示スクリーンの大きさ（対角，インチ）
　　2) 全体の奥行き
　　3) 重量
　B) 表示特性／見やすさ（表2）
　　1) 明るさ＝ルミナンス（cd/m^2）
　　2) コントラスト比，ルミナンスコントラスト比 1000：1が望まれる
　　3) 白さ（色空間で定義）
　　4) 黒さ（色空間で定義）
　　5) ピクセル（pixel）数，赤（R），緑（G），青（B），RGB表示のときは3色まとめて1ピクセル
　　6) 色範囲（Color gamut），（x，y）表式，（U^*，V^*）（A^*，B^*）表式
　　7) 白黒中間調数，（128ビッツ，256ビッツ）
　　8) 色中間調，色の数
　　9) 動画特性，像の流れ，ぶれ
　　10) 視野角
　　11) 一様性
　　12) 画質（自然色の再現，強調絵）
　　13) 立体表示

第2章　液晶ディスプレイと機能性色素

表2　画像の評価法の段階とその属性 (attribution) および性能指数

物理放射量計測 (physical radiometry)	心理物理計測 (psychophysical meas.) (CIE 1931 Y, x, y)	心理計測量測定 (psychometric colorimetry) (CIE 1976 $L^*u^*v^*, L^*a^*b^*$)	エルゴノミックス (ergonomics) (心理テスト)
A. 放射量 　1. 放射束 [W] 　　(radiant flux) 　2. 放射輝度 [W/sterad/m²] 　　(radiance) B. 分光分布 　1. 光源 　2. 分光スペクトル密度 P_λ 　3. 反射率、透過率 C. 性能指数 　1. 放射輝度 　　コントラスト比 　2. 可視・不可視	A. 測光量 　(photometric quantity) 　刺激値 Y 　(輝度、明るさルミナンス) 　1. 光束 [lm] 　　(luminous flux) 　2. 輝度 [lm/sterad/m²] 　　=[cd/m²]=nit B. 色度 (chromaticity) (x, y) 　1. 主波長 　2. 刺激純度 　3. 色範囲 C. 性能指数 　1. 平均ルミナンス 　2. ルミナンスコントラスト比 　3. 色度差	A. 明るさ L^* 　(psychometric lightness) B. 色度 　(chromaticness) 　(u^*, v^*) or (a^*, b^*) 　1. 色相 (hue) 　2. 彩度 　　(chroma or saturation) C. 性能指数 　1. 色差 ΔE^* 　2. 明るさの差 ΔL^* 　3. 色相 　4. 白さ 　5. 黒さ	A. 心理的明るさ 　(brightness) B. 感覚色度 　1. 色相 (hue) 　2. 彩度 　　(chroma or saturation) C. 性能指数 　1. 心理的コントラスト 　　(明るさとカラー) 　2. 誤読 　3. 相対歪み 　4. シャープネス 　5. 快適性 　6. 臨場感など

C) 電気的駆動特性
　1) 駆動電圧（10V以下～2V位）
　2) 駆動電圧波形の周波数
　3) 駆動電流
　4) 消費電力
　5) バックライト，制御系，メモリー系，駆動系など
　6) 駆動方式
　　①直接（Direct drive）
　　②直接マルチプレクシング（Direct multiplexing or Simple matrix）
　　③アクティブマトリクス（Active matrix, TFTs or TFDs）
　　④LCoS（Liquid crystal on Silicon）
D) 信頼性，動作温度範囲
　1) 動作温度範囲
　　－20℃～85℃
　2) 信頼性テスト
　　①温度範囲　－20℃(0℃)～85℃
　　　温度サイクルテスト
　　②湿度
E) 生産性
　1) 歩留り
　2) スループット（全工程に要する時間）
　3) コスト
　4) 運搬性（LCDの第7世代（1800×2000mm^2），8世代ではマザーガラスが大きくなり製造装置の運搬が問題となる。）

1.6　LCDの動作モード[1,2]

　研究室レベルで知られているLCDの動作モードは25種類ぐらいある。そのうち，今日実用的に用いられているのは，
　1) TN-LCD, 2) STN-LCD, 3) TFT-TN-LCD, 4) TFT-IPS-LCD, 5) TFT-MVA-LCD, および 6) LCoS-FLCDである。
　表3にLCDの動作モードの種類，方式，特徴などを示す。

第2章 液晶ディスプレイと機能性色素

表3 液晶の種類とおもな動作モード

液晶	動作モードの名称	略称	効果	動作原理	誘電率異方性Δε	液晶分子の配列の変化	偏光板
ネマティック N	電圧制御複屈折率	ECB	電界	複屈折率 光干渉	+	水平→垂直	2枚
	垂直配向	VAN	〃	〃	−	垂直→傾斜	2
	ハイブリッドネマティック	HAN	〃	〃	±	ハイブリッド→垂直配向	2
	インプレーンスイッチング	IPS	〃	複屈折光干渉 旋光能	±	水平(0°)→水平(45°) ねじれ(90°)→水平	2
	ベントネマティック	BN, π-cell OCB	〃	複屈折率 光干渉	+	ほぼ垂直→傾斜	2
カイラルネマティック N*	ねじれたネマティック	TN	〃	旋光能	+	ねじれ(90°)→垂直 (水平)	2
	スーパーTN	STN	〃	複屈折光干渉	+	ねじれ→180°→垂直	2
N*, N	ゲストホスト	GH	〃	色素の2色性	+, −	水平⇔垂直 水平→垂直(ねじれ)	1, 0
N	動的散乱	DS	電界 電流	光散乱	N, N*	ドメイン分割	0
コレステリック Ch, N*	相転移	PC	電界	Ch→N相転移 光散乱	+	ねじれ→180°→垂直	0
	双安定	BSN	〃	旋光移・光干渉	+	ねじれ→180°→垂直	2
N, N*, Ch	高分子分散	PD	〃	光散乱	−	光散乱→透明	0
Ch	特性反射	CR	温度	光ブラッグ反射	−	−	0
	熱書込み	TA	電界	光散乱	+	−	0
スメクティック SA (N)	エレクトロクリニック	EC	電界	複屈折光干渉	自発分極	面内回転	2
カイラルスメクティック SC*	強誘電性液晶 表面安定	SSFLC	〃	〃	自発分極 +, −	ゴールドストモード 双安定	2
	反強誘電性液晶	AFLC	〃	〃	〃	2重ヒステリシス	2
	強誘電性液晶 高分子安定	PS-FLC	〃	〃	〃	単安定	2

略称*): ECB; Electrically Controlled Birefringence, VAN; Vertically Aligned Nematic, HBN; Hybrid Aligned Nematic, IPS;In-plane Switching, BN; Bent Nematic, OCB; Optically Compensated Bent (Nematic) Mode, TN; Twisted Nematic, STN; Super Twisted Nematic, GH; Guest Host, DS; Dynamic Scattering, PC; Phase Change, BS; Bistable (Nematic), PD; Polymer Dispersed, CR; Characteristic Reflection, TA; Thermally Addressed, EC; Electroclinic, SSFLC; Surface Stabilized FLC, AFLC; Anti FLC, PS-FLC;Polymer-stabilized FLC

ディスプレイと機能性色素

1.7 LCDにおける技術的課題

1) 実用化の始まり（1970～1980）

ディジタル時計，太陽電池付電卓，文字数字表示

2) ピクセル数の増大（1980～2000）

A) 直接マルティプレクシング（単純マトリクス）

マトリクス表示（DM-TN-LCD_S 10×100ドッツ）

B) DM-STN-LCD_S　VGA（400×480ドッツ）

C) フルカラーアクティヴマトリクスLCD, PC用

AM-TFT-TN-LCD_S（VGA仕様）

D) LCD-TV（1990～2004）

①HD-TV仕様

AM-TFT-TN-LCD_S, 37″

②AM-TFT-IPS-LCD_S, 37″

③AM-TFT-MVA-LCD_S, 45″

3) 視野角の増大（改善）

LCDを斜め方向から見るとコントラストの逆数や色表示の不自然さが生じてしまう。LCDにおける視野角の増大（改善）は，

A) ピクセルの分割

B) 光学補償板の使用などの方法がある。

垂直方向170°，水平方向170°が望まれる。

FLCDなどLC層の厚さが1.5μm程度薄い場合は本質的に広視野角である。A)のピクセル分割法はTN-LCDでは4分割が必要充分であることが著者らにより示されている。また，VAN方式は，ピクセル分割によりMVA方式と呼ばれている。IPS-LCDは広視角を特徴としている。ベントモードを光学補償した方式はOCBと呼ばれている。

光学補償板は光学的に正，負の補償板を組合わせて立体的な光学補償となっている。また，偏光板の広視野角も行われている。

4) LCDの高速応答性

LCDやELなど発光型のFPDは数μsの応答速度を持っている。それに対して，一般的にLCDの応答速度は数10msである。画像のフレームレートは普通60Hzである，したがって16.7msが必要とされる時定数であるが，中間調を考慮に入れると立上りプラス立下りで4msぐらい必要である。

A) FLCDでは，時定数100μs～400μsは常に可能であり，View finder用として実用化されている。

第 2 章　液晶ディスプレイと機能性色素

時定数 1 ms 秒以下で TFT 駆動可能な方式は PSV-mode FLCD のみである[3]。
- B) 二周波駆動も数 100 μs 可能である。
- C) ベントモード，OCB では，4ms が報告されている。
- D) Over-driving 主として立上り特性改善のため余分な電圧を印加する Over-driving 法が採用されている。
- E) ナノ金属粒子を添加した TN-LCD は高速応答（無添加に比べて数10%〜数倍の高速応答）を示す。特に Over-driving なし（critical damping）が得られている。

5) 省エネルギー LCD
- A) バックライト光源の効率向上
- B) フィールドシークェンシャル法により25%程度の省エネルギーが期待できる。

6) 環境問題／FPD のリサイクリング

家電リサイクリング法（平成13年4月制定）の制定に見られるように，LCD を含めた FPD においても，リサイクリングとリサイクリングに向けた製造法の開発が望まれている。特にヨーロッパでは EU の法律として，有害物質使用禁止法が制定されている。RoHS（Restriction on Hazardous Substances）が2003年に発効，そしてまた WEEE（Directire on Waste from Electrical and Electronic Equipment）が2006年7月1日に発効する。今後の対応が要求されている。

1.8　まとめ

LCD は IT（情報技術）の中心的情報ディスプレイとして用いられており，3兆円産業へと成長している。そしてさらに進化・成長をとげるであろう。本稿においてはこのように IT における中心的技術である LCD における技術的課題をまとめた。

文　献

1) 小林駿介, "液晶表示の原理と方式", 応用物理, **68**, 561（1999）
2) 小林駿介編著, "次世代液晶ディスプレイ", 共立出版,（2000）
3) 小林駿介,河本里留,大河内政文,Sudarshan Kundu, 長谷部浩史,高津晴義, "高分子安定化（PSV）FLCDの作製と特性：色順次フルカラー液晶ディスプレイへの応用", 液晶, **8**, 3, 159（2004）

2 液晶プロジェクターの概要と技術課題

鎌倉　弘*

2.1 はじめに

　液晶プロジェクターは小型で持ち運びが可能なことから，近年，ビジネスの世界ではプレゼンテーション用のツールとして一般的に認知されるようになった。これらはIT（Information Technology）産業の牽引役を果たしてきたパソコンや，インターネットの普及にともない電子化した情報を解りやすくイメージで伝える手段として，ビジネスの世界において必須のツールとなってきている。最近のプロジェクション技術により投射画像は明るさが一段と向上し，静止画像から動画像まで表現できるようになったことにより，プレゼンテーション以外でもインフォメーションディスプレイとして新たに広告宣伝など電子看板などにも使用され始めている。

　この液晶プロジェクターは，プレゼンテーションの世界から，さらにエンターテイメント市場における大画面テレビ市場への展開がされ始めており，リア型液晶プロジェクターは，特に画面サイズの50インチ以上の大型TV市場において，プラズマディスプレイ（PDP）や大型液晶パネルなどと市場で競い合うところまで成長してきている。

　このように1980年代に開発された液晶プロジェクター[1,2]は，20年間の歳月の中で進化発展し，今日では，年間数百万台が生産され大きな市場を形成し，大画面テレビを中心としたホーム市場へ広がる兆しもあり，第二の発展期を迎えつつある。

2.2 拡大する大型テレビ市場

　CEA（Consumer Electronics Association）によれば，米国の民生電子機器の輸入額は2004年に初めて1010億米ドルに達するといわれ，特に大画面のテレビが大きく伸びている。また，直視型と投射型を合わせると売上高は，2002年度の42億8000万米ドルから2003年度は61億5000万米ドルに拡大している。

　その中でもマイクロデバイスを用いたデジタルプロジェクターの販売金額は，2003年度は34億米ドルであり，今後も大幅に増加傾向にある。

　2004年6月に米国で開催されたプロジェクションサミットでのアナリスト各社の報告[3]によれば，各種プロジェクターの世界市場は，2008年ではプレゼンテーション用のフロント型プロジェクター市場は550台～860万台，リア型プロジェクター市場は740万台～1130万台との報告がある（表1参照）。

　このように液晶プロジェクターは今後の成長率においても成長が著しいものである。

---

*　Hiroshi Kamakura　セイコーエプソン㈱　研究開発本部　融合商品創生開発部　部長

第2章 液晶ディスプレイと機能性色素

表1 大型表示装置の市場予測

Forecasts for Big Screens (>30″)

Technology	2003 Forecast (M units)	2008 Conservative (M units)	2008 Optimistic (M units)
Presentations FP	2.2	5.5	8.6
RPTV	4.8	7.4	11.3
FPTV	0.3	0.8	4.8
Projection Subtotal	7.3	14.1	24.8
PDP Consumer	1.0	4.6	13.0
PDP Enterprise	.4	.4	1.6
AMLCD Consumer	.3	7.5	39.1
AMLCD Enterprise	nil	.4	1.0
CRT Consumer	14.2	19.0	28.7
Grand Total	23.2	46.0	108.2

Sources : DTC, DS, IDC, PMA, SR, TSR.

2.3 液晶プロジェクターの主な構成要素

本稿では，特に，現在の液晶プロジェクターの基本的な構成について光学系の内容を中心に要素技術を紹介し，最近の注目されている技術課題について述べる。

2.3.1 液晶プロジェクターの分類

各種マイクロディスプレイを光学系により拡大投射する方式は数多く存在するが，そのうち商用レベルになったものは大別して3種類である。その中で，現在ポリシリコンTFT液晶パネルを3枚用いた透過型液晶プロジェクターが主流である。しかしながら最近では，テキサスインスツルメント社が開発したDMD (Digital Micro mirror Device) を用いた反射型DLPプロジェクターも市場に参入し始めている。さらには，LCOS (Liquid Crystal on Silicon) を用いた反射型液晶プロジェクターもデジタルシネマなどの高精細を要求する分野で有望視され始めている。

このようにマイクロデバイスを用いたデジタルプロジェクターも大きく3つの方式があり，それぞれの特徴に合わせた市場が形成されつつある。

2.3.2 透過型液晶プロジェクター

透過型液晶ライトバルブを3枚用いた3板式液晶プロジェクターの投射光学系を図1に示す。

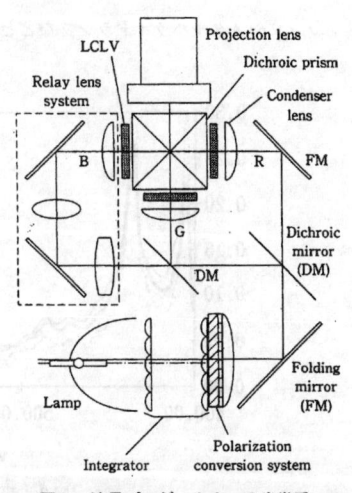

図1 液晶プロジェクターの光学系

ディスプレイと機能性色素

　本投射光学系の基本要素は，①光源，②色分離・色合成光学系，③ライトバルブ，④投射レンズ，⑤スクリーンなど5要素に分類できる。
　本光学系の概要について説明すると，ランプ光源から放射した白色光は，インテグレータや偏光変換光学系[4]を経て2枚のダイクロイックミラーによって赤（R），緑（G），青（B）の3原色に分光され，3原色に対応した液晶ライトバルブを照明する。これらのライトバルブにより光強度変調された3原色光は，クロスダイクロイックプリズムで色合成され，投射レンズによりスクリーン上に拡大投射する。
　液晶ライトバルブからの3原色をクロスダイクロイックプリズムで合成する構成は，液晶ライトバルブと投射レンズとの距離を短くできるため，光学系のF値を小さくすることが可能となる。その結果，光線の飲み込む角度が広く設計でき，明るい投射画像を実現することができる。また，リア型TVなどの背面投射光学系においては，スクリーンと投射レンズ間の実質的な投射距離を短くする設計が可能となる。このようなことから本光学系はほとんどの液晶プロジェクターに採用されており，透過型液晶プロジェクターの事実上のディファクトスタンダードになりつつある。
　以下に，投射光学系の基本要素について説明する。

① 光源

　現在，光源は超高圧型の水銀ランプが主流となっている。図2に超高圧水銀ランプの分光特性を示す。
　この分光特性に示すように発光スペクトルには複数の水銀輝線のピークが存在するが，600nm以上のスペクトルが少ないため特に赤色の再現性がやや不十分である。しかしながら，他のキセノンランプやメタルハライドランプなどと比較して発光効率が高く，放電電極間のギャップをお

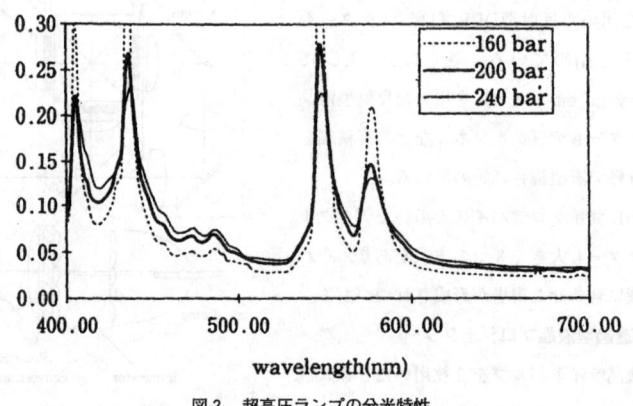

図2　超高圧ランプの分光特性

第2章　液晶ディスプレイと機能性色素

よそ1mm以下にすることができるため，集光効率を高めることができ，結果的に明るい投射画像を実現することができる。なお，これらの光源は楕円もしくは放物面によるリフレクタと一体化された構造であり，特に点灯時の内部圧力が上がることから，防爆に対してガラスなどが飛散しないための保護構造となっている。

② 色分離・色合成光学系

投射画像の色再現性は，この光源の分光特性とそれぞれに色分離，色合成するダイクロイックミラーの選択波長特性の設計により決定付けられる。これらの色生成のためのダイクロイックミラーは，直視型液晶パネルのカラーフィルターとは異なり，透過特性で波長選択をするものではなく，光の伝達効率を高めるために選択反射特性を積極的に活用した誘電体多層膜により構成されている。

また，これらの多層膜は，一般的には平面ガラスや，プリズム面などに蒸着，スパッタにより形成される。このダイクロイックミラーの膜構成は，高屈折率膜（n_H）と，低屈折率膜（n_L）を基準波長（λ_0）の1/4の整数倍の膜厚を基本として，交互に積層することにより，反射帯と透過帯を有する膜特性が得られる。これらの反射帯と透過帯の膜設計の必要な条件は，膜厚（d）と屈折率（n）が重要な因子であり，その他に角度依存性，偏光特性などが存在するために，この両面を考慮した色設計が必要である。

図3は，ダイクロイックミラーの一般的な特性である。

この図で示すように青反射，赤反射はそれぞれ45度の入射角で入射した白色光を色反射膜で反射する。赤反射は同様に赤色の光を反射するものである。

③ ライトバルブ

液晶表示体を拡大投射するプロジェクション方式は古くから提案されていた[5]。

これらは光導電書き込み型で，光によるアナログ的なアドレッシングによるものであり，静止画には対応できるが動画像の表示は難しい。また，光学系は非常に大型になるという欠点があった。

これに対して，透過型液晶ライトバルブは，TN（Twisted Nematic）型液晶を用いたアクティブマトリクスであり，これらのアクティブディスプレイはポリシリコンTFTを用いることで，小型で高精細画像の表示が可能となった。特に，ポリシリコンTFTでは液晶マトリクス電極を駆動するための駆動回路をパネル周辺部に実装することが可能であり，これにより，前述のクロスダ

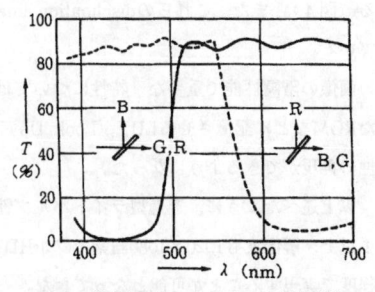

図3　ダイクロイックミラーの分光特性

(1) Flattened

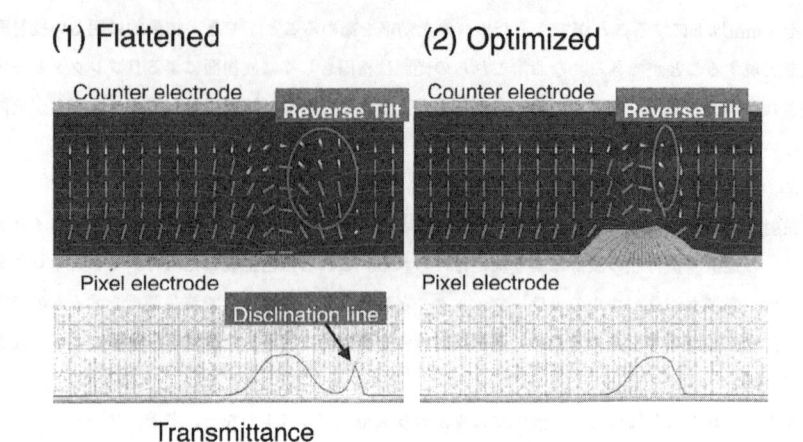

Counter electrode
Reverse Tilt
Pixel electrode
Disclination line
Transmittance

(2) Optimized

Counter electrode
Reverse Tilt
Pixel electrode

図4　液晶ライトバルブの電極の最適化

イクロプリズム光学系の場合，それぞれのプリズム辺にライトバルブを配置するため，小型に実装することが可能である。なお，これらのライトバルブの駆動については，液晶関係の書籍を参考にしていただきたい。

液晶ライトバルブの光学特性は，明るさを支配する開口率，コントラスト（消光比）を支配するダイナミックレンジ特性，中間調表現で重要なγ特性などが挙げられる。

コントラスト特性については，黒側の光漏れを如何に低減するかが重要である。特に，画素電極内の凹凸による液晶の配向特性の劣化や，それぞれの電極部分の電界強度分布による配向の境目 (disclination line) における光漏れなどは，コントラストを低下する原因となるため，画素電極の構造に関してソース電極の厚みを最適化[6]することによりコントラスト特性を向上させている（図4）。また，これらのdisclination lineを低減するための新たな駆動技術の開発も進められている。

画像の階調性能で重要なγ特性については，予め，γの補正データの変換値をプログラム化したROMなどに記憶させるLUT (Look Up Table) 方式による画像処理技術を用いて正確なγ特性の再現ができるようになった。

以上述べたように，透過型ライトバルブ性能の向上は著しいものがあり，コントラスト1000：1以上，解像度も1920×1080画素でフルHDTVの規格を満足できるライトバルブも対角1インチ程度で実現することが可能となってきた。

第2章　液晶ディスプレイと機能性色素

④　投射レンズ

　液晶プロジェクター用の投射レンズは，前述のクロスダイクロプリズム方式では，射出瞳が無限遠に位置するテレセントリック光学系が用いられる。

　クロスダイクロプリズムによる色合成では，主光軸がそれぞれ平行で，プリズムの選択反射面は45度で反射させることで，誘電体多層膜の角度依存性を低減させることが可能である。また，プロジェクター用投射レンズは，一般的な35mmフィルムの写真機などのレンズとは異なり，特に周辺の明るさを犠牲にできないため，レンズの口径食は100％以上が望ましい。レンズ解像度のMTF（Modulation Transfer Function）は，画素ピッチの格子パターンが十分判読できる解像度が必要で，一般的には，水平方向の画素数で決定付けられる最大空間周波数で30％以上が必要である。

　特に，リア型プロジェクターのような場合は，プロジェクター本体の薄型化設計のために広角レンズが使用される。従って，周辺部の解像度劣化を防止するためには，倍率色収差の低減が必要で，前群レンズの大型非球面化のニーズが高くなってきている。

⑤　スクリーン

　投射スクリーンは，一般的に壁面や天井から吊るしたフロントタイプのスクリーンと，投射側の裏面から視聴できる半透過状のリア型スクリーンの2種類がある。

　フロントタイプのスクリーンは，ロール上の天吊り型のホワイトマットタイプや，表面に球形の微細ビーズを塗布したビーズスクリーンなどが一般的である。しかしながら，これらのスクリーンでは外光の影響などがあるため，画像のリアリティを求める場合には部屋を暗くする必要がある。最近ではプロジェクターの明るさが向上したことにより，照明をつけた状況でも使えるようにはなってきたが，こうした外光の影響をできるだけ少なくする方法として，スクリーンの表面に偏向特性や特殊な波長選択反射特性を設けたスクリーンも開発されてきている[7]。

　また，壁面などを直接スクリーンとして使用すると，スクリーンのボディカラーの影響によりコンテンツ製作者の意図とは異なる色を再現することがある。こうした課題をクリアし，しかも室内の照明条件がハロゲン球などの比較的色温度の低い照明や，各種蛍光灯下においても画像劣化せず「見え」を一定に保つ技術も登場[8]した。

　この技術は液晶プロジェクターの設置された周囲の照明条件やスクリーンの色情報などを予めセットアップ時に自動的に計測し，その環境に最も相応しいカラーマネジメントを行う技術であり，RGBの色再現領域は狭まるものの，「画像の見え」はコンテンツ製作者の意図に合わせることができる。

　一方，リア型液晶プロジェクターに用いられるリア型スクリーンは，主な視野角を広げるためのレンチキラーレンズとフレネルレンズにより構成されたものが一般的である。このリア型スク

リーンの場合，レンチキラーは，かまぼこ状のシリンドリカルレンズ群で構成されているが，これらのピッチは，投射画像の高解像にともない既に100μmピッチより細いものが登場している。特に，リア型プロジェクターの課題であった視野角を如何に広げる技術については多くの試みがなされてきた。最近では，樹脂の射出成型や金型加工技術の進歩によりクロスレンチキラーの技術も登場[9]し，これまで課題であった垂直方向の視野角を拡大することも可能となってきた。

2.3.3 反射型液晶プロジェクターの開発

LCOS（Liquid Crystal on Silicon）を用いた反射型液晶プロジェクターの開発は，最近になりデジタルシネマの表示装置として注目され始めている。

基本的な分類では液晶プロジェクターに属しているが，大きな特徴は，従来のポリシリコンTFT液晶パネルのように透過型液晶パネルの透過画像を投射するものではなく，反射型液晶パネルの反射画像を取り出す方式である。

液晶ライトバルブはシリコン半導体上に各画素毎にトランジスタを形成し，その上にアルミなどの反射電極をCMP（Chemical Metal Polishing）の技術により平坦化し，その上に液晶層を設けたものである。この液晶は，一般的には垂直配向技術による配向制御によりセル厚さはおよそ3ミクロン前後である。

透過型液晶プロジェクターの光学系の場合，ランプから投射レンズまでの光路は色分離と色合成が分離されているが，反射型プロジェクターの場合は，特に色分離と色合成が同一の光路を介する光学系であり，偏光分離を行うPBS（Polarizing Beam Splitter）の性能がコントラストやユニフォーミティ（画面内の均一性）などの画質を支配する。従って，光路内における光の位相変化まで設計に考慮する必要がある。

また，PBSは広帯域の色光で高い消光比を確保するために，PBSの材料は広い温度範囲で安定な光弾性定数[10]をもった光学材料の選択が重要である。特に，画像品質を決定付けるユニフォーミティは，このPBSの光学材料の光弾性定数が支配的になってくる。この光弾性（Photo-elasticity）とは，光学ガラスなどの弾性体に外部から力を加えると内部に応力分布が発生し，特に透明体では複屈折が生じることを意味するもので，この現象は，外力を除くと複屈折が消滅する場合と，光学ガラスのように軟化点近くの高温状態から冷却して固体化する段階で温度分布や加工による応力歪が残留する場合とがある。

この残留した歪が，結果的に偏光特性の位相を変化させ，これらの影響で画像品質を劣化することがあり，非常に厄介な課題である。

図5は，2種類の反射型プロジェクターの光学系を示すものである。

3枚の反射型ライトバルブを用いた光学系は，クロスプリズムの前面に各色に対応して設けられたPBSでそれぞれ色分離合成を行うものである。

第2章 液晶ディスプレイと機能性色素

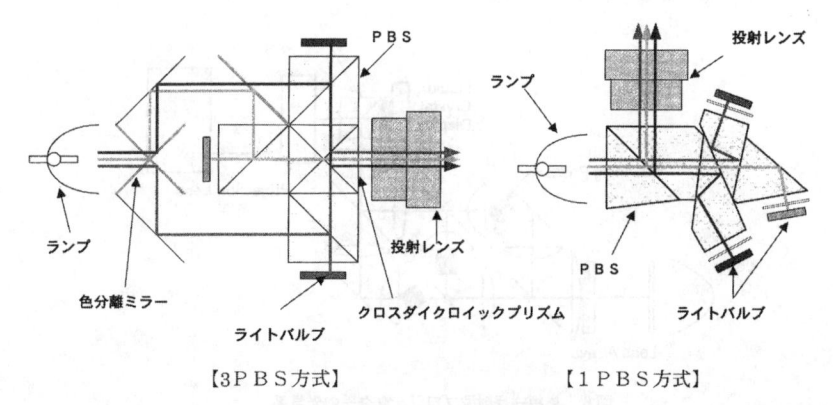

【3PBS方式】　　　　　　　　　【1PBS方式】
図5　反射型プロジェクターの光学系

　これら3個のプリズムを，クロスダイクロプリズムの各色に対応して設けることで，それぞれの光のバンド幅に対してコントラストを確保している。しかしながら，この方式ではライトバルブから投射レンズの入射瞳までの距離が長く，背面投射型などを構成する場合，薄型化の面ではやや不利となっている。また，PBSを3個使用するため小型化も難しい光学系である。これに対して，一つのPBSで全波長領域をカバーできる小型の光学系の開発[11]を試みたものが1PBS方式である。これは，色分離合成プリズムの反射膜でバルク内の位相変化を相殺する方式を採用したもので，画素数UXGA（1600×1200画素），コントラスト750：1，明るさ550lmを実現することが可能となった。しかしながらユニフォーミティの面で課題があり，実用化には至っていない。
　上記2方式とは全く異なる光学系として反射型ライトバルブを1枚使用してフルカラーを実現する方式がある[12]。
　図6は，LCOSを1枚用いた光学系であるが，これは液晶ライトバルブを時間軸（フィールド単位）で色順次に画像を切り替える方式であり，単純なフィールド順次駆動ではカラーブレークアップが存在する課題があった。本方式はこれらを解決するもので，1枚のライトバルブを照射する光を，ある一定の幅の照明光をスクロールして，その幅に対応した画像を高速に書き換えを行う方式で，光の照射バンドを表示画面内で1/3に分割して実質的な周波数を3倍にすることでカラーブレークアップを防止することが可能となった。しかしながら，この色順次駆動の光学系は，ライトバルブは1枚であるにもかかわらずスキャニングプリズムを3個使用するため，必ずしも小型プロジェクターの実現までには至っていない。
　しかしながら，反射型プロジェクターの光学系は，ライトバルブの高精細化に大きな魅力があり，今後とも更なる改善が進められていくと思われる。

25

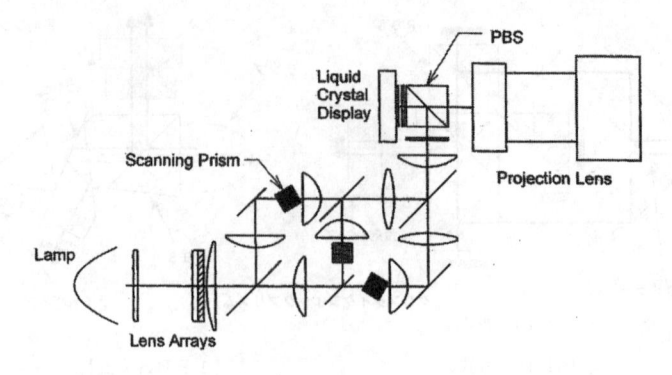

図6 単板式反射型プロジェクターの光学系

2.4 光学要素技術の課題

　液晶プロジェクターの課題については，既に各構成要素の中でも一部触れてきたが，ここでは更なる高輝度化，高画質化に向けた技術について紹介する。

　液晶プロジェクターは，光出力が5000lmを超えるものも商品化され，またライトバルブの表示画面サイズを小型化，かつ高精細化することにより，益々単位面積当たりの光パワー密度は高まってきている。また，用途もビジネス向け商品から，大画面TVや広告看板など，使用頻度が高まってきており，さらに信頼性を向上させることが必要である。

　プロジェクション技術は，小さな画面サイズを拡大投影するディスプレイであるが，各構成要素部品に加わる光強度は直視型液晶パネルなどと比較すると桁違いに大きく，特に，耐光性能面で経時的劣化の少ない素子構造が求められる。

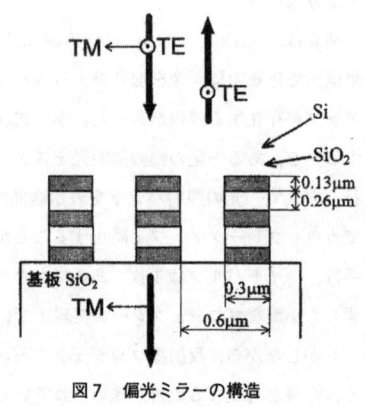

　最近，フォトニック結晶構造（Photonic Crystal）の研究開発[13]がさかんに行われ始め，無機材料の加工によるホログラム材料，反射鏡や偏光制御技術，スーパプリズムなどを生成することができるようになってきた。ナノテク加工技術は，レーザ加工や自己クローニングによる作成方法など（応用電子物性分科会研究例会資料2000年7月19日）により，SiO_2 やTiO_2，TaO_5などを0.1μm厚みで重ね合わせにより，2次元フォトニック結晶からなる反射型偏光分離素子も形成されてきている（図7）。

図7 偏光ミラーの構造

こうした材料が既にプロジェクターに使用した報告[14]がされており,特に,高輝度ランプを用いた場合には有効である。

高画質化に向けた取り組みにおいては,画像処理技術に関する開発が盛んに行われている。

液晶プロジェクターの画質を支配するものは,明るさ,コントラスト特性,解像度などの静的な評価とともに,今後は,動的なコントラストやボケ感などの特性改善が重要になってくる。

一般的に,マトリクス状に構成されたプラズマディスプレイ,直視型液晶パネル,DMDを用いたプロジェクターなどもフレーム単位で表示情報の切り替わるホールド型ディスプレイである。ホールド型ディスプレイは,CRTのように表示光がインパルス的に変化するものではないために,動画像の輪郭が滲むホールドディスプレイ固有の動きボケが存在[15]する。

こうした動きボケは大画面表示になるほど目立ち始めるもので,これらの動画像の画質を向上させるための画像処理技術の開発も盛んに行われている。今日では既に一般的になってきたオーバドライブ技術による応答速度の改善や,直視型液晶パネルで使われ始めたホールド型改善技術,動的なコントラストを改善する技術なども開発されてきている。

2.5 おわりに

ここまで液晶プロジェクターの要素技術を概説した。液晶プロジェクター技術は小さな光学エンジンでありながら,大画面を容易に形成することが可能であり,しかも画面サイズを自由に選択することが可能であり,今後もいろいろな市場で用途拡大が期待できる。また,比較的光利用効率が高く省電力であり,環境面において優れた製品である。

光学系の明るさに関する改善はやや飽和した感があるが,今後は画質の改善や使い勝手などの技術開発が注目されてくる。また,新ビジネス領域である3次元表示装置や小型投射装置などの開発を進めることで新たな市場のニーズを発掘することも可能である。

このように液晶プロジェクション技術は小型表示からビルディングの壁まで投射できる汎用性の高い技術であり,今後のユビキタス社会において,さらに社会に貢献できるものである。

文　献

1) S. Morozumi, T. Sonehara, H. Kamakura, T. Ono and S. Aruga, "LCD Full-Color Video Projector", 1986 Society for Information Display International Symposium Digest of Technical Papers (SID digest), pp.375-378, May 1986
2) T. Miyasaka, H. Kamakura, J. Shinozaki, S. Morozumi, "Full-color projector with Poly-Si

thin film transister (TFT) Light Valves", SPIE, Vol.1081, Projection Display Technology, Systems, and Applications (1989)
3) Projection Summit 2004, Keynotes and Analysts Debate, "Analist Forecast Debate", pp.15, Jun, 8, 2004
4) Y. Itoh, J. Nakamura, K. Yoneno, H. Kamakura, N. Okamoto, "Ultrahigh-Efficiency LC-Projector Using A Polarized Light Illuminating System", 1997 Society for Information Display International Symposium Digest of Technical Papers (SID digest), pp.993-996, May 1997
5) J.D.Margerum *et al.*, Reversible Ultraviolet Imaging with Liquid Crystals, *Appl. Phys. Lett.*, Vol.17, pp51-53 (1970)
6) J. Karasawa, H.Sakata, M. Sakaguchi, H. Yamada, J. Nakamura, "50-in.HD Rear Projection Monitor", 2001 Asia Display/IDW'01 Technical Papers, pp.1275-1278, Dec. 2001
7) M. Umeya, M. Hatano and N. Egashira, "New Front-Projection Screen Comprised of Cholesteric-LC Film", 2004 Society for Information Display International Symposium Digest of Technical Papers (SID digest), pp.842-845, May 2004
8) H. Matsuda, O. Wada, M. Kanai, K. Fukasawa, N. Kuwata,and H. Kamakura, "Appearance-Consistent Projector Tolerant of Various Colored Projection Surfaces and Ambient Light", 2004 Society for Information Display International Symposium Digest of Technical Papers, (SID digest), pp.1058-1061, May 2004
9) Y. Nagata, A. Kagotani, K. Ebina, S. Takahashi, T. Tomono,and T. Abe, "An Advanced Projekction Screen with a Wide Vertical View Angle", 2004 Society for Information Display International Symposium Digest of Technical Papers (SID digest), pp.846-849, May 2004
10) 鶴田匡夫, 松下要, 「光の鉛筆」新技術コミュニケーションズ (1988)
11) S. Uchiyama, Y. Ito, H. Kamakura, "A UXGA Projection Using Reflective Liquid Crystal Light Valve", 2000 The Seventh International Display Workshops Technical Papers (IDW'00), pp.1183-1184, Dec. 2000
12) Jeffrey A.Shimizu, "Single panel reflective LCD projector", Projection Display V,SPIE Proceedings, Vol.3634, Ming Wu, pp197-206, Jan.1999
13) 応用電子物性分科会研究例会資料, 「フォトニック結晶の自己クローニングによる作成技術」, 東北大学未来化学技術共同研究センター, 川上彰二郎, 佐藤尚 (2001)
14) Andrew F.Kurtz, Barry D.Silverstein ,and Joshua M.Cobb, "Digital Cinema Projection with R-LCOS Displays", 2004 Society for Information Display International Symposium Digest of Technical Papers (SID digest), pp.166-169, May 2004
15) 栗田泰市郎, 「ディスプレイの動画質とその評価」, O plus E, Vol.23, No,10, pp.1175-1182 (2001)

3 TFT－LCD用液晶材料の今後の展望

後藤泰行[*]

3.1 はじめに

1968年のG. H. Heilmeierによる動的散乱（DS）効果[1]およびゲスト・ホスト（GH）効果[2]の発表が実用液晶化合物の研究開発を契機づけ，1969年にMBBA，EBBA（シッフ塩基）が初めての室温ネマチック液晶として登場した[3]。その後1971年にM. Schadtらのツイストネマチック（TN）効果[4]，1984年にT. J. Schefferらによるスーパーツイストネマチック（STN）効果[5]の発表と実用化により使用される液晶化合物も正の誘電率異方性（$\Delta\varepsilon$）を有するNp材料，末端基にシアノ基を有する化合物が多用された。STN方式と並行して，表示容量のさらなる拡大と高精細化を目指して検討されたアクティブマトリックス（AM）方式，特に薄膜トランジスタ（TFT）駆動方式のLCDが市場に出始めると末端にシアノ基を有する材料は電圧保持率（V.H.R.）等の信頼性面が不充分な理由から，信頼性に優れたフッ素系の液晶材料が使用される様になり，STN駆動方式の衰退とTFT－LCDの市場拡大に伴い現在ではフッ素系化合物が使用される液晶化合物が主流となっている。

本稿ではTFT－LCD用に使用される液晶材料に課せられた課題を，TNモードを中心にクリアーにし，低電圧化と高速応答について材料メーカーとしての取り組みの一例を紹介する。なお，今回は紙面の都合もあり駆動モードについての詳細な理論展開は割愛させていただいた。

3.2 TFT－LCD用液晶材料への要求特性

液晶材料に求められる物性はLCDの駆動方式によって大きく異なり，さらに表示素子のセルや素子を構成する配向膜等の周辺部材の種類によっても異なる。TFT－LCDに使用される液晶材料は上記の各種要求に答える為，通常は10種類から20種類程度の液晶化合物および液晶性化合物で構成される。一般的にTFT－LCDに使用される液晶材料は高いV.H.R.を示すことが求められる他，光（UV）や熱等の外的環境因子に対して安定であるといった高い信頼性が求められ，さらに最近では周辺部材から汚染されにくいことが求められている。表1，表2および表3に今後益々需要が増大すると見込まれる大型TV，モニターの技術動向とそれらに使用される液晶材料に要求される特性との相関をまとめた。

これらの表から液晶材料に要求される特性は大まかに，①誘電率異方性（$\Delta\varepsilon$）の増大，②回転粘性係数（γ_1）の低下，③複屈折（Δn）の増大，④信頼性の向上，に大別される。これらの順に説明する。

---

[*] Yasuyuki Gotoh　チッソ㈱　液晶事業部　副事業部長　兼技術部長

ディスプレイと機能性色素

表1　大型TVの液晶動作モード

★大型TV,モニターの液晶駆動モード
　アクティブ駆動
　広視野角フィルムTN／IPS／VA／OCB

⇓

液晶材料に要求される特性

① 正（TN/IPS/OCB）または負（VA）で大きな誘電率異方性（Δε）
　　⇒低電圧駆動
② 可動イオンの含有量を極微量に制御
③ 周辺部材から溶出するイオン性物質に対する高耐性
　　⇒高信頼性

表2　動画画質の向上

★動画の画質向上
　擬似インパルス応答
　1）バックライトの点滅（CCFL→LED），黒画面の挿入
　2）オーバードライブ駆動

⇓

液晶材料に要求される特性

・液晶の高速応答化（Ton＋Toff＜16ms）
　　⇒パネルの狭ギャップ化
　　　液晶材料の高複屈折化（high Δn）
　　⇒液晶材料の回転粘性係数（γ_1）の低下

表3　パネル製造プロセスの短縮

1．パネル製造プロセスの短縮
　・液晶材料注入時間の短縮
　・注入方法の変化：ODF

2．注入装置，注入プロセスの変化
　　液晶材料が接触する部材，環境の変化
　　⇒耐汚染性

3．周辺シール部材，はり合わせプロセスの変化
　・シール材UV露光プロセスでの液晶材料の耐光性
　・液晶材料が接触する部材の変化⇒化学耐性

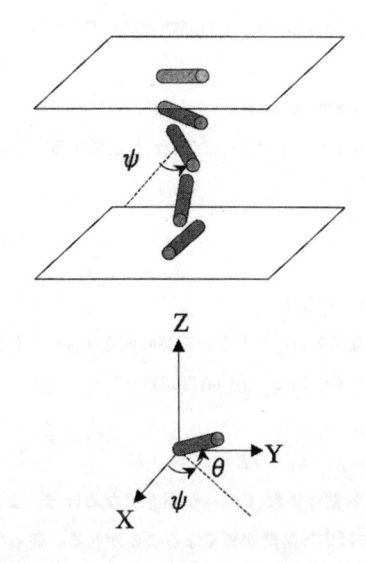

第2章 液晶ディスプレイと機能性色素

図1 TNモードにおけるディレクタの配置

3.3 要求される特性の改善
3.3.1 TNモードのしきい値電圧と応答時間

　図1に示すようにTNモードは電界が基板に垂直に印加される。セル内でディレクタとxy平面のなす角をθ、ディレクタをxy平面に射影したときのx軸とのなす角をψとし、(1)基板界面では液晶分子は動かない、(2)ディレクタの変形による誘電率の空間分布変化がないと仮定したとき自由エネルギー密度F_dは式(1)で表される[6]。

$$F_d = (1/2)\{(K_{11}\cos^2\theta + K_{33}\sin^2\theta)(d\theta/dz)^2 + \cos^2\theta\ (K_{22}\cos^2\theta + K_{33}\sin^2\theta)(d\psi/dz)^2 - \varepsilon_0 \Delta\varepsilon E^2 \sin^2\theta\} \tag{1}$$

ここで、K_{11}, K_{22}, K_{33}はそれぞれスプレイ（広がり）、ツイスト（ねじれ）、ベンド（曲がり）の弾性定数であり、ε_0は真空の誘電率、$\Delta\varepsilon$は誘電率異方性、Eは電場の強さを表す。オイラー・ラグランジュ方程式を求め、ねじれは一様であると近似すると、dをセル厚としたときθに関して次式が得られる。

$$K_{11}(d^2\theta/dz^2) + \{(2K_{22}-K_{33})(\pi/2d)^2 + \varepsilon_0\Delta\varepsilon E^2\}\cdot\theta\{1-(2/3)\theta^2\} = 0 \tag{2}$$

よってしきい値電圧V_{th}は式(3)になる[7~8]。

$$V_{th} = \pi\ (K/\varepsilon_0\Delta\varepsilon)^{1/2} \tag{3}$$

ただし、$K = K_{11} + (K_{33}-2K_{22})/4$である。

次にTNセルに電圧を印加した場合のψの時間変化に注目してトルク・バランス方程式を構築する。

$$K(\partial^2\psi/\partial z^2) + \varepsilon_0 \Delta\varepsilon E^2 \sin\psi\cos\psi = \gamma_1(\partial\psi/\partial t) \tag{4}$$

ここでψは小さいとして，$\sin\psi\cos\psi \fallingdotseq 1-(2/3)\psi^2$と近似する。$\gamma_1$は回転粘性係数である。電圧印加時の応答時間を$\tau_{on}$とすると

$$\tau_{on} = \gamma_1/\varepsilon_0\Delta\varepsilon(E^2-E_c^2) \tag{5}$$

今度は電圧を突然切った場合，

$$K(\partial^2\psi/\partial z^2) = \gamma_1(\partial\psi/\partial t) \tag{6}$$

高次の特殊解を無視して，電圧を切ったときの応答時間をτ_{off}とすると

$$\psi = A\cdot\exp(-t/\tau_{off})\cdot\sin(\pi z/d)\quad(\text{A}は定数) \tag{7}$$

よって次式が得られる。

$$\tau_{off} = \gamma_1\cdot d^2/(\pi^2 K) = \gamma_1/\varepsilon_0\Delta\varepsilon E_c^2 \tag{8}$$

ここに示したように，回転粘性係数（γ_1）が小さくなるほど，また誘電率異方性（$\Delta\varepsilon$）が大きくなるほどTNモードでは応答時間が短くなることが判る。従って，γ_1が小さくかつ$\Delta\varepsilon$が大きい液晶材料を使用すれば，低電圧駆動で高速の応答を実現できることになる。

3.3.2 誘電率異方性（$\Delta\varepsilon$）の増大

式（3）から，低電圧駆動の対策としては液晶化合物の$\Delta\varepsilon$を大きくする方法，および弾性定数（K）を小さくする方法の2通りがあることが分かる。液晶化合物自身の弾性特性をコントロールする方法は未だ検討が不十分であり，化合物構造と弾性定数との相関が未だ十分に解明されていない。現実には低電圧駆動には液晶材料のコントロールが容易な$\Delta\varepsilon$を大きくする方法が従来から採用されてきた。尚，TNモード以外においても低電圧駆動の為の方策はほぼ同一である。$\Delta\varepsilon$が正に大きな液晶化合物の分子設計においては既に多くの報告がなされている[9~10]。$\Delta\varepsilon$は分子構造に大きく依存し，近似的に以下の様に表される[11]。

$$\Delta\varepsilon \propto \{\Delta\alpha - C\cdot\mu^2/2kT(1-3\cos^2\beta)\}\cdot S \tag{9}$$

ここで$\Delta\alpha$は分子の分極率異方性，Cは定数，Sは秩序パラメーター，μは双極子モーメント，βは分子長軸と双極子モーメントのなす角である。

この式より$\Delta\varepsilon$を大きくするには，μを大きくして，かつ双極子モーメントの向きを分子長軸に対して平行（$\beta=0$度）に近い角度にすることが有効であることが判る。図2に4種類のフッ素系化合物の最安定化構造における双極子モーメントμとその向きβについて半経験的分子軌道法MOPAC（ver6.0 AM1法[12]）で計算した結果を示した。μの大きさは分子末端のフッ素置換数が多いほど大きくなり，芳香環が1つよりも2つの方が大きくなっている。また，βの値は液晶分子の長軸に対して分子構造が対称に近い方が小さくなっている。

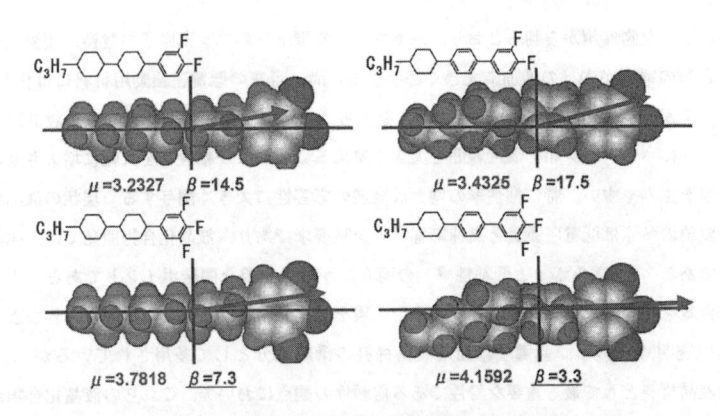

第2章　液晶ディスプレイと機能性色素

図2　フッ素系液晶化合物の双極子の大きさと向き

表4　代表的なTFT－LCD用液晶化合物とそれらの特性[13～17]

No.	Chemical structures	Mesophase (℃)	Δε	Δn	η (mPa・s)	γ1 (mPa・s)
1		C 44.2 N 118.0 I	5.8	0.104	18.6	-
2		C 64.7 N 93.7 I	8.3	0.073	25.1	174.3
3		C 40.7 (N 33.2) I	12.8	0.137	18.6	143.3
4		C 35.7 N 128.8 I	5.6	0.095	-	-
5		C 74 (N 51.2) I	17.0	0.068	-	-
6		C 56.8 N 117.5 I	11.4	0.074	27.4	-
7		C 98.3 (N 90.1) I	11.4	0.094	31.1	-

(4, 5を除く表中のΔε、Δn、η (mPa・s)およびγ1 (mPa・s)はFB-01を母液晶 (FB-01/サンプル=80/20) として測定した際の外挿値)

　フッ素系液晶化合物を構成する置換基として大きなΔεを示すものとしては－F、－CF$_3$、－OCF$_3$、－OCHF$_2$が知られており実用に供されている。表4に現在TFT－LCD用に使用されている代表的な液晶化合物1～7の構造とそれらの特性を示した。

表中に示した物性値から判るとおり、末端フェニル環上へのフッ素原子の置換、複素環やエステル結合基の導入が$\Delta\varepsilon$の増加に大きく寄与する（尚、現在の低電圧駆動用材料には化合物2, 3, 5～7が多く使用されている）。しかしながら、上述の手法による化合物分子設計は、$\Delta\varepsilon$の増大と共にネマチック相の温度範囲を大きく狭めることおよび粘性率を大幅に増大させるといった弊害を生みやすい。特に粘性率の増大は後述の応答性に大きく関与する。現状の液晶材料に対する要望の多くは低電圧駆動と高速応答との同時要求であり、液晶化合物開発では二律相反する物性である、「大きな$\Delta\varepsilon$と低粘性率」の両立、が最も重要な開発ポイントである。またエステル結合基を有する化合物あるいはジオキサン環を分子骨格とする化合物は通常大きな$\Delta\varepsilon$と比較的高い透明点を示し、低電圧駆動用液晶材料の構成成分として多用されているが、TFT-LCD用液晶材料として最も重要な特性である信頼性の観点において、これらの液晶化合物が周辺の部材等からの汚染物質を取り込みやすい傾向を有しており、その使用においては周辺部材との組み合わせを十分に考慮する必要がある。

近年我々は応答性を損なわず低電圧駆動が可能であり、また電圧保持率等の信頼性に優れた液晶化合物の一つとしてジフルオロメチレンオキシ基（$-CF_2O-$）を結合基に有する液晶化合物の開発に着目した結果、本結合基を導入した液晶化合物が従来にはない特性を有し、液晶材料の特性を今後大きく進展させる可能性があることを見出した[18]。

表5にジフルオロメチレンオキシ基（$-CF_2O-$）を結合基に有する代表的な液晶化合物（以降CF_2O-LCMと略）の構造とその特性を示した。

表5中の化合物8と先に示した表4の化合物3の物性値を単純に比較すると、ジフルオロメチレンオキシ基の挿入が$\Delta\varepsilon$を大きく増大させることが判る。ジフルオロメチレンオキシ基の挿入による$\Delta\varepsilon$の増大は前述のエステル結合基を導入した場合とほぼ同等以上であることも明かである。化合物9aの場合、その$\Delta\varepsilon$は外挿値で22.3と従来、低電圧駆動用液晶材料の構成成分の代表として使用されてきたエステル誘導体7（$\Delta\varepsilon=11.4$）の約2倍の値を示す。この様にCF_2O-LCMの$\Delta\varepsilon$に関して、従来化合物では見られない興味ある特性を有することが明らかになった。図3に表5の化合物8, 9aおよび10aについて前述と同様に双極子モーメントμとその向きβについて前述の半経験的分子軌道法MOPACにて計算した値を示した。βの値が従来のフッ素系液晶化合物と比較してかなり小さくなっている事が判る。

3.3.3 回転粘性係数（γ_1）の低下

図4に種々の構造を有するCF_2O-LCMと従来使用されてきたフッ素系液晶化合物の粘性率（η）と$\Delta\varepsilon$との関係を示した。

回転粘性係数（γ_1）と粘性率（η）は、近似的に$\gamma_1 \propto a\cdot\eta$　（aは定数）の関係にあるので、ここではηを代表値として取り上げる。図4から判る様に$\Delta\varepsilon$とηには一般的には正の相関があ

第2章 液晶ディスプレイと機能性色素

表5 ジフルオロメチレンオキシ基（−CF$_2$O−）を結合基として有する化合物の構造とそれらの特性

No.	Chemical structures	Mesophase (℃)	Δε	Δn	η (mPa·s)	γ1 (mPa·s)
8	C$_3$H$_7$—〇—〇(F,F,O)—F,F	C 67.3 I	13.8	0.080	6.5	-
9a	C$_3$H$_7$—〇—〇(F,F,O)—F,F	C 47.0 I	22.3	0.125	17.5	63.3
9b	C$_3$H$_7$—〇—〇(F,F,O)—F	C 40.9 I	16.8	0.135	18.0	77.8
9c	C$_3$H$_7$—〇—〇(F,F,O)—OCF$_3$	C 38.7 I	14.6	0.135	16.0	108.8
10a	C$_3$H$_7$—◯—〇(F,F,O)—F,F	C 42.9 N 105.5 I	9.8	0.070	25.5	184.8
10b	C$_3$H$_7$—◯—〇(F,F,O)—F	C 35.6 N 129.0 I	6.3	0.070	28.0	212.3
10c	C$_3$H$_7$—◯—〇(F,F,O)—OCF$_3$	C 32.0 N 136.5 I	8.3	0.080	26.5	242.8

（表中のΔε、Δn、η (mPa·s)、γ1 (mPa·s)は母液晶(FB-01/サンプル=80/20)から算出した外挿値）

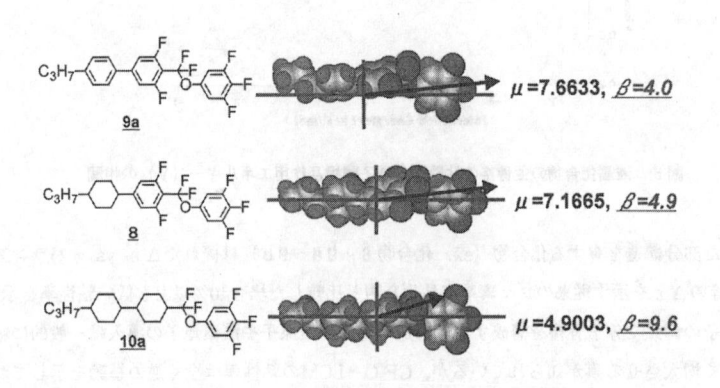

9a　$\mu=7.6633, \beta=4.0$

8　$\mu=7.1665, \beta=4.9$

10a　$\mu=4.9003, \beta=9.6$

図3　CF$_2$O−LCMの双極子の大きさと向き

り、Δεの増加に伴いηも大きくなる。表4および表5中に記載した化合物の粘性率データからも判るようにCF$_2$O−LCMは従来のフッ素系液晶化合物と比較し、概ね大きなΔεを示すのに対しその粘性率は同等かそれ以下である。特にジフルオロメチレンオキシ基を2つのフェニル基で

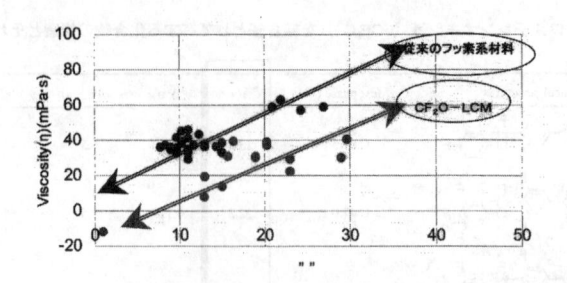

図4 液晶化合物の誘電率異方性（Δε）と粘性率（η）の相関

Application of Analysis of Interaction Energies
- Relationship between Interaction Energies and Viscosities -

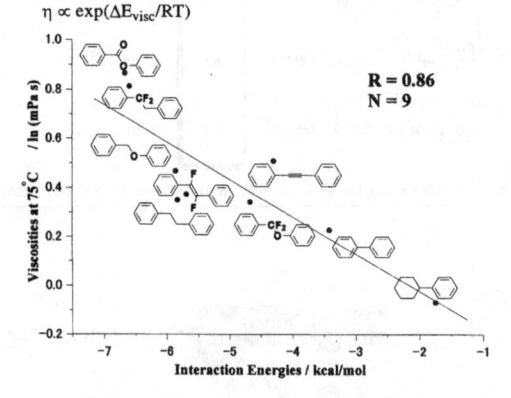

$\eta \propto \exp(\Delta E_{visc}/RT)$

R = 0.86
N = 9

図5 液晶化合物の主骨格の粘性率と分子間相互作用エネルギー（V）の相関

結合させた部分構造を有する化合物（ex. 化合物8, 9a〜9c）は優れたΔε vs ηバランスを示し、同等のΔεを示す従来のフッ素系液晶化合物と比較した場合40%以上も低い粘性率を示す。

液晶分子の側鎖や分子骨格を構成する環構造へのフッ素原子や酸素原子の導入は一般的に粘性率を大きく増大させる事が知られているが、CF_2O-LCMの粘性率は全く逆の挙動を示しており特異的である。CF_2O-LCMが特異的に低い粘性率を示すのは結合基であるジフルオロメチレンオキシ基が分子間の相互作用に大きく影響を与えていると考えられる。これらCF_2O-LCMの低粘性率発現の解明は液晶材料開発における重要な指針となりうる。

筆者らは液晶化合物の粘性率が分子間相互作用エネルギー（V）と大きな相関があることを明らかにしている[19]。図5に自由度の高い骨格化合物9種類の（実測）粘度と非経験的分子軌道計

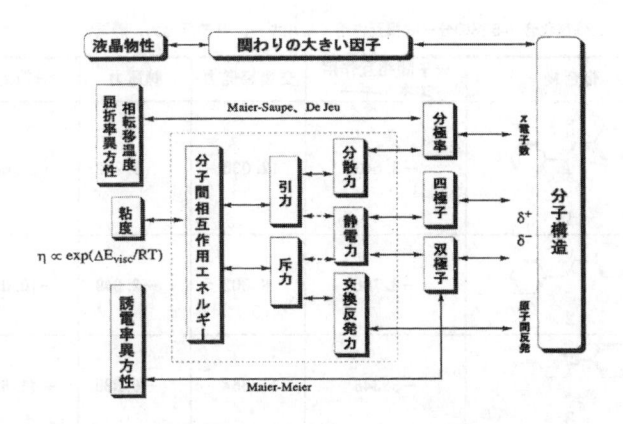

第2章　液晶ディスプレイと機能性色素

図6　分子間相互作用エネルギーと粘性解析スキーム

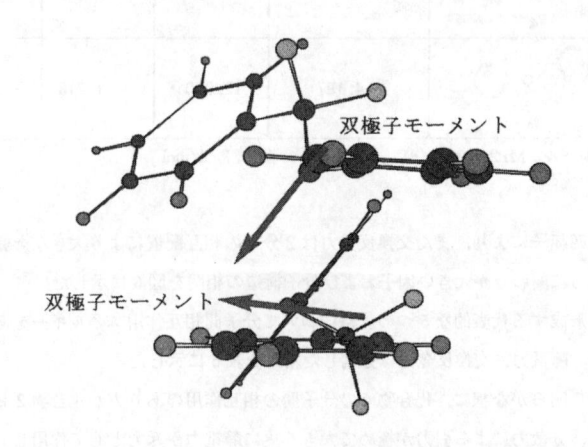

図7　ジフルオロベンジルフェニルエーテルの2分子配置構造

算（MP2[20]/6-31G(d)）を用いて計算された分子間相互エネルギー（V）[21]との相関を示した。

この図からVが小さいほど低い粘性率を示すことが判る。従ってVを詳細に解析することによって液晶化合物の主骨格の違いによる粘性率変動理由を分子レベルで解明できる。すなわちVの中身（引力と斥力）を制御することにより分子を低粘性化できる。引力は分子間の分散力と静電力，斥力は分子間の静電力および交換反発力に支配される。さらに分散力，静電力は分子の分極

表6 主骨格化合物5種の分子間相互作用エネルギー,交換反発力,静電力及び分散力

化合物	分子間相互作用エネルギー	交換反発力	静電力	分散力
1	−3.643	12.036	5.922	−21.061
2	−3.786	8.302	−2.049	−10.039
3	−5.346	11.664	−5.385	−11.625
4	−2.531	10.448	2.962	−15.941
5	−4.187	12.050	1.213	−17.450

計算レベル:MP2/6-31G (d),エネルギーの単位:kcal/mol

率,双極子,四極子により,また交換反発力は2分子の相互配置により大きな影響を受ける。液晶物性,それらに関わりが大きい因子および分子構造の相関を図6に示した。

　液晶骨格を形成する代表的な5つの骨格について分子間相互作用エネルギーをある解析手法を用いて分散力,静電力,交換反発力に分割した結果を表6に示した。

　この表6から明らかな様に,化合物4の分子間の相互作用のあり方が化合物2および3とは根本的に異なり,分散力による引力が極めて大きく更に静電力が斥力として作用していることが判る。図7に化合物4の最安定2分子配置構造を示した。芳香環がパラレルに配向しこれによって,π電子が効果的に相互作用し引力として大きな分散力を発現させている。化合物4は双極子モーメントを有するが,これらは,双極子相互作用が引力として相互作用できる点と分散力,交換反発力が最安定となる点が大きく異なっている為,引力として相互作用できず静電力は斥力として作用している。

　図8にCF_2O−LCMを使用し調整した組成物の$\Delta\varepsilon$と粘性率の相関を従来系の組成物と供に示した。駆動電圧が5V付近の組成物では第3世代のものと粘性に大差は認められないが,駆動電圧が低下するに従い粘性率に大きな差異が現れ,特に3.3V以下の低い駆動電圧帯において低粘性

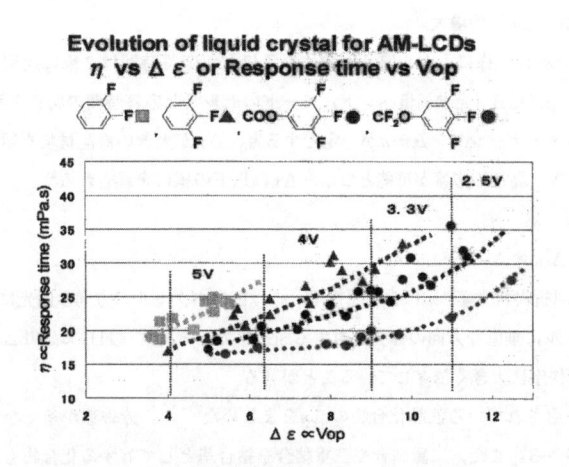

第2章 液晶ディスプレイと機能性色素

図8 世代別液晶化合物の誘電率異方性（Δε）と粘性率（η）の相関

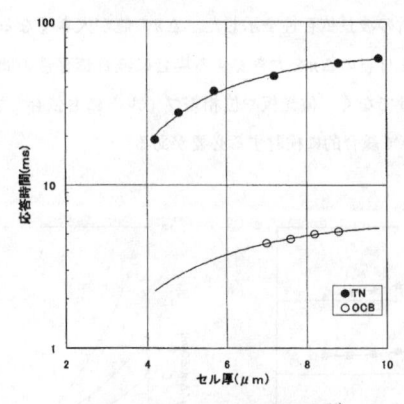

図9 セル厚と応答時間の関係[22]

率化の効果が顕著に現れることが判る。粘性率の低下の程度から推測し，応答速度において3.3V駆動用途では従来の組成物より約20～30%の改善が可能であり，さらに2.5V駆動用途の組成物では30～40%の大きな改善が可能である。

3.3.4 複屈折（Δn）の増大

3.3.1の項で触れた様に、セル厚dが薄くなるほど、応答時間は2乗に比例して短くなる。図9にTNモードとOCB（光学補償ベンド）モードのセル厚と応答時間の関係を示した[22]。そこで液晶セルのリターデーション$\Delta n \cdot d$が一定とすると、Δnが大きい液晶材料を用いればdを小さくすることができ、高速の応答が可能となる。Δnは以下の様に定義される[23]。

$$\Delta n = n_e - n_o = n_\parallel - n_\perp \tag{10}$$

$$n_\parallel^2 - n_\perp^2 = \Delta \varepsilon \propto \Delta \alpha \cdot S \tag{11}$$

ここで、n_eは屈折異常光率、n_oは常光屈折率、$n_\parallel$は配向ベクトルの方向の偏光に対する屈折率、$n_\perp$は配向ベクトルに垂直な方向の偏光に対する屈折率である。式（11）によりΔnは$\Delta \varepsilon$とネマチック相の配向秩序に大きく依存していることが判る。

表7に現在多用されている液晶化合物のΔnをまとめた[22〜24]。芳香環が多くなるほどΔnの値は大きくなっている。また、二重結合や三重結合を結合基として有する化合物もΔnの値は大きい。しかしながら、これらの化合物の中でもあるものは熱や光に対する信頼性が悪いものがあるので使用にあたっては注意する必要がある。

図10に液晶材料の複屈折の波長依存性を示した。Δnの値が大きくなるにつれてその波長依存性が大きくなるので、液晶材料のΔnを大きくする場合に波長依存性の問題が顕著になる。この波長依存性は液晶材料だけでなく、偏光板や位相差フィルムにも依存しており（図11参照）、ディスプレイの各部材について総合的に検討する必要がある。

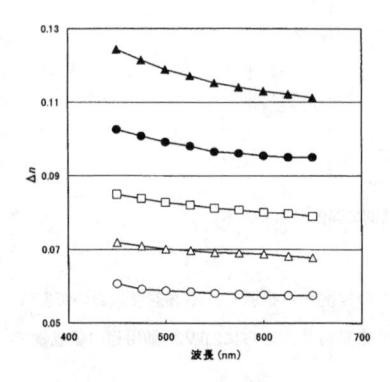

図10 液晶材料の複屈折の波長依存性 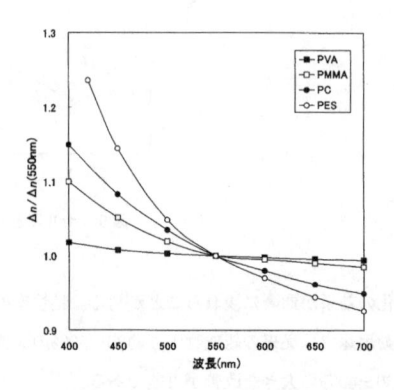　　図11 位相差延伸フィルムの複屈折の波長依存性

第2章　液晶ディスプレイと機能性色素

表7　液晶化合物の複屈折（Δ n）[24~27]

No.	化合物	液晶相/°C	Δn	文献
1	C_5H_{11}-◯-◯-F	Cr 31 I	0.024	24)
2	C_5H_{11}-◯-◯-OCF_3	Cr 14 I	0.046	24)
3	C_5H_{11}-◯-◯-OCH_3	Cr 41 (N 31) I	0.090	25)
4	C_5H_{11}-◯-≡-◯-OCF_3	Cr 48 S 49 I	0.190	24)
5	C_5H_{11}-◯-◯-◯-F	Cr 66.4 Sm 75.4 N 156.1 I	0.100	26)
6	C_3H_7-◯-◯-◯-OCF_3	Cr 38 Sm 69 N 153.7 I	0.088	24)
7	C_3H_7-◯-◯-◯-CH_3	Cr 64.6 Sm 109.7 N 179.8 I	0.111	25)
8	C_5H_{11}-◯-◯-◯(F)-F	Cr 45.2 N 125 I	0.080	26)
9	C_5H_{11}-◯-◯-◯(F)(F)-F	Cr 64.7 N 93.7 I	0.073	27)
10	C_5H_{11}-◯-◯-◯-OCF_3	Cr 43 Sm 128 N 147 I	0.140	25)
11	C_5H_{11}-◯-◯-CH=CH-◯-OCF_3	Cr 72 Sm 168 N 224 I	0.180	25)
12	C_5H_{11}-◯-◯-C≡C-◯-OCF_3	Cr 50 SmB 134 SmA 167 N 189.9 I	0.219	25)
13	C_5H_{11}-◯-◯-C_2H_4-◯-OCF_3	Cr 47 Sm 68 N 73.7 I	0.104	25)
14	C_5H_{11}-◯-◯-COO-◯-OCF_3	Cr 106 (SmB 84) SmA 131 N 167.9 I	0.134	25)
15	C_5H_{11}-◯-◯-◯(F)-F	Cr 55 N 105 I	0.130	26)
16	C_3H_7-◯-◯-◯(F)(F)-F	Cr 40.7 (N 33.2) I	0.137	27)
17	C_5H_{11}-◯(F)-◯-C_2H_4-◯-F	Cr 35 N 53 I	0.170	26)

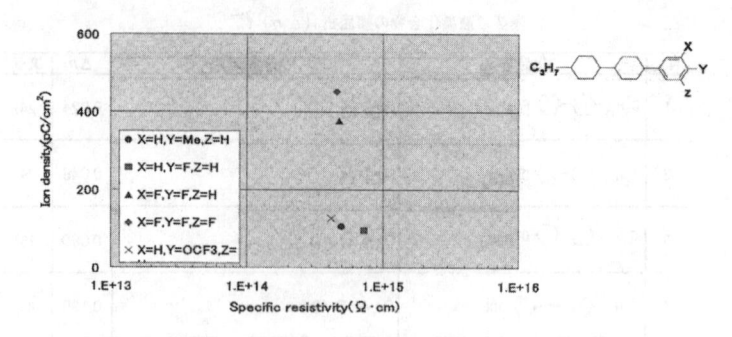

図12 各種のフッ素化合物の液晶化合物の比抵抗とイオン密度

3.3.5 液晶材料の信頼性の向上

前項で述べたように低電圧化が進む現在，大きな双極子モーメントを持った，極性の強い液晶化合物の開発が盛んになっている。しかしながら，一般的には極性の強い液晶化合物はイオン性不純物を取り込みやすい性質を有する。液晶媒質中の（拡散定数の大きな）可動性イオンの挙動はアクティブマトリックス方式では極めて重要な問題であり，極性の強い材料を使用する場合は可動イオンを制御する技術が重要な課題である。液晶媒質中の可動イオンの存在が自由電荷密度の減少に伴い内部電界を低下させ，液晶の分子配列に変化をもたらす結果となる。従って，良好な電圧保持特性を得る為には，液晶媒質中の可動イオン，特に拡散定数の大きなイオンの密度を減少させる必要がある。図12にTFT-LCDに使用される代表的な化合物骨格について末端基を変化させた場合の比抵抗とイオン密度の測定結果を示した。

分子末端のフッ素置換基の数が増加するに従って，すなわち誘電率異方性$\Delta \varepsilon$が増加するにつれてイオン密度が増加することが確認されている。

またパネルの大型化，パネル製造プロセスの短縮の為に液晶材料の注入方式が大きく変化している。大型のモニター，TV用途のパネル製造にはODF（One Drop Filling）方式が多く採用されている。この注入方式の採用により従来の減圧注入方式の場合と比較して液晶材料が接触する部材が大きく変化した。特にパネル貼り合わせプロセスの変化により，シール材との接触（耐汚染性），シール材のUV露光プロセスにおける液晶材料の耐光性（耐UV性）が極めて重要な要素となってきた。図13にシール材との接触後の比抵抗とイオン密度の測定値を各種の液晶化合物についてプロットした。さらに図14に一定条件下でのUV照射後の比抵抗とイオン密度の測定値を各種の液晶化合物についてプロットした。

エステル結合基を有する$\Delta \varepsilon$が大きい液晶化合物は，耐汚染性および耐光性が低い結果を示し

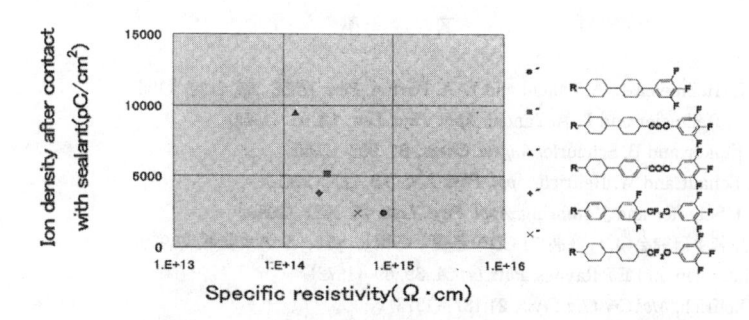

図13　シール材と接触後の液晶化合物の比抵抗とイオン密度

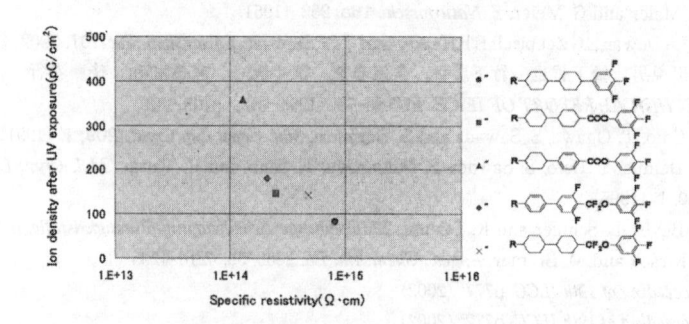

図14　UV照射後の比抵抗とイオン密度

ている。本稿で紹介したCF_2O-LCMは$\Delta\varepsilon$が大きいが耐汚染性，耐光性は従来の液晶化合物と比較して遜色ないという結果が得られた。

　以上本稿で説明したCF_2O-LCMの展開によりTFT-LCDにおける低電圧かつ高速応答分野で今後大きな進展が期待される。

文　献

1) G. H. Heilmeier, L. A. Zanoni and L. A. Barton, *Proc. IEEE.*, **56**, 1162 (1968)
2) G. H. Heilmeier and L. A. Zanoni, *Appl. Phys. Lett.*, **13**, 91 (1968)
3) H. Kelker and B. Scheurle, *Angew. Chem.*, **81**, 903 (1969)
4) M. Schadt and W. Heifrich, *Appl. Phys. Lett.*, **18**, 127 (1971)
5) T. J. Scheffer and J. Nehring, *Appl. Phys. Lett.*, **45**, 1021 (1984)
6) 液晶若手研究会編,「液晶：LCDの基礎と応用」, p21, シグマ出版 (1998)
7) E.Jakeman and E.P.Raynes, *Phys.Lett.A*, **39**, 69 (1972)
8) W.helfrich, *Mol.Cryst.liq.Cryst.*, **21**,187 (1973)
9) 日本化学編,「季刊 化学総説」No.22 液晶の化学, 第4章 (1994)
10) 岬林成和,「液晶材料」, 第9章, 講談社サイエンティフィク (1991)
11) W. Maier and G. Meier, *Z. Naturforsch.*, **16a**, 262 (1961)
12) M.J.S.Dewar,E.G.Zoebisch,E.F.Hearly and J.J.P.Stewart, *J.Am.Chem.Soc.*,**107**, 3902 (1985)
13) 中川悦男, 松下哲也, 竹下房幸, 久保恭宏, 松井秋一, 宮澤和利, 後藤泰行, 信学技報 *TECHNICAL REPORT OF IEICE. EID* 95-79 (1995-10), p105-110
14) Y. Goto, T. Ogawa, S. Sawada and S. Sugimori, *Mol. Cryst. Liq. Cryst.*, **209**, 1 (1991)
15) D. Demus, Y. Goto, S. Sawada E. Nakagawa, H. Saito and R. Tarao, *Mol. Cryst. Liq. Cryst.*, **260**, 1 (1995)
16) A. Beyer, B. Schuler and K. Tarumi, *22. Freiburger Arbeitstagung Flussigkristalle*, p13 (1993)
17) P. Kirsch and M. Bremer, *Angew. Chem. Int. Ed.* 2000, 39, 4216-4235
18) *Proceeding of* 19*th ILCC* ,p777 (2002)
19) *Proceeding of* 19*th ILCC* ,p772 (2002)
20) C.Moller and M.S.Plesset, *Phy.Rev.*,1934,46,618
21) a) A. J. Stone, "The Theory of Intermolecular Forces" International Seriel of Monographs in Chemistry, Clarendon Press, Oxford (1996)
    b) S.Tsuzuki and K. Tanabe, *J. Phys. Chem.*, **95**, 2272, (1991)
    c) S.Tsuzuki, T. Uchimaru and K. Tanabe, *J. Mol. Struct.*, **307**, 107, (1994)
    d) S.Tsuzuki and K. Tanabe, *J. Phys. Chem.*, **96**, 10804, (1992)
22) 恩田, 宮下, 内田, 2000年日本液晶学会討論会予稿集, 443 (2000)
23) W.H.deu Jeu, Physical Properties of Luquid Crystalline Materials, Chap4 (1980) Gordon and Breach
24) V.F.Petrov, *Liquid Crystals*, **19** (6), 729 (1995)
25) V.F.Petrov, *et al.*, *Liquid Crystals*, **28** (3), 387 (2001)
26) 堀江, 谷口編,「光・電子機能有機材料ハンドブック」, p361, 朝倉書店 (1995)
27) 犬飼, 宮沢,「液晶」, Vol.1, No.1, p9, 日本液晶学会 (1997)

4 高精細LCD用カラーフィルター

日口洋一[*]

4.1 カラーフィルターの高精細化と高機能化

　光の3原色をもとに液晶ディスプレイパネル内には，赤（R：Red），緑（G：Green），青（B：Blue）の画素と黒色遮蔽部（BM：Black Matrix）を構成したカラーフィルター（CF：Color Filter）が設けられている。TN方式以外は各画素の周囲はBM形成される。透過光の3色が混合されると白になる。CFは液晶ディスプレイ（LCD：Liquid Crystal Display）中の働きとして，カラー画像化のための表示品質や色（明るさ）を決める重要な構成部品に位置づけられる。LCDにCFを必要とする理由は，液晶自体が発色・発光をするわけでなく，外部電界によって液晶の偏光面を回転することで液晶層を通過する偏光を制御し，結果として観察者側に透過光量を制御することで画像形成することを基本原理とするからである。反射型LCD[1]の場合は，入射光がCF層を2回通過する。そのため分光透過率の調整や色調が重要となる。半透過型LCD[2]の場合は，外光反射とバックライト透過光の差異が生じぬ様に画素単位でCF膜厚やパターン形状を変えている。

　CFの1画素の大きさは1色当たり厚さ1μm前後で幅が75〜100μmであり，各種画素配列がなされる。RGBの3色画素の配列[3]は，市松模様のモザイク配列，デルタ配列，ストライプや菱形などに分類できる。CFの高精細化に関しては，携帯電話のLCD表示部（小型パネル）がQVGA（320×240画素）になり300ppiを超える試作品も発表[4]されている。韓国Sumsungが，実効400ppi試作品をEDEX2004で展示発表した小型パネル画素は，640×240画素であるが「4色レンダリング」方式でVGA（640×480画素）を実現している。LCD開発の初期では，解像度の関係で画素配列が各種工夫されたが，現在は各着色層の幅を細線化することである程度の解像度が確保された関係でストライプ配列が主流となっている。その意味で高精細CFという場合，単に画素の大きさが細かくなったものではなく，むしろ視野角制御や薄型・軽量化を指向した高機能化を意味する。写真や印刷分野では画像をトリミングするなど特殊な使用・処理をするので1200万画素程度の表示が必要とされるが，携帯での静止画像（30万画素前後）の場合，表示画面2インチ〜3インチの中により高精細化を求めても人間の眼の解像度限界を超えたところでは無意味である。むしろコミュニケーション手段としての高速動画対応や広視野角化，色再現性の方が重要なニーズとなる。

---

[*] Yoichi Higuchi　大日本印刷㈱　ディスプレイ製品事業部　ディスプレイ製品研究所
　　エキスパート

ディスプレイと機能性色素

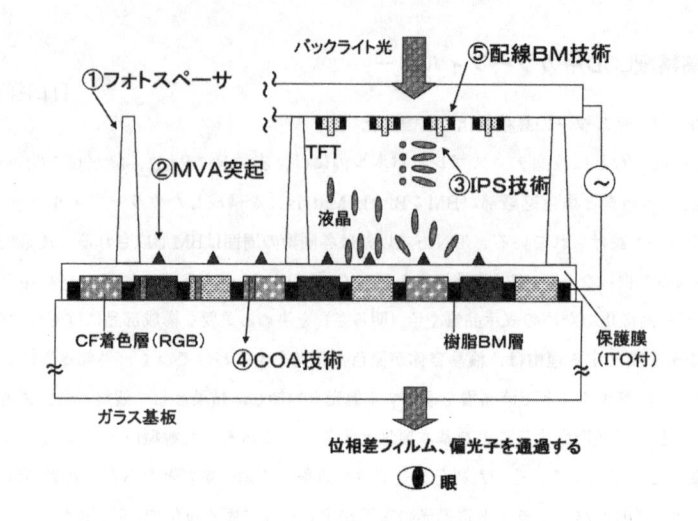

```
①フォトスペーサ      バックライト光    ⑤配線BM技術
                     TFT        ③IPS技術
                     液晶
    ②MVA突起
  CF着色層(RGB)  ④COA技術    樹脂BM層   保護膜(ITO付)
  ガラス基板
              位相差フィルム、偏光子を通過する
                     眼
```

図1　CFの高精細化と高機能化

4.2　CF機能付与のための材料開発状況

CFの高機能化として図1に示すような構成や材料が求められている。その代表例は①フォトスペーサ，②液晶配向制御としての微細突起やMVA（Multi-domain Vertical Alignment），③IPS（In-Plane Switching）技術，④COA（Color-filter on array）技術，⑤配線BM技術である。特に，これらは液晶TVやフォト・ビューワー分野のLCD用CFを中心に開発されてきている。

① フォトスペーサ（パールレスCF）

第5世代以降のLCDパネル製造では，その工程革新が起こっている。液晶の充填時間を飛躍的に短縮させる液晶滴下方式が採用され始めている。この方式でフォトスペーサ[5]と呼ばれる微細部品の加工技術が求められている。LCDのセルギャップを規制するのが役目であり，使用する材料は高弾性，平滑性などの物性を満足するよう開発[6]されている。従来法のスペーサビーズ（球状の樹脂粒子）を散布せずに済むフォトスペーサは，CFの大型化に伴い盛んに研究開発[7]されている。

製造・加工技術としては，着色層の積層でスペーサ形成し精密なセルギャップを保持[8]や開口率アップのためスペーサ配置と着色層の切り欠き面積[9]を抑える。さらには，工程短縮化として裏面露光でBM形成し前面露光で柱をBM材料で同時形成する[10]ことも行われている。

② MVA

フォトスペーサ以外の広視野角化としてMVAリブや垂直配向用突起[11]が提案されている。

第2章　液晶ディスプレイと機能性色素

MVA用突起と着色層を転写形成[12]するものや，MVA用材料および線幅は10μm程度，高さは1.0〜1.5μm程度の画素ピッチに対し45度の角度でジグザグなパターンを形成するCF構成も提案[13]されている。

③ IPS

広視野角を実現させる1つの技術で，横電界方式により液晶配向を制御している。横電界に必要な抵抗値を確保するために，レジスト材料中に黒色遮光物を混合し形成した樹脂BMを使用する。日立の広視野角対応液晶モニターや液晶TVとしてシャープのAQUOSが樹脂BMを使用[14]している。さらにIPS方式の表示性能に悪影響しないCF材料が求められている。各着色層の比抵抗値を規定し，特にIPS用オーバーコート材料では，下地凹凸を隠蔽する能力に優れた樹脂[15]やシランカップリング剤を含有し硬化収縮が小さく膜機械強度に優れるもの[16]がある。耐液晶汚染性のため金属イオン溶出防止[17]や保護膜中にイオン吸着性微粒子を含有[18]し表示不良の防止[19]を重視している。製造法では，CF平坦化を重視し着色層を含め機械研磨する工程[20]，アレイ基板側にCF配置と，BM層形成し高開口率と表示不良を防止した構造[21]，インキジェット法対応により消費量を低減するなどの例[22]もある。

④ COA

一般的なCF着色層形成は，フォトリソグラフィーを応用した顔料分散レジスト法で行われる。図2のCOAも半透過型用CF製造技術から量産化されている。COA単独で加工される場合は少なく，フォトスペーサやIPSなど他の機能付与と混在して加工[23]される。CF画素に光取り込みのための微細ウインド（窓）はやはりフォトリソグラフィーで形成する。CF膜厚が一定の場合，窓透過部分の面積減少が伴うことから，CF画素部は高着色・高透過率なCOA用着色樹脂組成物[24]

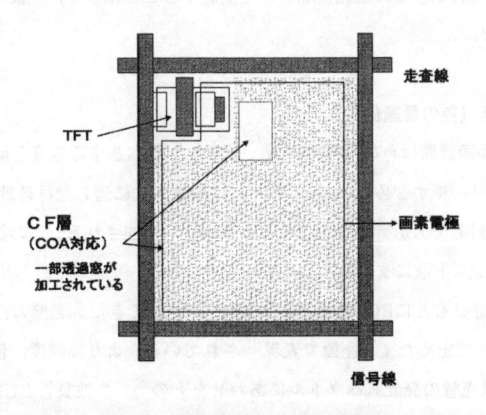

図2　配線BMとCF（COA対応）加工

が必要とされる。窓加工が複雑となるにつれ，COA方式で透過率を下げない保護膜や工程簡略化のためアレイ側保護膜を印刷法で形成する提案[25]もある。

⑤ 配線BM技術

アクティブマトリクス型LCDでは，走査線から書き込まれた画素電極の電位が，規制容量やTFTのオフリーク電流による隣接信号線の電位変動の影響から，クロストークの発生やコントラスト比の低下を引き起こす。こうした画質の劣化を抑制するため，画素電極と電気的に並列に補助容量を形成し，かつ画素間の光漏れを防ぐブラックマトリクス（BM）を設ける構成となっている。

従来，BMはCF用の着色層とともに，アレイ基板と液晶層を介して対向して配置される対向基板側に配置されるのが一般的であった。しかしながら，このような構造においては，アレイ基板と対向基板との合わせずれを考慮する必要が有り，光を透過する開口部分の割合（開口率）の低下[26]も引き起こしていた。近年，基板配線上に有機絶縁膜を設け，最上層の画素電極とその端部を配線に重ねることにより，配線をBMと兼ねた配線BM構造が提案[27]されている。ただし画素電極を延在させて遮光すると，信号線と画素電極との寄生容量はさらに増加する。特に動作周波数が高い場合，信号線容量の増大は書き込み不足等の原因となり，表示品位の低下を引き起こすことになる。こうした傾向は，表示画面が大型，高精細になるほど顕著なものとなる。

配線BM構造では，表示画面の大型化や高精細化対応のため，開口率の低下防止や信号線の負荷容量の改善[28]が望まれている。TFTアレイ上にCF着色層およびコンタクトホールを形成したCOAの構成が開示[29]されている。補助容量線と信号線の交差部分に開口領域が形成されているため，信号線の負荷容量が少なくなる。また，開口領域の上部には，少なくとも2層の着色層が配置されているため，これが色重ね遮光領域として機能することになり，光抜けによるコントラスト比の低下が防止される。

4.3 CFの色要求性能（色の最適化）

LCD用CFとしての共通課題は色の開発である。3原色を基本とする色度と明度，および白色の色度と明度をコントロールする必要がある。さらには製造方式に適した材料設計が必要であり，最終的にはLCD表示に対して悪影響を与えないという条件が追加される。この様に色の最適化は最終的には顔料分散レジスト液にまで落とし込まれる事になる。

従来CIE表色系C光源をもとにRGB透過型CFが調色[30]されてきた。光源の白色度を意識して国際照明委員会（CIE）で定めたｘｙ座標で表現[31]されている。より高純度，色再現性に優れたCFにするため3波長蛍光管の発光スペクトルにあわせたもの[32]，3波長管とCF層透過率を規定しNTSC比85%以上の色再現性[33]を持つものが実現している。表示色の色づれについては，光源

第2章　液晶ディスプレイと機能性色素

の白色度合いとCFの透過光量の差を均一にして調整[34]したものもある。さらに，HDTV規格の高色純度と高透過率とを両立させた緑色材料[35]や試行錯誤的な調色作業を必要としないカラーマッチングシステムによって着色レジスト材料の配合[36]もなされている。また，CF透過光から液晶モニターの色を再現するモデル[37]や画素部の駆動系を変更せず微妙な色合いを出す6色CFも提案[38]されている。

CRT同様のTV分光としてモニター用の色再現域はNTSC（National Television System Committee）比で55%～65%程度であるのに対して，液晶TVではNTSC比が85%以上となる。大日本印刷では2003年末新聞発表を行ったが，新バックライトと組み合わせることでISO126421に規定される4色印刷評価用データ928色を100%カバーできる広色再現性をもつCFの開発に成功している。

4.4　顔料分散材料（レジスト・インキ）から求められる機能性色材

CF用色材としては染料系か顔料系かの2種類から選択されている。透明性においては染料系が顔料系よりも好適である。一方，耐光(候)性，耐熱性，耐溶剤性の面では顔料系が好適である。一般には，両者の特性を満足する多環式有機顔料で，かつその1次粒子径が超微粒子領域にあるものが採択されている。CF用赤色にはアンスラキノン系，緑色，青色にはフタロシアニン系の高透明性顔料が採用されておりこれらの顔料の1次粒径は$0.1\mu m$以下である。

ブラッグ角，BET比表面積を規定[39]したもの，着色剤の固形分比を規定[40]したものも使用されている。コントラスト値向上を目的に，顔料の微粒子化も工夫されている。サンドミル型分散装置によるCF顔料分散方法で条件規定したもの[41]，微粒子径でスカム発生が少ない工夫[42]をしたものもある。感度・高透明性・高解像度を保持するため顔料にスルホン酸基含有トリアジン系化合物[43]を配合したものもある。

CF用着色材料に求められる具備性能としては，下記の様な項目[44]が要求される。

① 3原色（RGB）［加色混合］フィルターとして適応する分光特性。
② コントラストと相関する高い透明性と高い色純度（色再現範囲が大きくなる）。
③ 耐光(候)性・耐熱性（230℃×1hr）・耐溶剤性。
④ レジストとの良好な混合適性と顔料分散安定性。
⑤ パターニング（印刷方法）による固有の要求特性。

等となる。ただし上述の要求特性は年々厳しくなってきている。そこで再度，CF用着色材料への要求特性と理論的背景について見直してみた[45]。

ディスプレイと機能性色素

① 演色性

RGB 3 原色用顔料の選択は，CIE色度図上 3 点の色度座標によって演色域が与えられるため，出来るだけ純度の高い（彩度の高い）組み合わせが必要である。高級有機顔料である多環系有機顔料や金属錯体有機顔料は彩度的には不利であり，より吸光度の高いかつ分光ピークの鋭い顔料が求められる。しかし現実的には適応する顔料の化学構造の面で制約を受けている。各原色顔料だけで演色域を広げることは無理があるため，補色により分光特性の最適化を行っている。ただし顔料の混色は，組み合わせる顔料との吸収波長差に応じて彩度低下を起こす。そこで吸収波長差の少ない補色顔料との組み合わせが望ましいが，組み合わせ候補は多数となるために演色性効果のシュミレーションが必要である。また，染料系の発色は化学構造に依存しているが顔料系の発色では化学構造以外に粒子の光学特性が加わる。候補となる顔料が同一の化学構造であっても粒子設計が異なれば，その分光特性や分散性も変わるので顔料設計がますます重要となる。言い換えれば，顔料メーカーが異なれば化学構造が同じでも同一の発色が得られない事にも通じている。さらにLCD用CFにおいては，組み合わせるバックライトの分光特性を加味した分光特性の設計[46]も求められる。

② 透明性

CF用溶剤に対して，染料は分子分散であり顔料は粒子分散である。透明性の観点から染料同等の透明性が要求されているが粒子分散である以上粒子散乱による透明性阻害は避けられない。粒子分散においてより高い透明性を確保するには顔料分散体の粒度をレイリー散乱域に入れる事は必須である。

更に透明性の観点から顔料分散体についても平均粒径は十分に小さくする事（レイリー散乱領域：$\alpha \leq 0.4$ $[\alpha = \pi d / \lambda]$）が必要[47]である。また平均粒径のみの制御では不十分で粒度分布上限の制御が重要と考える。さらにレイリー散乱領域（$\alpha \leq 0.4$）では散乱強度は粒径の 6 乗に比例する。顔料分散体の粒度分布を加味すると，散乱式から求められる顔料 1 次粒子の平均粒径は約50nm以下に設定する事が望ましい（同時に分布上限の設定も考える必要がある）。事実，CF分野では一般には赤色にはアンスラキノン系，緑色，青色にはフタロシアニン系の高透明性顔料が採用されておりこれらの顔料の 1 次粒径は0.1μm以下である。色補正用の黄色顔料や紫色顔料も同様で，高透明性顔料を選択使用している。ただし，これら顔料の顔料分散体は通常粒子径の分布を持っている。精密に制御された超微粒子分散技術を適応しても，物理的に平均粒径に対して最大粒径を 2 倍程度以下にする事は困難である。同時に分布下限の超微粒子は分散安定性に欠くため，顔料分散体の製造管理からは粒子径の狭い分布が求められる。

一方，顔料は互いに凝集した 2 次粒子として通常存在するため，超微粒子分散を行なう前にも顔料粒子の 1 次粒径および分布の確認・制御が必要となってくる。顔料の 1 次粒径および分布に

第2章　液晶ディスプレイと機能性色素

ついては，合成段階や顔料化段階からの粒子設計が必要と考えるが，現時点では，高透明性を要求される自動車メタリック塗料用に設計された有機顔料や，耐水性を要求される水性グラビアインキ用の有機顔料を選択採用しているのが一般的である。本来的には顔料メーカーでの合成技術，顔料化技術に期待するところが大きい。超微粒子顔料化技術の一つとして「ソルトミリング」は良く知られた技術であるが，最近では表面処理剤[48]やメディアレスによる顔料化技術（湿式粉砕）も開発[49]されている。分別沈殿による超微粒子造粒法も，マイクロリアクターミキシング装置[50]の出現により種々条件を最適化する事で超微粒子領域での造粒が容易となりCF用顔料として適応可能としている。

③　耐光(候)性・耐熱性・耐溶剤性

CF用多環式有機顔料や金属錯体有機顔料は，染料の分子分散に比べて紫外線による分子裂断の度合いが少なく耐光(候)性は格段に優れる。その場合でも顔料粒子を超微粒子化すると表面積が増加し結果として耐光(候)性の低下は免れない。粒子径制御と分散安定性の確保を行ったうえで，その粒度での耐光(候)性が要求性能を充足するかの確認が必要である。

高級有機顔料は一般に耐熱性・耐溶剤性にも優れているが，個別CF製造ラインにおける加工工程において問題化する場合があるので注意が必要である。より高度の耐熱性が要求される場合には透明性の高い無機顔料が選択使用される場合もある。現行CRTのコントラスト改善に用いられている高透明性超微粒子無機顔料[51]（平均1次粒径は0.01μmである）を高精細LCD用CFに展開する可能性もあろう。

④　レジストとの良好な混合適性と顔料分散安定性

一般に粒径を超微粒子領域（ここでは最大粒径が0.5μm以下で平均粒径がサブミクロン領域にある粒子と定義する）にすると光散乱が少なくなり透明性が増加する。他方，表面エネルギーが一層大きくなり凝集力も強くなる。このため設計粒度（1次粒度）への分散が困難になり更に得られる分散体の安定性保持が難しくなる。ミルベース（顔料，分散剤，樹脂，溶剤より構成される系）の設計，超微粒子分散技術（分散機器，分散プロセス）の最適化，更には対応する評価機器の選択が重要な因子となる。

物理的・機械的分散のみならず化学的分散も工夫がなされてきている。顔料分散剤として顔料誘導体を利用した分散性の向上[52]や分散用樹脂など，従来は界面活性剤など添加剤による顔料分散性向上を謳ってきた。しかしより好ましい現像特性や透明性が求められ，樹脂材料自身に分散機能を付与した特殊分散樹脂が開発[53]されてきている。

⑤　パターニング（印刷方法）による固有の要求特性

最適化された3原色顔料および補色顔料は色々な分散体（カラーレジスト，印刷インキ）としてパターニングに供される。パターニングは一般的にはカラーレジスト法が主流であるが近年イ

ンキジェット印刷[54]）や新規オフセット印刷法[55]）さらにはスクリーン印刷法の応用[56]）も開発されている。これらの分散体には長期にわたる分散安定性が求められるので、ミルベース構成や分散技術の最適化も要求される。また各印刷法には，固有のインキ流動特性が求められるので，要求される流動特性の充足設計が必要である。

4.5 今後の展望

情報化社会が進展する中でCF製造技術も進化してきている。LCDのサイズも30インチ前後を標準に50インチの大型化も実現となり，PDPなど他のデバイスとのサイズ区別がなくなりつつある。機能化の面では液晶TVが出現し薄型・軽量化となり，携帯電話のカラー表示も30万色を超えMPEG-4実装の高速動画表示も実現[57]）されつつある。他方で，高精細LCDを液晶プロジェクターの駆動部として展開する場合は，ホームシアターとして広視野角や音響設計も含めたシステムとしても進化を続けている。

一方，静止画像の記録システムの場合は，ペーパーライクディスプレイ（電子ペーパ）にまでCFは組み込まれる動きとなってきている。この様な流れの中で，CF材料もさらなる工夫がなされている。保存安定性，塗布性を考慮したもの[58]），表示不良の源となる不純物を抑制。分散剤のNa，Kaイオンの総和と水分量を規定[59]）したものもある。製造方法との関連では，現像特性を改善しスカム発生の少ない樹脂[60]）や環境負荷を考慮しCF形成用水溶性感光性樹脂[61]）も開発されてきている。

大日本印刷ではCFをディスプレイシステムの一部と位置づけ，その役割を充分に発揮するよう機能および性能の向上をはかっている。

1) CF単体では，顔料分散法によるCF製造を業界に先駆け実用化している。その中でCFの色再現範囲の拡大と明度向上という性能のトレードオフを両立すべく継続的に開発を行っている。
2) 表示性能においては，MVAやIPSなど広視野角化対応ならびに表示モードに関しては反射型LCDに適した色特性を持つCFの生産ならびに研究開発を進めている。表示信頼性に関してはギャップ機能付CFを，あわせて液晶へのイオン性不純物混入を防止したCFの開発などを行っている。
3) TV対応CFに代表されるようにCRT標準色規格に適合する高濃度色CFの開発を行っている。これらはCF加工メーカー単独で製品開発できるものではなく，今後も電気メーカー，材料供給メーカーとの密接な連携をお願いするものである。

第2章　液晶ディスプレイと機能性色素

文　　献

1) 内田龍男 監修，反射型カラーLCD総合技術，シーエムシー出版（1999）
2) 塚本達，月刊ディスプレイ，4月号，p 35（2001）
3) 髙橋達見，日本画像学会誌，**41** 68（2002）
4) 日経エレクトロニクス，p28-29, 4月26日号（2004）
5) 特開2003-215599，日立製作所；特開2003-215603，日本ビクター；特開2003-207787，富士フィルム
6) 特開2003-222717，特開2003-201381，日本触媒；特開2002-23150，アドバンスト・カラーテック
7) 特開2003-186022，特開2003-195348，東芝；特開2003-195317，松下電器産業；特開2003-186026，エルジーフィリップス；特開2003-215553，シャープ；特開2003-215612，富士通ディスプレイ
8) 特開2002-6132，特開2002-90755，東レ
9) 特開2002-196338，東芝
10) 特開2003-227919，エルジーフィリップス
11) 特開2002-122869，三星電子；特開2002-90748，特開2002-90751，東芝
12) 特開2003-131385，富士フイルム
13) 特開2002-229038，富士通；特開2002-72220，シャープ；特開2003-241195，富士通ディスプレイ
14) 日本工業新聞10月6日（2003）AVS液晶技術として紹介
15) 特開2002-343661，秋田新日本電気；特開2002-194272，新日鐵化学
16) 特開2002-329112，東レ；特開2002-323126，東レ
17) 特開2003-75819，東洋インキ製造
18) 特開2002-229027，日本触媒
19) 特開2003-66454，住友化学
20) 特開2002-6131，セイコーエプソン
21) 特開2002-49028，松下電器産業
22) 特開2002-189120，セイコーエプソン
23) 特開2002-169116，松下電器産業；特開2002-229014，東芝；特開2002-258286，日立製作所
24) 特開2002-196480，富士フイルム；特開2002-71938，東レ；特開2002-107533，ジェイエスアールアレイ
25) 特開2002-277899，日本電気；特開2002-268585，松下電器産業
26) 特開2002-189124，セイコーエプソン；特開2002-82354，東芝
27) 特開2002-55353，松下電器産業；特開2002-107709，京セラ
28) 特開2002-250933，日本電気；特開2002-229015，オプトレックス
29) 特開2002-14373，東芝
30) 特許第2140027号，諏訪精工舎；特許1977992号，松下電器産業
31) 特開平5-232579，セイコーエプソン
32) 特開平7-253577，セイコーエプソン

33) 特開2002-277870, 特開2002-277875, IBM
34) 特開平4-214532, 松下電器産業
35) 特開2001-303718, 富士フイルム
36) 特開2000-347019, 凸版印刷
37) 特開2002-131131, シャープ
38) 特開2002-286927, セイコーエプソン
39) 特開2002-105351, 大日精化工業
40) 特開2003-206413, 大日本インキ；特開2002-167404, 住友化学
41) 特開2002-69324, 東レ
42) 特開2002-196488, 住友化学
43) 特開2003-66224, 山陽色素
44) 2003FDPテクノロジー大全, Electronic Journal別冊, 電子ジャーナル（2003）
45) 日口洋, 化成品協会秋期講演会資料, p45（2000）
46) 特開2003-107472, 日立製作所
47) A.L.Wertheimer, W.L.Wilcock, *Applied Optics*, **15**, 1616（1976）
48) 特開2002-179941, 大日本インキ
49) 特開2002-30230, クラリアント；クラリアント, 色材, **77**, 43（2004）
50) 特開2002-322404, コニカ
51) 大野勝利, 楠木常夫, 小沢兼一, 電子情報通信学会技報, EID93-102, 17（1994）
52) 特開2003-081929；特開2003-081972；特開2003-089686, 富士フイルム
53) 特開2002-22934, 富士フイルム；特開2002-98825, サカタインクス
54) 特開2002-189124, セイコーエプソン；特開2001-309135, 富士フイルム
55) 近藤康彦, 川崎裕章, 松山武彦, 日本印刷学会第100回春期研究発表会講演予稿集, p9（1998）
56) 日口洋一, 日本印刷学会, **40**, 33（2003）
57) 日経エレクトロニクス, p26-27, 2月2日号（2004）
58) 特開2002-354871, 住友化学
59) 特開2002-241640, 富士フイルム
60) 特開2002-156753, 住友化学
61) 特開2002-82432, 三洋化成；特開2003-040955, 荒川化学

5 カラーフィルター用機能性色素

伊藤和典[*]

5.1 はじめに

カラー液晶ディスプレイ (LCD) はノートPC向けにて大きく成長し，現在はデスクトップPCのモニター及びテレビ向けでの大型と携帯電話等の中小型において，更に大きく成長を続けている。

このLCD市場の成長と用途拡大において，パネルのカラー表示品質における要求特性は用途ごとに異なり，かつ多様化してきている。パネルのカラー表示特性の良し悪しを左右する重要な部材としてカラーフィルター (CF) があるが，この部材の性能向上は先の市場拡大に対して大きく貢献してきたものと言える。

5.2 カラーフィルターの分光特性

図1にカラーフィルターによる透過スペクトルの分光特性の一例を紹介する[1]。

このようにCFは，バックライトからの光のうち，色再現により必要な波長だけ (RGB) を透過させる役割を果たしており，光の加法混色によってカラー表示を可能にしている。この色の表示可能範囲，即ち色再現域はCIEの色度図によって示される。

5.3 色再現の方向性

先に述べたようなLCDの用途拡大に伴い，CFの色再現域は広がる方向にある。これは，CFに用いられる色素の改良と新規色素の使用を不可欠とした。図2に各用途での色再現域を示す[2]。CIE色度座標上でその方向性を見ると，ノートPC，モニターそしてTV用途になるに従い，色度座標の中心から外へ外へと広がっており，つまり高彩度・高色純度の方向にあることがわかる。

色再現を担う色素としては，CFの開発当初は染料が用いられていたが，LCDの製造プロセスからの制約（200℃以上の高温プロセスを通る）から，耐熱性・耐光性の高い有機顔料 (RGB色) が現在は主として用いられている。

5.4 顔料分散法

5.4.1 顔料分散法とは

顔料を用いたCFの形成方法は，顔料分散法，電着法，印刷法，転写法，インクジェット法などさまざまなものがあり，個々特徴はあるものの，品質，精度，生産性，コストなどから現在は

---

[*] Kazunori Itoh　サカタインクス㈱　研究開発本部　第二研究部　マネージャー

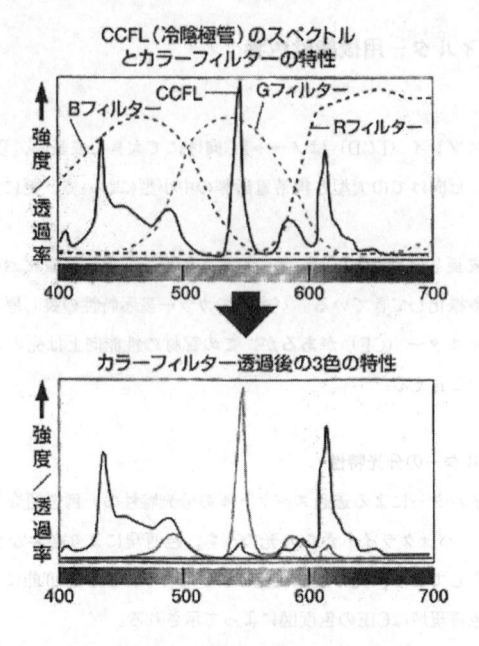

図1 LCDの透過スペクトル[1]

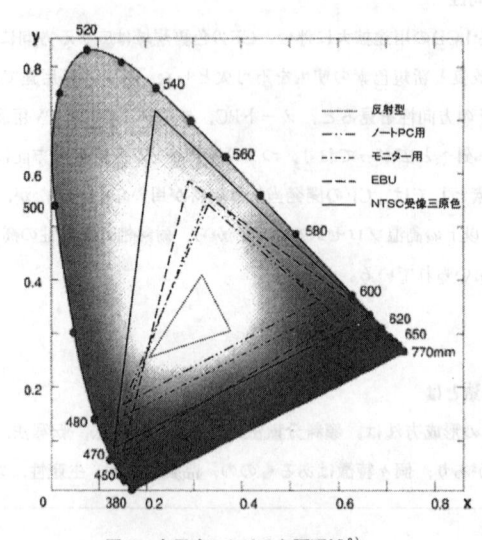

図2 各用途における色再現域[2]

第2章 液晶ディスプレイと機能性色素

顔料分散法が主流となっている。

顔料分散法には，フォトリソ法とエッチング法がある。フォトリソ法は，フォトレジストに顔料を分散させておき，それを基板に塗布，露光，現像する工程を行ってRGBの3色の画素を形成させる。エッチング法は，顔料を分散させた非感光性ポリマーをまず基板に塗布し，その上に別途レジスト層を形成させ，露光，現像を行って画素を形成させるものである。

上記顔料を分散されたフォトレジスト液は，カラーレジストと呼ばれている。

5.4.2 カラーレジスト

カラーレジストは，CFの色・光学特性のほとんどを決定付けるほどの材料にある。その構成は，一般的にはアルカリ現像タイプのネガ型レジストとして設計されている。

カラーレジストは，一般的には次のように作られる。①顔料を高濃度に分散した顔料分散液を作る，②それと他の成分を混合する。①の顔料を分散する手段としては，3本ロール，ボールミルやサンドミルといった分散メディアを用いた分散機等が用いられて混合・分散される。分散された顔料粒子は，100nm以下程度にまでナノ分散されている。こうして配合・調整されたカラーレジストは，スピンコーターやダイコーター等によってガラス基板に塗布され，露光，現像されることで乾燥塗膜厚として約1〜2μmのRGB画素を形成することになる。

RGB画素を形成し，CFの色・光学特性を大きく左右するカラーレジスト中の顔料は，微粒子で透過率が高くかつ色純度が高いという特性のものが要求される。その分散性も重要な要因である。

5.4.3 色度設計と顔料

LCDのカラー表示色特性がCF中の顔料によってほぼ決定付けられていることは，先に述べたが，このカラー化はパネル中のバックライトである3波長蛍光管の光をCF上のRGB画素を透過させることにより得られることから，画素形成に用いられる顔料は，この3波長管の発光スペクトルの特性を考慮することが必要である。主輝線はより高く透過させるとともに，不要な発光輝線部分は十分に吸収させることが求められる。

したがって，顔料の選定や使い方においては下記項目を満足させるようにすることが重要となってくる。

・顔料の透過スペクトルのピーク位置とバックライトの輝線の位置関係の一致
・顔料の透過スペクトルのピーク値がより高いこと
・透過域面積の広がり方が適切であること
・実用的な着色力があること
・顔料の複数混合時の場合は減法混色からの透過率の低下をできるだけ抑えること

そのため，RGBの各色で用いられる顔料は単一顔料だけで使用されることもあれば，適切な分

表1 カラーレジスト（RGB）の有機顔料の使用例

	主　顔　料	補　顔　料
Red	赤顔料：アントラキノン系、DPP系 (C.I.Pigment Red 177,254)	黄顔料：ジスアゾ系、イソインドリン系 (C.I.Pigment Yellow 83,139)
Green	緑顔料：ハロゲン化フタロシアニン系 (C.I.Pigment Green 7,36)	黄顔料：ジスアゾ系、キノフタロン系、モノアゾ系 (C.I.Pigment Yellow 83,138,150)
Blue	青顔料：フタロシアニン系 (C.I.Pigment Blue 15:6,15:3)	紫顔料：ジオキサジン系 (C.I.Pigment Violet 23)

光特性（透過スペクトル）を得るために，複数の顔料で構成されることもある。この選定においては，目的とするLCDパネルの用途（求められる色度）に大きく依存される。

また，カラーレジストに用いることができる顔料としては，有機顔料，無機顔料があげられる。有機顔料としては，アゾ系，縮合多環系，アントラキノン系，キナクリドン系，イソインドリン系，イソインドリノン系，フタロシアニン系，ジオキサジン系，アゾメチン系，ペリレン系，DPP系等である。無機顔料としては，コバルト黄，コバルト青，酸化クロム，酸化鉄等である。

表1にカラーレジスト（RGB）での有機顔料の使われ方を示す。

図3に赤系における顔料の複数使用による効果を，透過スペクトルで示す。

赤色の再現のため，アントラキノン系赤顔料PR177にイソインドリノン系黄顔料PY139を併用することにより，PR177が持つ短波長域（480nm以下）の透過を抑える（黄顔料によりその域を

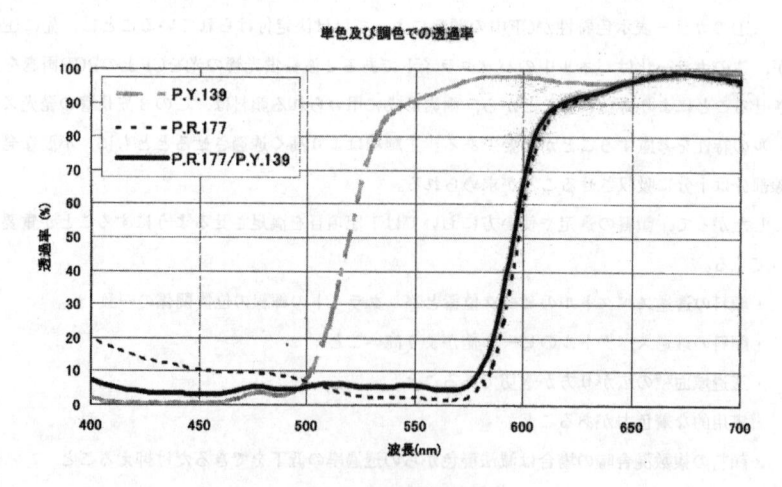

図3　赤系における複数顔料の効果

第2章 液晶ディスプレイと機能性色素

表2 カラーフィルターに用いられる有機顔料の例

	主顔料 Generic Name : C.I.No 慣用名 構造式		補顔料 Generic Name : C.I.No 慣用名 構造式
Red系	C.I.Pigment Red 177 アントラキノニル レッド	C.I.Pigment Red 254 DPP レッド	C.I.Pigment Yellow 83 ジアリド イエロー HR
	C.I.Pigment Red 122 キナクリドン マゼンタ Y	C.I.Pigment Red 209 キナクリドン レッド Y	C.I.Pigment Yellow 139 イソインドリン イエロー
Green系	C.I.Pigment Green 7 フタログリーン (Cl)	C.I.Pigment Green 36 フタログリーン (Cl, Br)	C.I.Pigment Yellow 139 イソインドリン イエロー
			C.I.Pigment Yellow 150 モノアゾ イエロー (ニッケル)
Blue系		C.I.Pigment Blue 15:6 フタロブルー ε	C.I.Pigment Violet 23 ジオキサジンバイオレット

吸収させる)ことができ,色再現に不要な光をカットできるのである。

　以上のような色再現に対しての必要条件と耐性面(耐熱,耐光,耐薬品性など)をクリアーできる顔料はそれほど多くはない。表2にカラーフィルターに用いられる顔料の一例を構造とともに,また顔料の特性を表3に紹介しておく[3]。

表3 カラーフィルターに用いられる代表的顔料の特性

C.I.Pigment		Red 177	Red 254	Green 7	Green 36	Blue 15:6	Yellow139	Yellow 150	Violet 23
色相		赤	明るい赤	明るい緑	黄味の緑	明るい青	赤味の黄	黄	青味の紫
耐光性	濃色	8	8	8	8	8	7	8	8
	淡色	7〜8	8	8	8	8	7	8	7〜8
耐熱性(℃)		200	200	200	200	200	200	200	160
耐溶剤性									
	アルコール	5	4〜5	5	5	4〜5	5	5	4〜5
	ケトン	4〜5	4	5	5	4〜5	5	5	5
	エステル	4〜5	4	5	5	4〜5	5	5	5
	芳香族	5	4〜5	5	5	5	4〜5	5	4〜5
耐薬品性									
	酸	5	5	5	5	5	5	5	5
	アルカリ	5	5	5	5	5	4〜5	4	5

各データは顔料メーカーカタログ及び文献[3]より抜粋
耐光性は8段階評価で8が最良、耐溶剤性及び耐薬品性は5段階評価で5が最良

5.5 カラーフィルターの高性能化と顔料の関わり

LCD市場の拡大のため、カラーフィルターの色・光学特性の更なる高性能化が言われてきている。この高性能化の要求と顔料の関わりについて整理すると表4のようになる。このように顔料に期せられたものは非常にたくさんのものがある。

5.5.1 透過率の向上

カラーフィルターの透過率の向上は、絶えず言われてきている命題であり、特に低電力化が重要であるノートPC分野においては、透過率（＝明るさ）の改良はポイントとなる。

これに対しては、まずは顔料の粒子径を小さくすることで向上する[4]。さらなる向上のためには主顔料として新規な顔料の探索が必要となる。それを実現した一例を図4（赤系）に示す。図4の透過スペクトルを見ると、従来用いられていたPR177より新規顔料PR254の方がより短波長側から立ち上がり、しかもシャープに立ち上がっていることがわかる。加えてバックライトの輝線との位置関係を考えると、透過率が向上することがうかがい知れる。

5.5.2 コントラストの向上

色再現の方向性のところで述べたように、LCDパネルは最近色の濃さを要求するモニター、TVといった用途へと拡大している。そこで、光の消偏性、即ちコントラスト性能がパネルとして重要な位置を占めてくるようになってきた。というのも、色を濃くするということは、CFの厚みを厚くするか、CF内の顔料濃度を上げることであり、CF内の顔料粒子による光の散乱が起きやすくなり、その影響がパネル性能に大きく出てくるようになってきているからである。

この性能の向上についても、透過率の向上と同様に顔料の微粒子化の方向で改善が行われた[5]。

第2章　液晶ディスプレイと機能性色素

表4　カラーフィルターの高性能化と顔料の関わり

高性能化項目	対応策	顔料との関わり
①高精細・高画質	透過率の向上 色再現域の拡大 色純度・彩度の向上 高コントラスト ファインパターン性	顔料選択、微粒子化 顔料選択 顔料選択 微粒子化、分散性の向上 BM材料
②低電力化	透過率の向上 開口率の向上	顔料選択、微粒子化
③ムラ、欠陥の低減	塗布適性の向上 異物の低減	顔料の分散性
④信頼性	不純物・混入物の低減 耐性の向上	顔料成分 各種耐性面からの顔料選択
⑤環境対応	脱クロム 指定溶剤の不可	樹脂BM 溶剤適性

BM：カラーフィルターを構成するブラックマトリックス

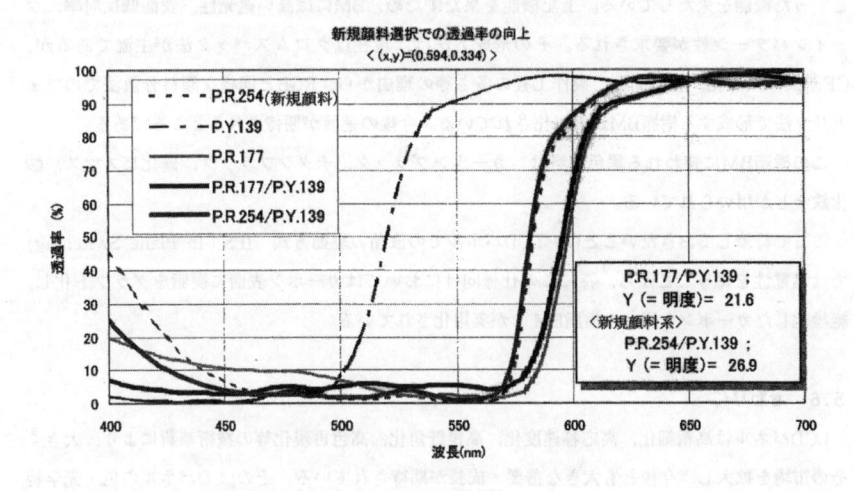

図4　赤系における新規顔料選択による明度の向上

5.5.3　色再現域の拡大

　色再現域の拡大については，顔料の見直し，組み合わせ等を行い改善が進められている。これに関連した報告文がいくつかあるので，参照していただきたい[5, 6]。

　これを見ると，顔料の選定基準としては，

　(1) 着色力

(2) コントラスト性能

　(3) 透過率

が上げられるようである。事実，5.5.1，5.5.2で効果の大きいものが適用されている。

　また，この性能向上に対してはバックライトからの改善もさかんに行われており，LEDを用いることによって改善は進んでいる。

5.5.4 ブラックマトリックス（BM）材料

　カラーフィルターの構成色として今までRGBについて述べてきたが，もう一つ重要な構成要素としてブラックマトリックス（BM）がある。BMは，

　(1) 画素（開口部）以外からのバックライトの光を遮断し，コントラストを向上させる。

　(2) RGB画素の混色を防ぐ。

　(3) 光電流によるTFT素子の誤動作を防止する。

　(4) 画面への背景光の写りこみを低下させる。

といった機能を果たしている。上記機能を果たすため，BMには高い遮光性，表面低反射率，ファインパターン性が要求される。その形成方法は，現在はクロムスパッタ法が主流であるが，CF基板の大型化，環境問題，製作工程の多さ等の理由から，RGBと同様な顔料分散法でのフォトリソ法で形成する樹脂BMが実用化されている。今後の進展が期待されるところである。

　この樹脂BMに使われる黒色顔料は，カーボンブラック，チタンブラック，硫化ビスマス，酸化鉄などが用いられている。

　ここで特筆しておきたいことは，LCDパネルでの液晶の駆動方式（IPS：In Plane Switching）では導電性を嫌うことから，特にこの仕様向けにおいてはカーボン表面に樹脂をグラフト化し，絶縁化したカーボンを用いた樹脂BM[7]が実用化されている。

5.6 おわりに

　LCDパネルは高精細化，高応答速度化，高視野角化，高色再現化等の技術革新により，大きくその市場を拡大し，今後とも大きな需要・成長が期待されている。そのLCDパネルの色・光学特性を大きく左右するCFに用いられる色材，特に顔料に対しては，厳しい要求がされてきており，その果たす役割がますます大きくなってきている。電気特性，不純物の混入，耐熱・耐光性の向上，色・光学特性の向上（微粒子化）等，これらに応えるべく，CF用色材関連に携わるものとして，今後も努力し，「美しい」「見やすい」LCDの開発とLCDの発展に寄与していきたい。

第2章　液晶ディスプレイと機能性色素

文　献

1) ソフトバンクパブリッシング，PC USER，見てわかる解体新書「第173回ディスプレイの色再現」，p.6
2) 凸版印刷㈱及び日立化成工業㈱のホームページより，5月／2004年現在記載内容
3) 有機合成化学協会編，カラーケミカル事典，シーエムシー出版（1998）
4) 液晶ディスプレイ工学入門，日刊工業新聞社，p.75
5) 澤村正志，月刊ディスプレイ，7月号，p.54（2001）
6) 田口貴雄，月刊FPD Intelligence, No.3, p.61（2000）
7) 技術情報協会，顔料分散安定化と表面処理技術・評価，p.112（2002）

6 ゲストーホスト型液晶用機能性色素

門脇雅美*

6.1 はじめに

GH型液晶は液晶（ホスト）に二色性を有する色素（ゲスト）を溶解させて用いる液晶表示方式である。特定の分子構造の色素が二色性を有することはGH型液晶が開発される以前から知られていたが、液晶方式への応用は1968年、G. H. Heilmeierら[1]により提案された。

図1はG. H. HeilmeierのGH型液晶表示方式の基本原理を示したものである。液晶分子が電界によって配向方向を変化させると、その動きに追従して色素の配向が変化する。この時、色素の二色性により光の透過率制御を行なうことが可能となる。この他にも色素の二色性吸収を利用したGH型液晶表示方式は種々提案されており、すでに多くの成書にまとめられている[2,3]。

また、これらの各種方式以外にも旋光や複屈折を応用した液晶方式に、二色性吸収を補助的に利用したTN-GH型、STN-GH型液晶方式なども実用化されている。

特に近年では、GH型液晶の①視野角が広い、②明るい表示が可能（必ずしも偏光板を必要としない）、③鮮明な色調（色相が自由に選択できる）の特徴から、携帯情報端末用ディスプレイやペーパーディスプレイ、電子調光用途などへの応用が期待されている。

6.2 GH型液晶用色素（二色性色素）

6.2.1 二色性色素と要求性能

GH型液晶用二色性色素の開発は1975年頃より各研究機関等で開始され、その基本骨格として

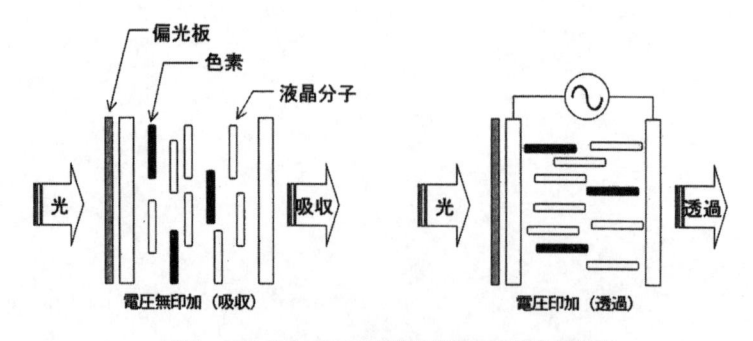

図1　G. H. HeilmeierのGH型液晶表示方式の基本原理図

* Masami Kadowaki ㈱三菱化学科学技術研究センター　光電材料研究所
　シニアリサーチャー

はアゾ系，アントラキノン系のほかにナフトキノン系，アゾメチン系，テトラジン系，キノフタロン系，メロシアニン系，ペリレン系などが検討されてきた。実用化されている色素の色相と骨格との関連は後述の要求仕様の観点などから，黄色～赤紫色はアゾ系もしくはアントラキノン系，青色はアントラキノン系が主流である。

二色性色素に要求される性能としては，①二色性比，②液晶に対する溶解性，③吸収スペクトル（色相），④耐久性などが挙げられる。耐久性については，光や熱などによる色相変化および消費電流値や電圧保持特性などの電気特性の経時劣化も重要である。さらに，幾つかの色素を配合して使用する場合には，その配合する色素の組み合わせにより特性が著しく劣化することがある[4]ので，色素の配合にはその組み合わせに吟味する必要がある[5]。

6.2.2 二色性色素の二色性比

図1に示したようにGH型液晶中の二色性色素は，異方性溶媒であるホスト（液晶）に溶解しているので，液晶の配向方向に配向する。二色性比の優劣は，液晶分子の配向方向と二色性色素内の吸収遷移モーメントの方向との関係で決まることになる。また，二色性比向上の手段については，二色性色素の物理的な形状（分子長Lと分子幅dの比）や分子長軸と遷移モーメントとの角度が重要であることが指摘されている[6]。通常，二色性比は下式の二色比（R）またはオーダーパラメーター（S）により定義されている。

$$R = A_{平行}/A_{垂直}$$

$$S = (A_{平行} - A_{垂直})/(A_{平行} + 2A_{垂直})$$

ここで，$A_{平行}$は入射した光の偏光方向が二色性色素を溶解させた液晶の配向方向に平行な場合の吸光度であり，$A_{垂直}$は入射した光の偏光方向が二色性色素を溶解させた液晶の配向方向に垂直な場合の吸光度である。

6.3 二色性色素の高二色性化

GH型液晶はTN液晶など他の方式の台頭により研究が下火となった時もあったが，1990年頃から携帯情報端末用ディスプレイなどへの応用を目指して再び盛んとなった。最近では増谷らにより開発されたSPDLC（Sponge Polymer Dispersed Liquid Crystal）[7]方式で，コントラスト比＝6.3，最大反射率＝50％と，TN液晶方式などでは実現が困難な高い反射率（白色度）が実現されている。一方，液晶方式以外の電気泳動方式の反射型表示素子が電子ブック用途に実用化される状況下，さらにGH液晶方式の特徴を引き出して魅力あるものにしていくために二色性色素の二色性比の向上が必須となっている。そこで，高二色性化の開発動向として1996年以降の公開特許に記載されているGH型液晶用色素をまとめることとした。

表1　連結-対称型色素

No.	X	化学構造　A =	文献
1	なし（直接結合）	C₃H₇—⟨⟩—N=N—⟨⟩(H₃C)—N=N—⟨⟩—OOC—⟨⟩—	8)
2	なし（直接結合）	(C₂H₅)₂N—⟨⟩—N=N—⟨⟩(CH₃)—N=N—⟨⟩(CF₃)—	9)
3	なし（直接結合）	C₅H₁₁—⟨⟩—H₂CO—⟨⟩—N=N—[naphthyl]—N=N—⟨⟩(CF₃)—	10)
4	A—[naphthyl]—A	(C₂H₅)₂N—⟨⟩—N=N—[naphthyl]—N=N—⟨⟩—COO—	8)
5	A—N⟨piperazine⟩N—A	C₄H₉O—⟨⟩—H₂CHN—[naphthyl]—N=N—⟨⟩—	11)

表2　連結-非対称型色素

No.	化学構造（A−B型）	文献
6	[2-amino-3-carboxy-anthraquinone]—O—⟨⟩—N=N—[tetrahydronaphthyl]—N=N—⟨⟩—C₄H₉	12)
7	C₅H₁₁—[cyclohexyl]—⟨⟩—⟨⟩—S—[anthraquinone with CH₃-phenylthio]—S—⟨⟩—[anthraquinone]—S—⟨⟩—CF₃	13)

6.3.1　連結伸張型色素

　表1および表2の二色性色素は，公知の色素構造を連結して分子を伸張したものである。また，表1の色素は分子長軸の中央で対称形となっている"連結-対称型"の色素であり，表2の色素は異なる色素構造（AおよびB）を連結した"連結-非対称（A−B）型"色素である。連結-対称型色素には，対称中心で直接連結"A−A型"と連結環（X）を有する"A−X−A型"とが

第2章 液晶ディスプレイと機能性色素

表3 連結型色素の色調とオーダーパラメーター（測定時のホスト液晶種）

No.	色調	オーダーパラメーター	ホスト液晶
1	黄	0.80	フッ素系 (ZLI-4792)
2	赤	0.80	シアノ系 (ZLI-1565)
3	黄	0.82	フッ素系 (ZLI-4792)
4	紫	0.81	フッ素系 (ZLI-4792)
5	赤	0.82	シアノ系 (ZLI-1132)
6	緑	0.80	シアノ系 (ZLI-1132)
7	黄	0.83	フッ素系 (ZLI-5081)

ある。いずれの色素も分子長軸方向への伸張により，オーダーパラメーターは0.80以上となっており，特にNo.3とNo.7の黄色色素はアクティブ駆動用のフッ素系液晶においても，0.82以上の高いオーダーパラメーター（二色比換算：15以上）を示している（表3）。

6.3.2 液晶性置換基-導入型色素

表4は色素分子の末端に液晶分子の一部である液晶性基（メソゲン基）を導入して分子を伸張したものである。このような考えに基づく取り組みは，液晶分子の一部であるp-置換フェニル基，4'-置換ビフェニル基，トランスシクロヘキシル基，フェニルシクロヘキシル基およびそれらを有するエステル基などの"二色性基"[14]を導入色素として以前から広く研究されている。

三菱化学によるアゾ色素No.11は耐久性の観点でアントラキノン系色素が主流であった青色領域に吸収を有する高二色性の色素である。富士写真フイルムによるアゾ色素，アントラキノン色素，ナフトキノン色素，ジオキサジン色素，ペリレン色素No.12, 14, 15, 17〜20では，3環以上の長いメソゲン基を導入することにより高い二色性比を得ている。住友化学工業のジオキサジン色素No.16もジオキサジン骨格としては高い二色性を示している。この色素は他の色素とは異なり，二色性に優位な物理的な形状（大きなL/d比）でないようにも見えるが，ジオキサジン骨格に置換されたメソゲン基が液晶中で安定な配向状態をとっているためと考えられている（表5）[15]。

一方，右記No.21（図2）の色素はオーダーパラメーター0.75程度であり，表4の色素には及ばないものの，二色性色素の縮合環部位とホスト液晶との分子間相互作用の効果により，

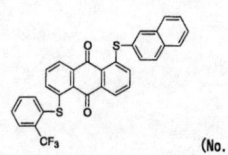

(No.21)

図2

表 4 液晶性基導入型色素

No.	化学構造	文献
8		16)
9		17)
10		18)
11		19)
12		20)
13		21)
14		22)
15		23)
16		24)
17		25)
18		26)
19		27)
20		28)

第2章　液晶ディスプレイと機能性色素

表5　液晶性基導入型色素の色調とオーダーパラメーター（測定時のホスト液晶種）

No.	色調	オーダーパラメーター	ホスト液晶
8	紫	0.80	フッ素系 (ZLI-4792)
9	青	0.82	フッ素系 (ZLI-4792)
10	青	0.80	フッ素系 (ZLI-4792)
11	青	0.84	フッ素系 (ZLI-4792)
12	—	0.83	フッ素系 (ZLI-5081)
13	赤	0.83	フッ素系 (ZLI-4792)
14	—	0.82	シアノ系 (ZLI-1132)
15	—	0.82	シアノ系 (ZLI-1132)
16	マゼンタ	0.82	シアノ系 (E9)
17	黄	0.83	フッ素系 (ZLI-5081)
18	—	0.84	フッ素系 (ZLI-5081)
19	マゼンタ	0.82	フッ素系 (ZLI-5081)
20	赤	0.84	フッ素系 (ZLI-5081)

良好な溶解性と二色性との両立を図ったものである[29, 30]。また，色素No.11の類似化合物であるNo.22およびNo.23のアゾ色素は表6に示す通り，同等な二色性を示すのに対し，溶解性には大きな差が見られる[19]。メソゲン基などの導入による，液晶分子との分子間相互作用の制御（二色性の向上）においては，これ以外にGH型液晶の粘性が増大などへの影響もあり得るので，分子間相互作用に寄与する官能基の選択および開発には，ホスト液晶との組み合わせを含めてなる研究，解析も必要である。

6.4　蛍光二色性色素

二色性色素としてクマリンやペリレンなどの蛍光色素を添加したGH型液晶についても，これまで紹介した方式と同様に以前から知られている[31, 32]。また，前出の住友化学工業によるジオキサジン色素No.16も蛍光二色性があることが確認されている[33]。蛍光色素は吸収した光エネルギーを波長変換して発光するため，液晶ディスプレイにおける光利用効率の向上や意匠性に富んだ

表6 アゾ系色素No.22とNo.23の二色性と溶解性

No.	化学構造	液晶	オーダーパラメーター	溶解度※
22	C_4H_9-...-C_5H_{11}	フッ素系 (ZLI-4792)	0.81	1.5
		シアノ系 (ZLI-1565)	0.82	>2
23	C_4H_9-...-C_5H_{11}	フッ素系 (ZLI-4792)	0.81	0.2
		シアノ系 (ZLI-1565)	0.81	0.9

(※：-10℃下，ホスト液晶100重量比に対する溶解度)

(No.24)

図3

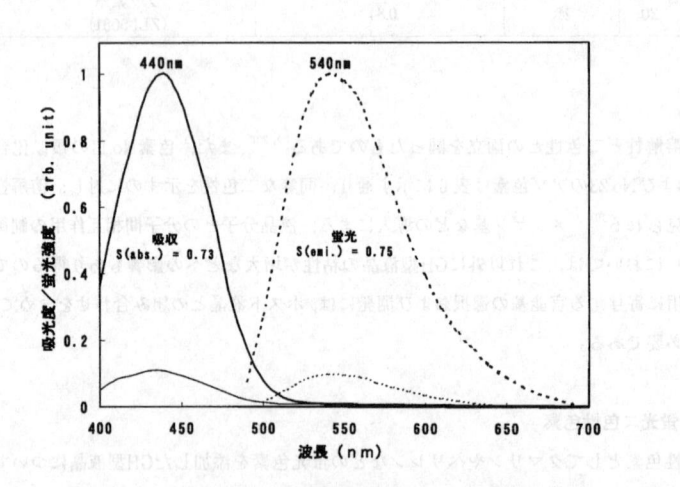

図4 ベンゾチアジアゾール色素No.24の吸収および蛍光二色性
(ホスト液晶：MLC-2039)

第2章 液晶ディスプレイと機能性色素

GH型液晶ディスプレイが提案可能となる。下記色素No.24（図3）のベンゾチアジアゾール化合物は色素自身が液晶性を示すと共に良好な吸収二色性および蛍光二色性を示す（図4）[34,35]。

6.5 おわりに

最近のGH型液晶用色素の動向について紹介したが，液晶-色素分子間の分子間相互作用を狙い通りに操るにはGH型液晶に適した液晶分子の研究も重要であり，検討も進められている[36]。

文　献

1) G. H. Heilmeier, L. A. Zanoni, *Appl. Phys. Lett.*, **13**, 91（1968）
2) 日本学術振興会第142委員会編，液晶デバイスハンドブック，日刊工業新聞社　p.328（1989）
3) 内田龍男監修，反射型カラーLCD総合技術，シーエムシー出版　p.15（1999）
4) 中島尚典ほか，第15回液晶討論会講演予稿集，2C19（1989）
5) 例えば　特開平5-320652（三菱化学）；特開平6-234975（三菱化学）
6) H. Seki, T. Uchida, and Y. Shibata, *Mol. Cryst. and Liq. Cryst.*, **138**, 349（1986）
7) A. Masutani *et al., Proceedings of the Eurodisplay 2002*, 47（2002）
8) 特開平9-143471（三菱化学）
9) 特開平8-67825（三菱化学）
10) WO97/07184（三菱化学）
11) 特開2002-302675（富士写真フイルム）
12) 特開平9-124958（三菱化学）
13) 特開2003-113379（富士写真フイルム）
14) 詫摩啓輔，色材，**61**, 227（1988）
15) 栢根ほか，住友化学，2002-Ⅱ，23（2002）
16) 特開平10-231437（三菱化学）
17) 特開平10-279945（三菱化学）
18) 特開平11-172252（三菱化学）
19) 特開2000-239664（三菱化学）
20) 特開2003-96462（富士写真フイルム）
21) 特開平9-255958（三菱化学）
22) 特開2003-96461（富士写真フイルム）
23) 特開2003-96453（富士写真フイルム）
24) 特開2002-294092（住友化学工業）
25) 特開2003-238963（富士写真フイルム）
26) 特開2003-277755（富士写真フイルム）

27) 特開2003-213266（富士写真フイルム）
28) 特開2003-201478（富士写真フイルム）
29) H. Iwanaga *et al.*, *Mol. Cryst. and Liq. Cryst.*, **364**, 211 (2001)
30) 特開2002-327176（東芝）
31) R. D. Larrbee, *RCA Rev.*, **54,** 329 (1973)
32) L. J. Yu, *Appl. Phys. Lett.*, **31**, 719 (1977)
33) T. Tanaka, T. Ashida, *Mol. Cryst. and Liq. Cryst.*, **364**, 779 (2001)
34) 特開2003-104976（三菱化学）
35) ZANG. H 他, 日本化学会講演予稿集, **83-No.1**, 79 (2003)
36) 一ノ瀬秀男ほか, 日本液晶学会討論会講演予稿集, **2002**, 299 (2002)

7 偏光フィルム用機能性色素

門脇雅美*

7.1 はじめに

　偏光フィルムは，TN液晶方式などの旋光や複屈折性を利用した多くの液晶ディスプレイにおいて，光シャッター機能を発揮する重要な部材である。1938年頃，Landら[1]により考案された"H膜型"の偏光フィルムは，一軸延伸されたポリビニルアルコール（PVA）を二色性物質であるヨウ素を含む"Hインク"に接触，吸着・配向させて作られた。さらにLandらは上記のH膜と同様に，PVAやセロファンにコンゴーレッド（C. I. Direct Red 28）などの色素（直接染料）を吸着させた"L膜型"偏光フィルムも開発した。

　ヨウ素系偏光フィルムは，その後も種々の改良が加えられて，優れた偏光性能を有する（ポリ）ヨウ素系偏光フィルムとして，現在，汎用の偏光フィルムとして使用されている。しかし，ヨウ素系偏光フィルムは，熱や光，水などに対する耐久性が充分でなく，車載用ディスプレイや液晶プロジェクターなどの厳しい環境下での用途には，二色性物質に染料を用いた偏光フィルムが優れた耐久性との理由からもっぱら使用されている。

　また，偏光フィルムは光シャッター機能の他に位相差フィルム（λ／4板）との組み合わせにより得られる円偏光フィルターとして，発光型ディスプレイやタッチパネルの反射防止フィルターとしても用いられている。

7.2 偏光フィルムの要求特性

　ディスプレイ用部材として，高い表示性能（高コントラスト比）を達成するためには，高い偏光度が要求される。偏光度（p）の定義は，

$$p\,(\%) = (T_y - T_z) / (T_y + T_z) \times 100$$

　　T_y：偏光フィルムの偏光軸方向の透過率

　　T_z：偏光フィルムの吸収軸方向の透過率

で表され，

$$p\,(\%) = \sqrt{\{(T_{平行} - T_{垂直}) / (T_{平行} + T_{垂直})\}} \times 100$$

　　$T_{平行} = (T_y^2 + T_z^2) / 2$：偏光フィルム2枚の偏光軸を平行に重ねた時の透過率

　　$T_{垂直} = T_y \times T_z$：偏光フィルム2枚の偏光軸を直交に重ねた時の透過率

と書き換えることができる。

---

* Masami Kadowaki　㈱三菱化学科学技術研究センター　光電材料研究所
　　　　　　　　　　シニアリサーチャー

また，ニュートラルグレー（無彩色）の偏光フィルムにおいては，上式の透過率（T）を視感度補正されたY値（明度）にそれぞれ置き換えた偏光度（py）で表すこともある。

さらに，偏光度の値は透過率が小さくなるに従って大きくなるので，偏光性能の比較においては，透過率を同じにする必要がある。そのため，各吸光度の比である二色比（Rd）を用いる場合もある。

$$二色比（Rd）= -\log（T_z）／-\log（T_y）$$

偏光フィルムに要求される特性としては，この他にも耐熱性（例えば80℃／90％×1000時間）試験において性能変化がないことや色相，単体透過率などが挙げられる。

7.3 偏光フィルム用二色性色素

二色性物質に色素を用いた偏光フィルムには，①ポリビニルアルコール，②ポリエステル，③ポリプロピレン，④その他の基材フィルム[2]に色素を染色（吸着，混合，配向）したもののほかに，⑤色素分子を自己組織化などの手法により配向させたフィルム（薄膜）がある。①に用いられる色素には直接染料，酸性染料およびそれらの改良品である水溶性色素が，②から④では分散染料や建染（バット）染料，およびそれらの改良品である油溶性色素[3]が用いられる。本項では1996年以降，公開特許が数多く出されている①および⑤の開発動向を紹介する。

7.3.1 PVAフィルム用二色性色素

初期の段階では既存の直接染料が用いられていたPVAを基材とする偏光フィルムであるが，近年ではヨウ素系と同等な偏光度を実現するために新規二色性色素の研究が進められている。二色性色素への要求特性としては，①二色性：色素分子の長軸方向に大きな吸光度を有し，短軸方向では小さい吸光度を示す。②染色性：フィルム基材に対する親和性が高く，均一に染色できる。③耐久性（上述）が挙げられる。

このような特性を満たす色素として，①直線性，平面性の高い分子構造，②長い共役系，③基材フィルムとの親和性に寄与する水素結合性基を有する，ポリアゾ系色素が主として研究されている。以下の表1～4に最近のアゾ色素開発例を示す。

新規開発された赤～紫色アゾ色素の構造は，既存染料の評価[4]でも比較的良好な偏光度を示した色素No.1：C. I. Direct Violet 9 や色素No.8：C. I. Direct Red 81のようなJ酸構造をベースとしたアゾ色素であり，アゾ基や他の共役性基の数を増やして分子の伸張を図ったり，電子供与性基の導入により色相や基材との親和性が向上するように工夫がなされている。青色アゾ色素においても同様な工夫がされている他，M酸構造を酸性カップリングで伸張したNo.24やS酸ないしは2S酸を導入したNo.25なども研究されている（図1）。黄色アゾ色素においては，二色性向上のための分子伸張と色相の両立が難しいとされているが，色素No.26：Direct Yellow 12と同程度

第2章　液晶ディスプレイと機能性色素

表1　赤〜紫色系アゾ色素（1）

No.	化学構造	色相波長	参考文献
1	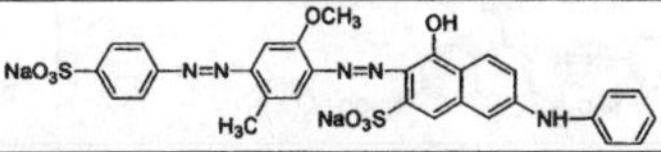	紫 580nm	4)
2	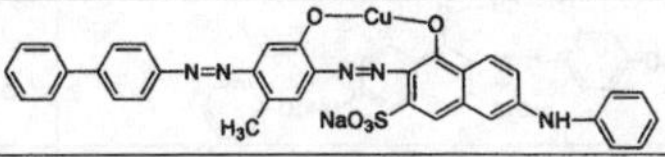	紫 600nm	5)
3	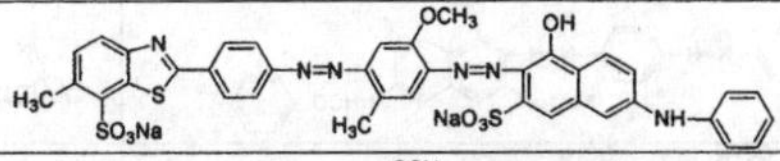	紫 —	5)
4	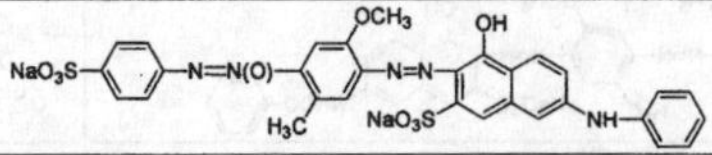	紫 —	6)
5	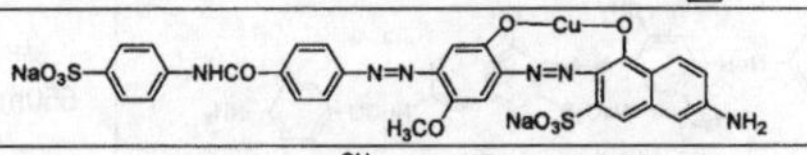	紫 570nm	7)
6	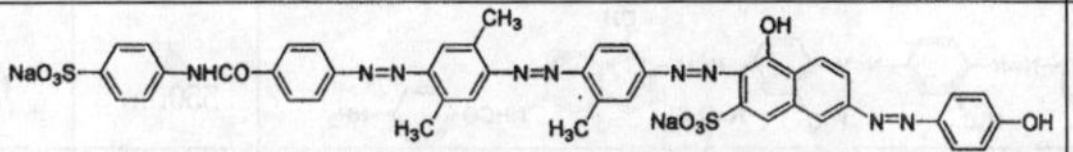	紫 560nm	8)
7	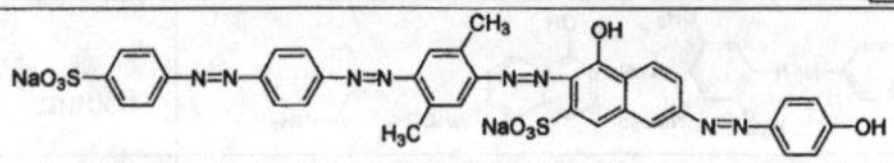	紫 570nm	9)

の吸収波長帯域を有する色素も研究されている。

一方，アゾ以外の色素の構造についての研究例は少なく，表5に挙げたジオキサジン色素程度である。

7.3.2　配向薄膜用二色性色素

前項の偏光フィルムは高分子基材に二色性色素を吸着配向させたものであるが，その一方で二色性色素分子を蒸着などのドライプロセスもしくは溶液塗布などのウエットプロセスで薄膜化（フィルム化），配向させる方法が研究されている。

田中らは，J. C. Wittmannらにより報告[33]されたポリテトラフルオロエチレン（PTFE）の摩擦転写膜を形成し，その上に図2に示すような色素[34]を蒸着することにより，高二色性の色素膜

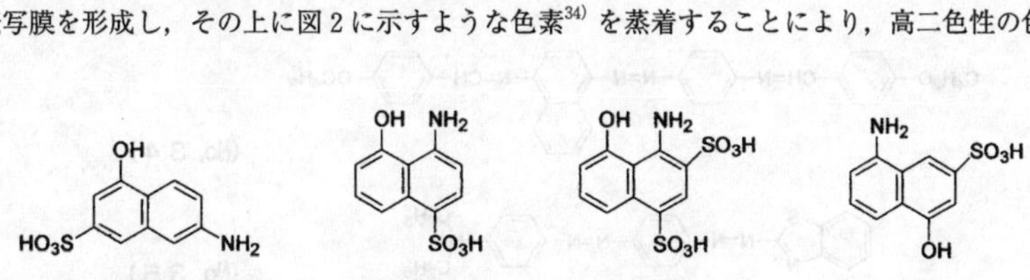

図1　各種アゾ色素中間体の構造
（J酸）　（S酸）　（2S酸）　（M酸）

表2 赤～紫色系アゾ色素 (2)

No.	化学構造	色相波長	参考文献
8	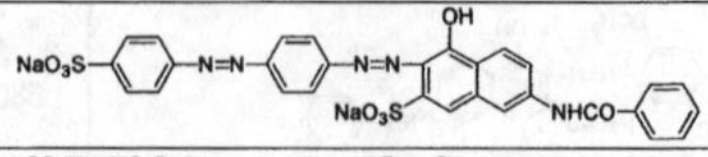	赤 510nm	4)
9	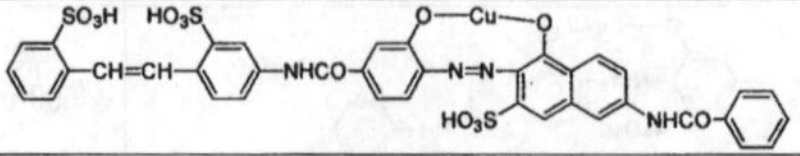	赤紫 555nm	10)
10	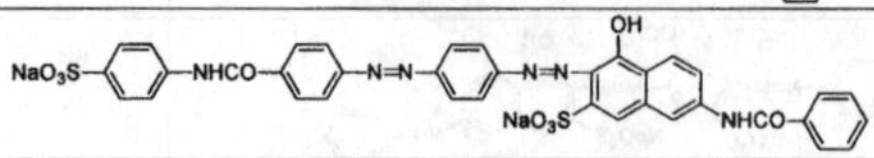	赤 500nm	11)
11	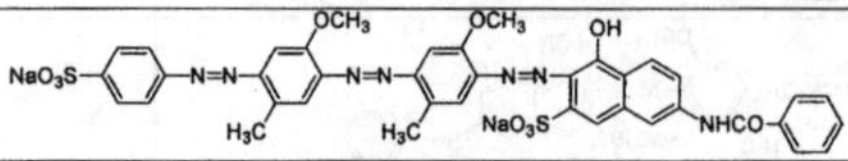	紫 585nm	12)
12	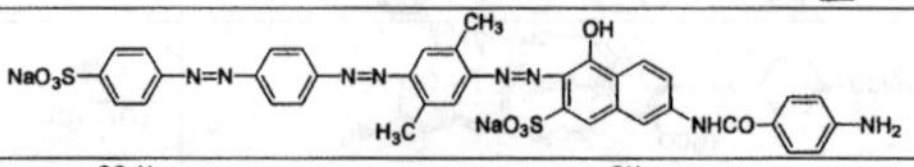	赤 550nm	13)
13	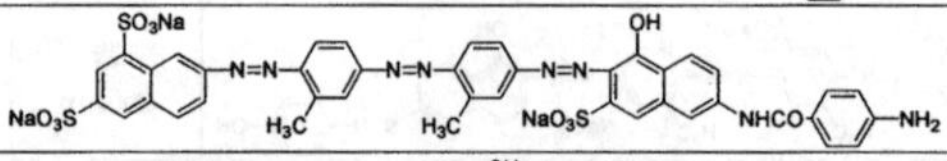	赤 550nm	14)
14	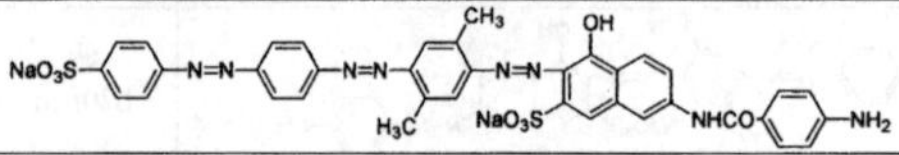	赤 550nm	15)
15	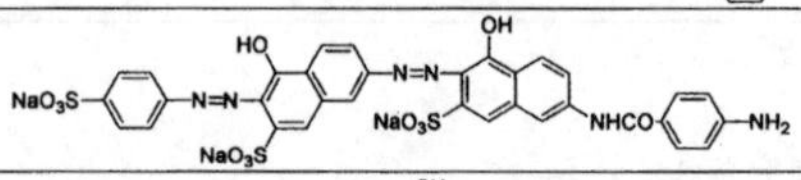	赤 560nm	16)
16	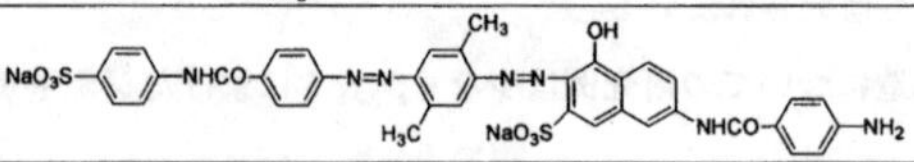	赤 550nm	17)
17	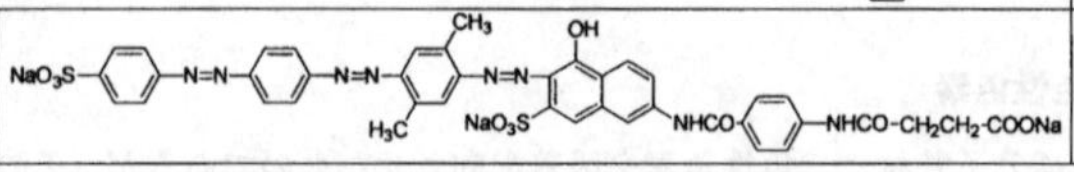	赤 550nm	18)

(No. 33)

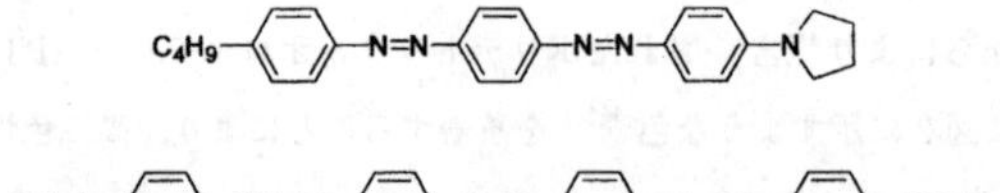

(No. 34)

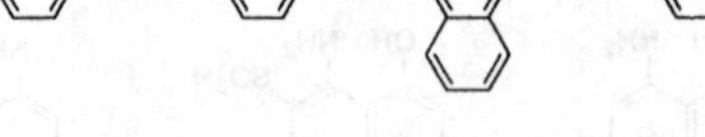

(No. 35)

図2　PTFE薄膜上に成膜した二色性色素の化学構造

第2章 液晶ディスプレイと機能性色素

表3 青色系アゾ色素

No.	化学構造	色相波長	参考文献
18		青 610nm	19)
19		青 620nm	20)
20		青 620nm	21)
21		青 630nm	22)
22		青 615nm	23)
23		青 600nm	24)
24		青 660nm	25)
25		青 660nm	26)

表4 黄色系アゾ色素

No.	化学構造	色相波長	参考文献
26		黄 420nm	4)
27		黄 450nm	27)
28		黄 460nm	28)
29		黄 410nm	29)
30		黄 420nm	30)

表5 青色系ジオキサジン色素

No.	化学構造		色相波長	参考文献
	core	X =		
31	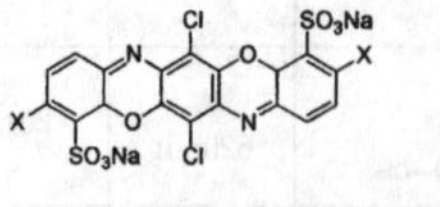 (構造式)	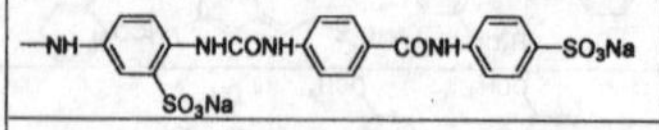 —NH—⟨⟩—NHCONH—⟨⟩—CONH—⟨⟩—SO₃Na (SO₃Na)	青 670nm	31)
32	(構造式)	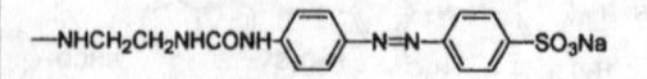 —NHCH₂CH₂NHCONH—⟨⟩—N=N—⟨⟩—SO₃Na	青 640nm	32)

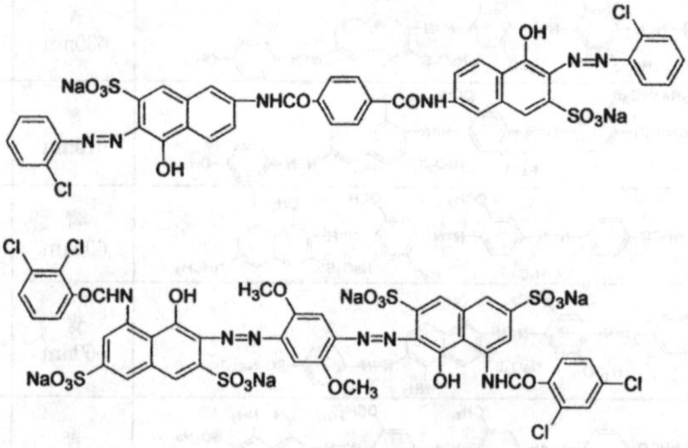

(No. 36)

(No. 37)

図3 リオトロピック液晶性アゾ色素の化学構造

が得られることを示した（図2）[35〜37]。色素No.33のジスアゾ色素は公知のGH型液晶用二色性色素であるが、固体膜の二色比は80以上とGH型液晶状態に比べて、非常に高い値を示している。また、このようなポリマーの摩擦転写膜は偏光膜以外に有機FETや有機ELの配向膜やバッファ層としても研究が進められている。

一方、色素溶液の塗布による偏光膜の作製はラビング処理基板に直接染料や酸性染料などを塗布することにより得られる[38]ことが古くから知られており、これらのネマチック液晶（リオトロピック液晶）状態の色素水溶液を塗布した偏光板を用いた液晶表示素子も提案されている[39]。また、色素分子を配向させる手段として、ラビング処理のほかに光配向性ポリアミド膜を用いて、マイクパターン化された偏光フィルムを作製する研究[40]も進められている。これらで用いられている色素はいずれも既存染料をベースにしているが、色素のリオトロピック液晶性に注目し、新たな色素の研究が進められている。代表的なものとして、図3に示されるようなリオトロピック液晶性アゾ色素[41, 42]やバット染料のような縮合多環構造を有する色素（図4）をスルホン化に

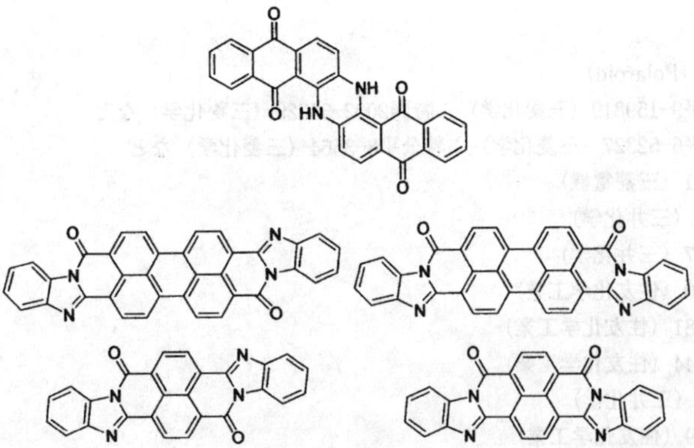

第 2 章 液晶ディスプレイと機能性色素

図 4 建染染料の化学構造例

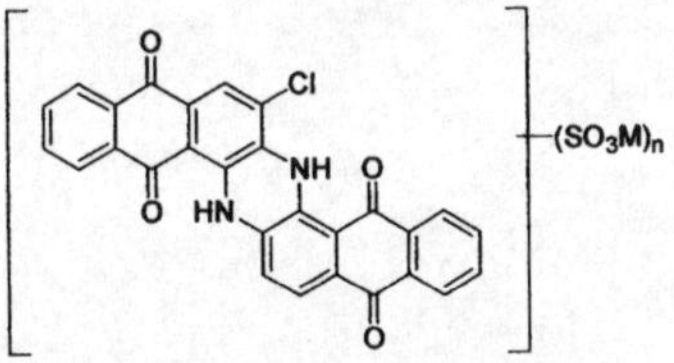

(No. 3 8)

図 5 リオトロピック液晶性インダンスロン色素の化学構造

より水溶化した色素の開発[43]などが進められている。これらのうち，色素No.38に示すインダンスロンのスルホン化色素を溶液（液晶状態）で塗布した偏光膜は二色比23を示している（図5）[44]。

7.4 おわりに

以前は，高耐久性に利点があるものの，初期偏光特性がヨウ素系に劣るなどの理由から，色素系偏光フィルム適用範囲は多くなかった。しかし，二色性色素の新規開発や均一な染色性能を実現するための色素配合技術や基材フィルム技術などの寄与により，初期性能も高性能のヨウ素系偏光板を超えるものが実現されている。カーエレクトロニクスが大きく進展している今日，さらに色素系偏光フィルムが多用され，市場が拡大していく可能性は充分ある。また，色素配向膜を用いた偏光フィルム（薄膜）についても，ユビキタス情報化や高臨場化に対応した新規ディスプレイ方式への応用が期待されている。

文　献

1) USP 2,454,515（Polaroid）
2) 例えば　特開平9-159819（三菱化学）；特開2002-55229（三菱化学）など
3) 例えば　特公平6-52327（三菱化学）；特公平8-3564（三菱化学）など
4) 特開昭54-76171（三菱電機）
5) 特開平8-67824（三井化学）
6) 特開平8-127727（三井化学）
7) 特開平9-302250（住友化学工業）
8) 特開2002-275381（住友化学工業）
9) 特開2002-220544（住友化学工業）
10) 特開平8-73762（三井化学）
11) 特開平9-302249（住友化学工業）
12) 特開平11-218610（日本化薬）
13) 特開2001-33627（日本化薬）
14) 特開2002-155218（住友化学工業）
15) 特開2002-105348（住友化学工業）
16) 特開2002-179937（住友化学工業）
17) 特開2003-64276（住友化学工業）
18) 特開2004-51645（住友化学工業）
19) 特開平8-225750（住友化学工業）
20) 特開平10-259311（住友化学工業）
21) 特開平8-291259（住友化学工業）
22) 特開平9-132726（住友化学工業）
23) 特開2001-56412（日本化薬）
24) 特開2003-313451（住友化学工業）
25) 特開平8-302219（住友化学工業）
26) 特開2003-327858（住友化学工業）
27) 特開2001-240762（住友化学工業）
28) 特開2001-108828（住友化学工業）
29) 特開2001-4833（住友化学工業）
30) 特開2001-2631（住友化学工業）
31) 特開2000-327936（住友化学工業）
32) 特開2000-319533（住友化学工業）
33) J. C. Wittmann *et al.*, *Nature*, **352**, 414 (1991)
34) 日本学術振興会第142委員会編，液晶デバイスハンドブック，日刊工業新聞社，p.728 (1989)
35) 特開平8-278408（住友化学工業）
36) 特開平9-73015（住友化学工業）
37) 特表平10-509247（住友化学工業）
38) USP 2,400,877（J. F. Dreyer）

39) 特開昭50-98370（サンクルックス研究所）
40) D. Matsunaga *et al., J. Mater. Chem.*, **13**, 1558（2003）
41) 特開2002-180052（富士写真フイルム）
42) 特開2002-90526（富士写真フイルム）
43) 特表2002-528758（オプティヴァ　インコーポレイテッド）
44) 特表8-511109（ロシアン　テクノロジー　グループ）

8 LCD用バックライトの発光材料 ――冷陰極蛍光ランプを中心に――

横溝雄二[*]

8.1 はじめに

　液晶ディスプレイはパソコンの小型化を進め，さらにTVの薄型軽量化をすることで，CRTのディスプレイに置き換わろうとしている。液晶は自から発光しないためバックライトが必要である。そのため，液晶ディスプレイの発展にはバックライトの技術進歩が重要な位置を占めている。

　液晶ディスプレイの初期のバックライトは，液晶やカラーフィルターの透過率に対し必要な輝度を得るために，冷陰極蛍光ランプを用いた直下方式（図1）を使用していた。しかし，液晶やカラーフィルターの透過率が向上し，液晶ディスプレイがノートPCに採用され，その需要が爆発的に増加する時期を迎えると，バックライトへの要求は薄型化，発光面輝度の均一化，省電力化が要求され，方式は直下方式からサイドライト方式（図2）に移った。近年，液晶薄型TVに人気が集まり，36，42インチと大型化が進み，バックライトは再び直下方式が採用されることになった。このような流れは，現在に於いても，バックライトが液晶ディスプレイの要求を満足させるシステムとは言えず，光源，導光板，拡散フィルム，プリズムフィルムなどの構成材料の性能向上が求められている。

　現在，バックライト光源の主流は冷陰極蛍光ランプであるが，新しい光源としてLED，希ガス蛍光ランプなどが，それらのもつ特徴から使用され始めている。

　この項では，最初にバックライト全体を理解するために，バックライトの構成材料について述べ，次に主題である冷陰極蛍光ランプについて述べる。

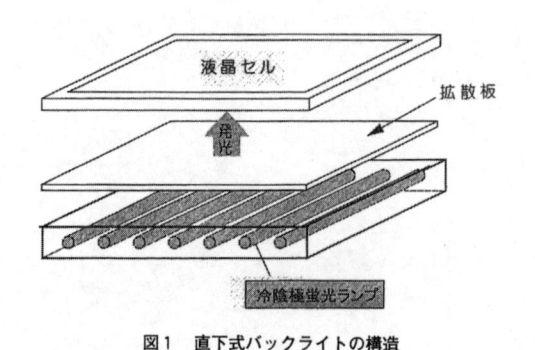

図1　直下式バックライトの構造

---

[*] Yuji Yokomizo　㈱ハリソン光技術研究所　所長

第 2 章　液晶ディスプレイと機能性色素

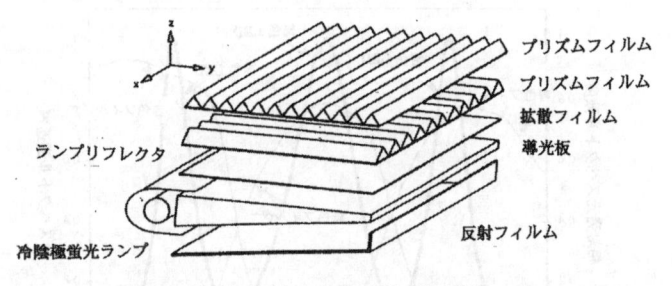

図2　サイドライト方式バックライトの構造

8.2　バックライトの構成材料と技術課題

　サイドライト方式バックライトの一般的な構成は以下のとおりである。光源から放射された光線は透明な樹脂基板（平板またはくさび型）である導光板の側面から入射する。導光板には輝度均一性を高めるために，光散乱素子がインクを用いたスクリーン印刷，またはエッチィングやブラスト処理した金属からの転写でほどこされている。これらの素子が導光板内で伝搬している光線を散乱させ，表面からの出射と共にその一部は裏面と側面からも出射させる。導光板下面には，高反射の白色プラスチックフィルムや金属を蒸着したフィルムを反射フィルムとして配置する。導光板表面に出射した光線は，光線分布の部分的な明暗を補うために拡散フィルムで散乱させて，出射分布の一様性を高めている。さらに，LCD側に光を集光させるためにプリズムフィルムを配置し，集光された光線はバックライト発光面上に一様な分布になり，LCD表面に進む。
　現在，バックライトシステムに求められているものは，光源の高効率・高輝度化と光源から出た光を有効に使うことによるバックライトシステム全体の高効率・高輝度化，地球環境保全の必要から水銀の使用を無くす水銀レス化，また液晶TVとして使用する場合の色再現範囲の拡大などがあげられる。これらの要求を解決するために開発された技術動向について，主な構成材料について述べる。

①　光　源

　バックライト用光源として冷陰極蛍光ランプが最も多く使用されている。冷陰極蛍光ランプに於いても市場の要求に応えるため，従来からの電極を内部に設けた水銀蛍光ランプの他に，電極を外部に設けた外部電極水銀蛍光ランプ[1]，環境問題に対応するための水銀レス蛍光ランプ[2]が開発されている。バックライト用光源として，この他に青色LEDの開発から生まれた白色LED，またはRGB 3原色のLEDがあり，これらを用いたバックライトの開発が進んでいる[3]。
　冷陰極蛍光ランプについては後で詳しく述べる。また，LEDについては別の章で詳しく述べら

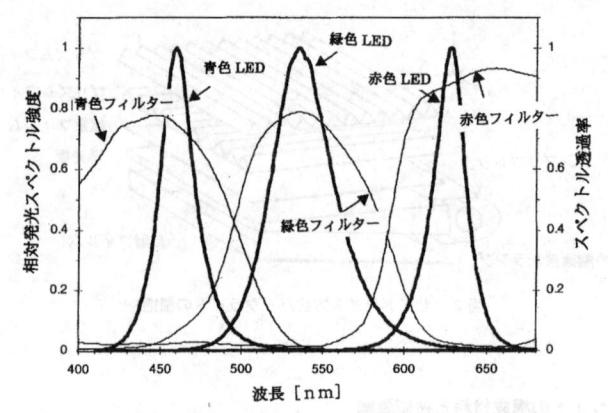

図3 LEDバックライトの発光スペクトルとカラーフィルターの分光透過スペクトル

れるので、この章では省略するが、LEDが液晶のバックライト光源として注目される点についてのみ述べる。3原色LEDの発光スペクトルは図3に示すように、カラーフィルターでカットすることが出来ない余分のスペクトルは無く、3原色各々の波長スペクトルは十分離れており、互いに干渉が少ない位置にあるため、色再現範囲はNTSCの表現範囲をほぼ100%近く満足する。これは液晶TVに要求される色再現性範囲を達成している。一方、白色LEDの発光スペクトルは450nm付近に発光スペクトルを持つ青色LEDと、この発光を励起光として550nm付近をピークとするブロードな発光スペクトルを持つ蛍光体の組み合わせたものである。このため3原色LEDの場合に比べ色再現性が劣っている。それでも、LEDは駆動に高圧電源を必要としないことや、素子が小型であること、点光源に近いことなどの利点がある。

② 導光板

導光板材料はアクリル樹脂およびオレフィン系樹脂が用いられている。従来型の導光板は、平板型やくさび形のアクリル製導光板の底面に白色インクでドット印刷をして、拡散光を利用していた。Kalantarら[4]は拡散光、拡散透過の成分を極力減らすため導光板の裏面に微小反射光学系のアレイを一体成形し、正反射を利用する新しい導光板を開発した（図4）。微小反射アレイで正反射することで、導光板から出射した光は70～80度の角度で揃えられているので、拡散フィルムで拡散されることなく下向きのプリズムフィルムに入射する。ここで屈折と全反射をし、光は正面方向に出射する。これにより強い正面集光が実現され従来型より30%も高い輝度が得られたと報告されている。しかし、拡散光が少ないため、微小光学アレイのパターンとプリズムフィルムの溝ピッチが干渉し、モアレ縞が見える欠点もあるが、対応策も検討されている。

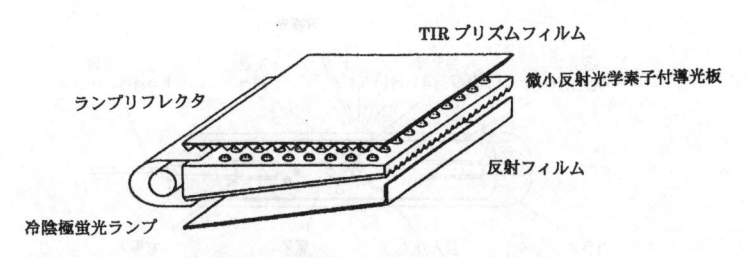

第2章 液晶ディスプレイと機能性色素

図4 微小光学素子付導光板を用いたバックライトの構造

③ プリズムフィルム

プリズムフィルムは導光板から出射する光を集光させ正面輝度を向上させる機能をもっている。プリズムフィルムの基本構造は，ポリエステルフィルムを基材として片面に直線上のプリズム列をアクリル樹脂で形成し，反対面にはマット処理などで表面処理されている。プリズムフィルムの仕様は，プリズムの頂角とプリズム列のピッチおよびポリエステルフィルムの厚さなどで決まり，用途などによって使い分けされている。また，プリズムフィルムは導光板との組み合わせで機能を発揮するため，新しい導光板の開発動向に対応して性能向上を図っている。プリズムフィルムはプリズム斜面で光を反射させていることから，この反射面の新しい制御法を見いだすことで，さらなる高輝度化が期待できる。

8.3 冷陰極蛍光ランプの現状と開発動向

冷陰極蛍光ランプは42型液晶ＴＶからノートＰＣ，カーナビまで幅広くバックライト光源として使われている。それは，管径（1.6mmから4.8mm），長さ（50mmから1500mm），形状（二重管，L字管，コ字管など）を変えられるため，用途に応じて要求される輝度を確保することができることによる。さらに，高効率化・高輝度化，省電力化，長寿命化への要求に応える着実な技術開発がなされているため，当初より液晶バックライト用光源における地位を確立している。

8.3.1 冷陰極蛍光ランプの発光原理

冷陰極蛍光ランプは図5に示すように，微量の水銀［Hg］と数千パスカル［Pa］程度の不活性ガス（アルゴン［Ar］や，ネオン［Ne］など）が封入され，ガラス管内壁には蛍光体が塗布されている。ランプ点灯時には両電極部に電圧が印加され，電界で加速された電子がアルゴンを励起し，励起したアルゴンが水銀をイオン化し，この水銀イオンがエネルギーを紫外線の形で放出し，この時発生する253.7nmや185nmの紫外線が蛍光体を励起し，蛍光体の材料・組成による可視光に変換されて発光する。光学特性や電気特性は水銀蒸気圧の影響，言い換えれば周囲温度

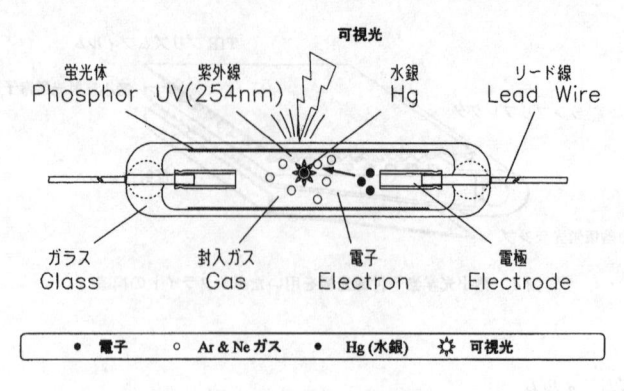

図5 冷陰極蛍光ランプの構造

の影響を敏感に受ける。ガラス管表面温度と紫外線強度との関係を図6に示す。

　冷陰極蛍光ランプと一般的な蛍光ランプである熱陰極蛍光ランプとの違いは，冷陰極蛍光ランプが正規グロー放電領域で動作するのに対し，熱陰極蛍光ランプはアーク放電領域で動作することである。しかし，両蛍光ランプとも陽光柱での紫外線発生を蛍光体で可視光に変換する系を利用しているのは同じである。また，冷陰極蛍光ランプはエミッタを用いないことから，熱陰極蛍光ランプより長寿命となる。また，冷陰極ランプはフィラメントを余熱しないため，ランプ電流が3から7mA程度と小さく，一般的な蛍光ランプに比べ点灯回路を簡単な構成にすることがで

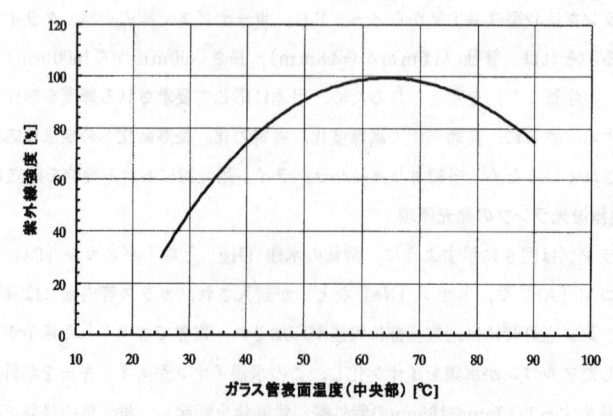

図6　ガラス管表面温度と紫外線強度の関係

第2章 液晶ディスプレイと機能性色素

きる。しかし、ランプ点灯のための回路の2次無負荷電圧はランプ長が300mmのとき1.2KVと熱陰極の数倍の電圧が必要となる。ランプ電流を5mAとするとランプ電圧は600V程度となり、ランプ入力は3W程度となる。このように一般的な蛍光ランプに比べてランプ電力が小さいためランプ自体の発熱も比較的小さく、熱の問題に対しては有利になるという特長がある。

8.3.2 冷陰極蛍光ランプの構成部材と特徴

ガラス管の材質は鉛ガラス（軟質）、硼珪酸ガラス（半硬質、硬質）の2種類があり、軟質ガラスは以前多く使われていたが、環境対応から現在はほとんど使われていない。また、硬質ガラスを使うことで強度が増し、ガラス管の肉厚を薄くすることが可能になり、肉厚を薄くすることで輝度を向上させることができる。ランプは気密封止する必要からガラス材料と電極のリード線との熱膨張係数を同程度にすることが信頼性において重要であり、一般的には、鉛ガラスにはDUX、硼珪酸ガラスにはKOV、Wなどが使われている。

蛍光体の材料・組成は発光色を決めるだけでなく、明るさ、寿命、温度特性など光源としての特性に大きな影響を与える。蛍光体材料として主な系はBAM（Ba-Mg-Al系）とSCA（Sr-Ca系）がある。蛍光体の発光色は発光中心である希土類元素で決まるが、その他の特性はマトリックスを構成する組成で決まるため、組成を制御することで性能の向上を図ることができる。

電極材料は低消費電力化に直接影響する。冷陰極蛍光ランプの消費電力は電極損失と陽光柱損失の和で表される。電極損失は陰極部の陰極降下電圧に依存する。この陰極降下電圧は電極の材質、形状、封入ガスなどに影響される。冷陰極蛍光ランプの電圧分布を図7に示す。管径が細く

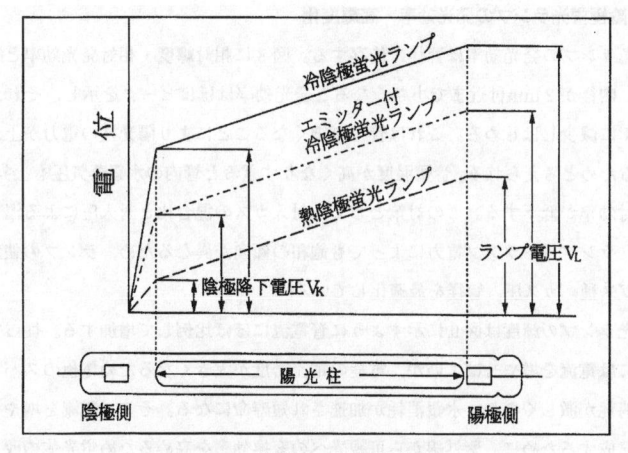

図7 蛍光ランプの電圧分布

図8 相対輝度・相対発光効率と管内径の関係

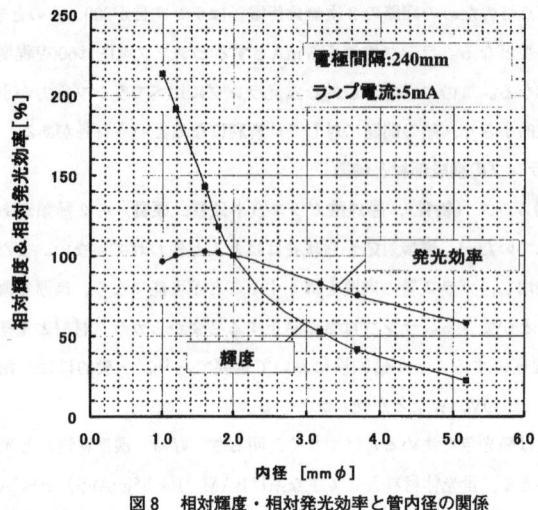

なり、狭額縁化により電極長が短縮化されたため、従来はNi材を用いた電極が主流であったが、電気伝導度の大きい、電子放出効率の良い新しい材料が検討され、最近ではMo材なども使われている。さらに、陰極降下電圧を低減（良好な電子放出特性）するため、熱陰極モード動作の電極の研究などが行われている。

8.3.3 冷陰極蛍光ランプの発光効率・高輝度化

冷陰極蛍光ランプの発光効率は管径に依存する。図8に相対輝度・相対発光効率と管内径との関係を示す。内径が2mm付近まで小さくなると発光効率はほぼピークを示し、それ以下になると飽和し徐々に減少しはじめる。これは管径が細くなることにより陽光柱の電力が上がり、発熱量が増加するためと考えられる。管壁温度が高くなりすぎると管内の水銀蒸気圧も上昇しすぎて、紫外線の放射効率が低下する。この対策として、封入ガスの混合比と封入圧による温度調節が行われている。ランプ長やランプ電力によっても飽和の傾向が異なるため、ランプの使用条件を考慮しながらガス種、ガス圧、管径を最適化している。

冷陰極蛍光ランプの輝度は図9に示すように管電流にほぼ比例して増加する。従って高輝度化を図るためには電流を増やせばよいが、電極の電流密度が大きくなるため電極のスパッタリングによる電極消耗が激しくなり、水銀消耗が加速され短寿命になる。そこで電流を増やすことなく高輝度化を達成するために、紫外線から可視光への変換効率を高めるため蛍光体の改良とその適正な膜厚の制御が必要になる。この改良には原料の高純度化、組成の最適化、粒度制御技術の向

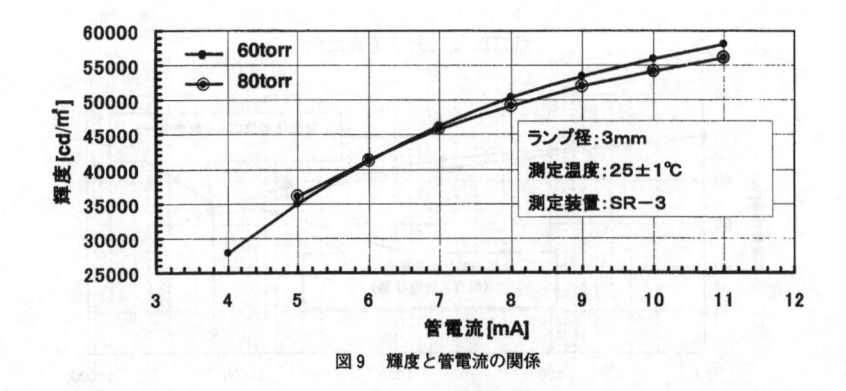

第2章 液晶ディスプレイと機能性色素

図9 輝度と管電流の関係

上などが行われており、蛍光体メーカーとランプメーカーが協力して年率5％程度の向上が図られている。

8.3.4 冷陰極蛍光ランプの長寿命化

冷陰極蛍光ランプの寿命は輝度維持率が初期の50％まで低下した時点と正常点灯が不可能になった場合と定義されている。輝度維持率を低下させるモードは2つあり、図10に示すように蛍光体の185nm紫外線による劣化と水銀吸着による発光効率低下による寿命モードと水銀のスパッタリング消耗による寿命モードである。蛍光体劣化の抑制技術として、蛍光体表面に希土類酸化物の微粒子を保護膜として形成することが行われている[5]。さらに、蛍光体表面や粒子間にゾル－ゲル法によりガラス状の保護膜を形成する方法が行われている。現在では7万時間以上の寿命保証が可能になった。

8.3.5 冷陰極蛍光ランプのUVカット技術

冷陰極蛍光ランプからの僅かなUV放射により、樹脂材料でできている導光板は長時間使用している間に材料劣化が進行し、輝度低下や色度シフトの原因になる。UV放射量はランプ電流に比例するため、高電流で使用される場合には無視できなくなる。現在ガラス材質の改良により254nm以下のUVはカットできるが、それ以上のUVカットはガラスの着色を伴うためできていない。したがって、UVを選択的にカットするUVカット膜の開発が、UV波長313nmと365nmに対し進められている。UVカット膜には酸化チタンなどの金属酸化物の微粒子が採用されているが、UVカット性能を上げれば輝度の低下を招くため、新たにゾル－ゲル法によるUVカット膜の形成が検討されている。

点灯時間に対する寿命例

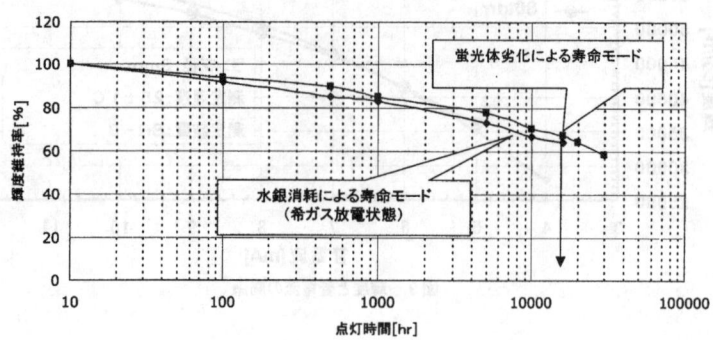

図10 冷陰極蛍光ランプの寿命モード

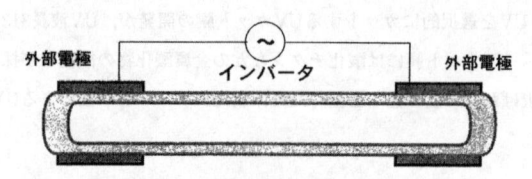

8.4 外部電極蛍光ランプ

外部電極蛍光ランプは図11に示すように，ガラス管両端の外部に電極を配置した構造をもつ．電極の配置以外は通常の冷陰極蛍光ランプと同じ構成をしている．このランプの特徴はガラス管の外部に電極を配置することによりガラス自体がコンデンサーの役割を果たすため，電圧―電流特性が正特性を示す．この正特性により，これまでインバータに用いていたバラストコンデンサーが不要になり，インバータのコストダウンに効果を発揮することが期待される．このランプのランプ特性は従来からの内部に電極を設けた冷陰極蛍光ランプとほとんど同等である．

8.5 水銀レス蛍光ランプ（キセノン蛍光ランプ）

近年，地球規模の環境保全の立場から，ランプ内の水銀削除が求められているため，水銀を使わずに封入ガスとしてキセノンガスを用いたキセノン蛍光ランプの開発が活発化してきている．キセノンから放射される紫外線は147nmと172nmと水銀の紫外線の254nmに比べて波長が短く，

図11 外部電極蛍光ランプの構造

第2章 液晶ディスプレイと機能性色素

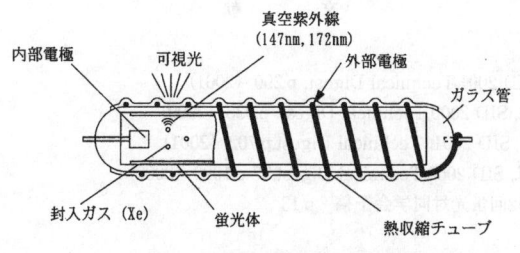

図12 水銀レス蛍光ランプの構造

この短波長域における蛍光体の励起効率が低いことと，陽光柱の収縮により紫外線の損失が増すため，水銀を封入した蛍光ランプに比べて著しく発光効率が低い。キセノン蛍光ランプにおいて高輝度，高効率を実現するためには陽光柱の収縮を抑制することが重要である。駆動条件により陽光柱が収縮してしまうため，駆動周波数・ランプ電力およびガス圧の3つのパラメータを制御することで，安定に駆動させることができる。いろいろな形状の水銀レス蛍光ランプが考案されているが，放電の形態から大きく分けて管型（従来の冷陰極蛍光ランプと同じ形状），平面放電型（平面状陽光柱が空間に広がる，6インチ以下の小型バックライト用），微細放電型（無数の微細放電を空間に発生させる，大型バックライト用）がある。ここでは図12に示す管状型についてのみ述べる。

管状水銀レス蛍光ランプは管状ガラスの内部の一端に電極を配し，他端の電極はガラス外周に巻き付けて形成するものが開発されている。長手方向の発光の均一性を得るために外側に巻き付け電極は内部に配置した電極よりも遠くなるに従い密に巻き付けてある。動作温度範囲が広いこと，輝度の立ち上がりは1秒以内で100％など，水銀を使用したランプと比較して優れた点があるが，発光効率は水銀のものの65％と低い。

8.6 まとめ

バックライトの主光源である冷陰極蛍光ランプについて述べた。バックライトの進歩は液晶ディスプレイの進歩の要求から生まれてきている。今後液晶ディスプレイが一層進歩することが予想される現在，バックライトの技術開発は更なるスピードアップが必要となるであろう。

文　献

1) Y.Baba *et al.*, SID 2001,Technical Digest, p.290（2001）
2) H.Noguchi *et al.*, SID 2000,Technical Digest, p.935（2000）
3) G.Herbers *et al.*, SID 2001, Technical Digest,p.702（2001）
4) K.Kalantar *et al.*, SID 2000,Technical Digest,87 p.1029（2000）
5) 一ノ宮他，第262回蛍光対同学会予稿　p.13

第3章 プラズマディスプレイ（PDP）と機能性色素

1 PDPの概要と今後の動向

別井圭一*

1.1 はじめに

　プラズマディスプレイ（PDP）は大画面のフラットパネルディスプレイとしてCRT, 液晶にない特長を生かし確実にその市場を広げつつある。PDPは当初ネオンガスを用いたモノクロ型から開発がはじまった。1993年に21型のフルカラー表示可能なPDPが開発・量産が開始されたことで，これ以降開発が加速され，96年には42型の量産が本格的に開始された（図1）。現在では，日本・韓国・台湾のメーカにより32型から61型までのPDPが量産されており，80型のパネルもすでに開発されている。

　この間PDPの性能は大きく進歩し，CRTの性能を超えるレベルに達している。一方ディスプレイを取り巻く環境も，情報技術の進歩，デジタル放送の開始などにより性能の高いディスプレイを要求している。大型フラットパネルディスプレイとしてPDPが大きく普及するためには更なる性能向上・コストダウンを実現していくことが必要になっている。本稿ではPDPの基本原理，構造を紹介するとともに，最新のPDPで実現されている技術，さらには将来動向について解説する。

図1　42型PDP

1.2 PDPの原理・構造

　カラーPDPの表示原理を図2に示す。現在実用化されているカラーPDPはAC型3電極面放電

---

*　Keiichi Betsui　㈱富士通研究所　ペリフェラルシステム研究所　ディスプレイ研究部
　　ディスプレイ研究部長

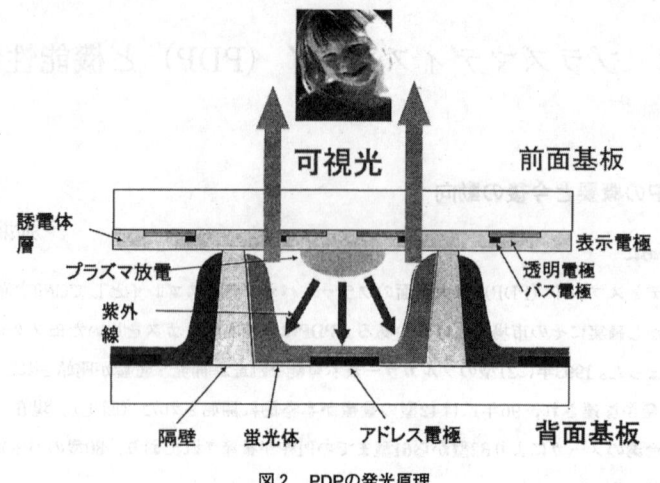

図2 PDPの発光原理

構造のPDPと呼ばれている構造である。前面板に配置されている表示電極対に交流電圧を印加することによりガスを放電させ，その結果発生する紫外線で背面基板側にある蛍光体を励起し赤，緑，青の発光色を得るデバイスである。実際に量産されているカラーPDPの構造を図3に示す。前面基板には表示電極対が平行に配置され，その表面は誘電体層で覆われている。一方背面基板にはアドレス電極，隔壁，および蛍光体層が形成されている。両者を組み合わせて，2枚の板の

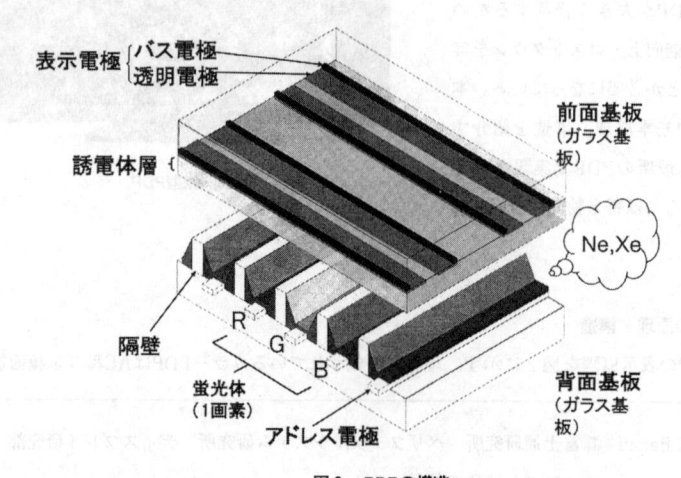

図3 PDPの構造

第3章　プラズマディスプレイ（PDP）と機能性色素

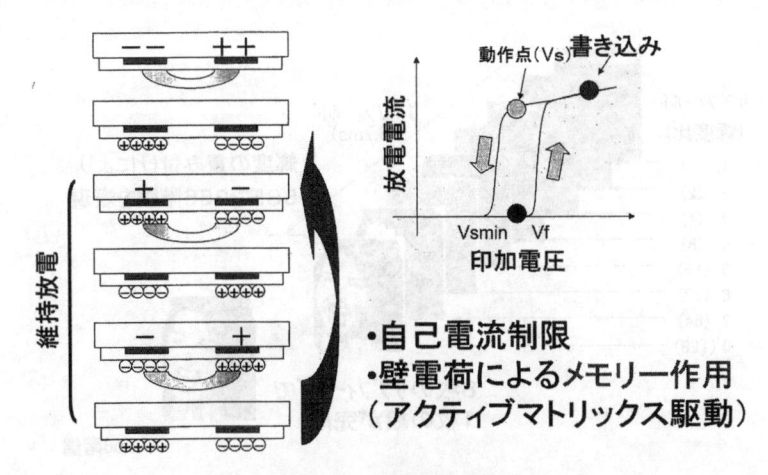

図4　AC-PDPの放電の特徴

間をネオン＋キセノンの混合ガスで満たす。表示電極対と隔壁で囲まれた部分が表示画素となる構造である。LCDと比較してTFTのような能動素子が無く，電極と隔壁のみで構成されているため，構造が簡単であり製造プロセスも短く大型パネルを製造しやすい。現状ではこの基本構造を元にして，発光効率の向上，反射率の低減などのために，様々な構造が導入されている。

　このような電極表面が誘電体に覆われた構造では電圧を印加することにより発生した放電は誘電体の表面に電荷が蓄積するために継続しない。そのため，一定の時間の後に電圧印加方向を反対にすることで放電を継続させる。このような放電をAC型放電と呼んでいる。AC型放電の特徴を図4に示す。まず電圧を印加することで放電を開始すると誘電体表面には放電中のプラズマからイオン，電子などの電荷が蓄積する。この蓄積電荷のことを壁電荷と呼んでいる。十分電荷が蓄積されるとガス空間の電界が小さくなり放電は停止する。その時点で電界の方向を反対にすると，印加された電極の電位に壁電荷の電位が重畳して加わることで低い印加電圧でも放電が起こる。つまり壁電荷がある場合には，無い場合に比較し放電電圧は低くなることになる。この関係を印加電圧と放電電流の関係であらわしたのが図4のグラフである。壁電荷の無いセルに電圧を印加すると放電電流はVfの点で流れ始める。一方放電を開始したセルには壁電荷があるためにVf以下になっても放電は継続し，Vsminになって初めて停止する。このようにAC型の放電は放電電流と電圧の関係にヒステリシスがあることが特徴である。表示動作にはこのヒステリシスの中点である維持電圧（Vs）を用いる。放電させるセルには十分高い書き込み電圧で放電を行い壁電荷を誘電体表面に蓄積しておく。その後で維持電圧を印加することで，放電しているセルは放電

95

ディスプレイと機能性色素

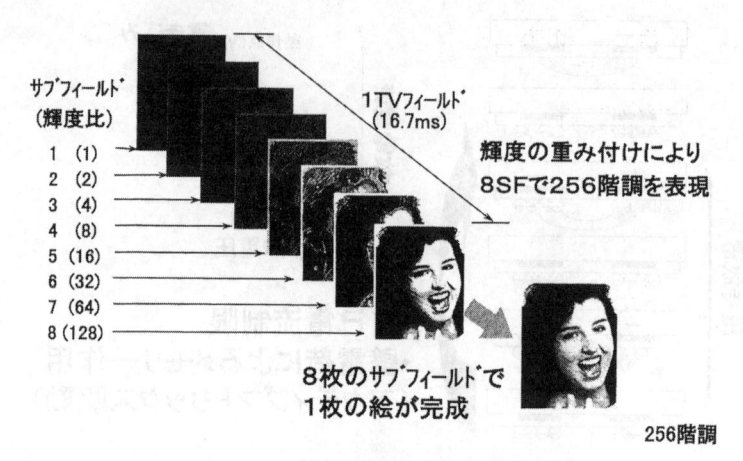

図5 カラーPDP階調表示方法

を継続し、非放電セルは放電しない。このメモリー性があることで、維持電圧を印加しているだけで2値の像を表示し続けることができる。その結果、PDPはアクティブな素子を持たなくても、表示デューティの高い表示を行うことができ、高輝度、高コントラストの表示が可能になっている。言い換えれば、PDPは放電自身にアクティブ素子としての役割を持たせていることになる。

しかし、このままではON/OFFの2値の画像しか表示できない。滑らかな階調表示を行うためにはサブフィールド法（図5）という手法を用いる。PDPの表示は1秒間に60枚のフレームを表示することにより行われる。その1フレームをさらに8個のサブフィールドに分割する。ひとつのサブフィールドの各画素は点灯/非点灯の2値の絵で構成されるが、その表示時間を変える（発光回数を変える）ことで、発光量に重みを付けている。重み付けとして1, 2, 4, 8, 16, 32, 64, 128とすることで、発光させるサブフィールドの組み合わせにより256階調を実現することができる。実際のPDPではさらに表示品質を向上させることを目的に10～12のサブフレームを用いている場合が多い。

1.3 PDPの作製方法

図6にPDPの作製工程を示す。前面基板には、まず表示用の電極を形成する。その後に透明誘電体膜を形成し、最表面に放電の保護膜となる酸化マグネシウム膜を形成する。一方背面板はアドレス電極を形成後に、放電を仕切るための隔壁（リブ）を形成する。リブ形成後にリブの間に3色の蛍光体を形成、焼成を行う。周辺部にシール部分を形成して前面板と背面板を張り合わせ

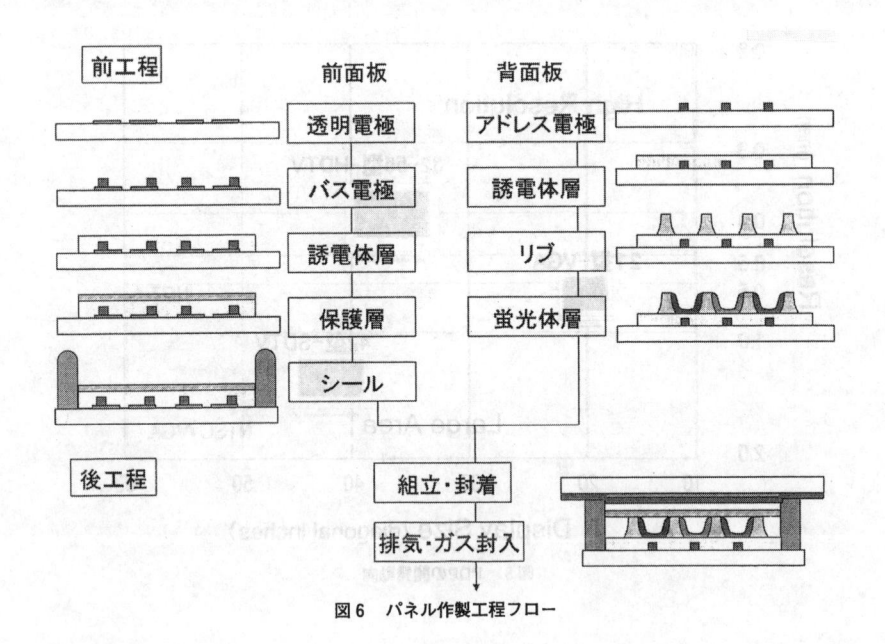

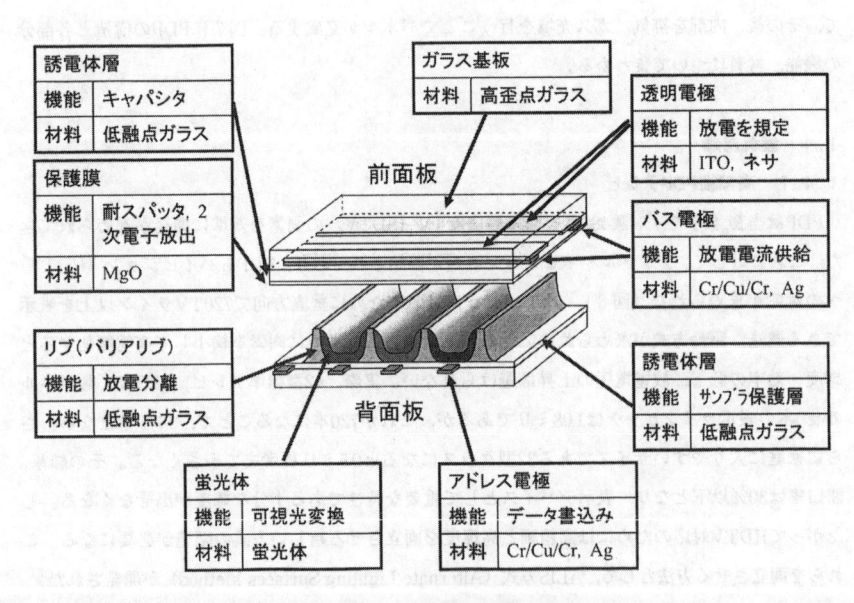

第3章 プラズマディスプレイ（PDP）と機能性色素

図6 パネル作製工程フロー

図7 AC型PDPの構造

図8　PDPの開発動向

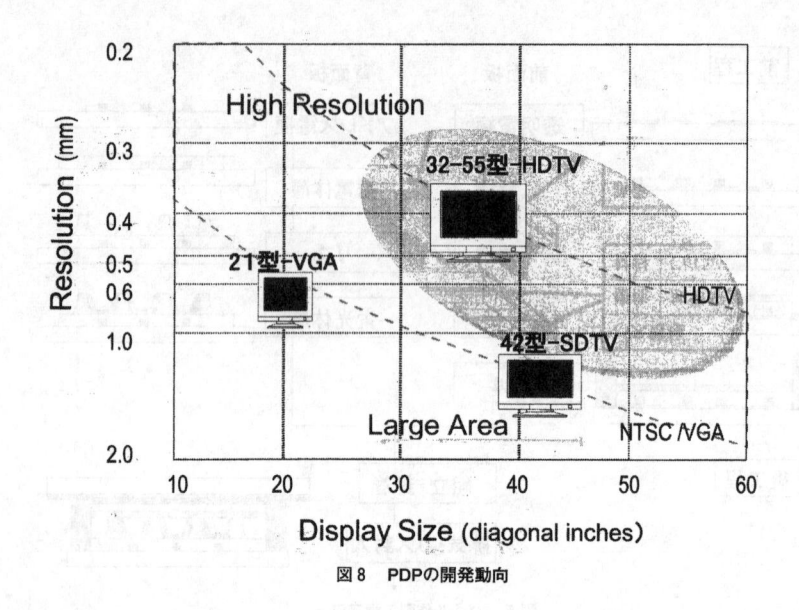

て，その後，内部を排気，ガス充填を行うことでパネルが完成する。図7にPDPの構造と各部分の機能，材料についてまとめる。

1.4　最新技術
1.4.1　高精細PDPテレビ

　PDPは当初,水平ライン数480本の標準解像度TV（SDTV）の画素を基準に開発が進められてきた。これに対して，デジタルハイビジョン放送が開始されており，PDPもハイビジョン（HDTV）への対応が求められた（図8）。ハイビジョン対応のために垂直方向で720TVライン以上を表示できる構造，駆動方式が求められる。しかし，従来方式で単純に画素を縮小して高精細化すると輝度・効率の低下，放電電圧の上昇は避けられない。実際，42型標準テレビ（SDTV）用パネルの480本の表示ラインピッチは1.08ミリであるが，これが720本になることで，0.7ミリとなる。さらに家庭に入りやすいサイズである32型クラスになると0.5ミリ程度まで小さくなる。その結果，開口率は30％以下となり，表示デバイスとして重要な特性である十分な輝度が出せなくなる。したがってHDTV対応のためには高精細と高輝度を両立させる新しい方式の開発が必要になる。これらを両立させる方法として，ALIS方式（Alternate Lighting Surfaces Method）が開発された[2]。

第3章 プラズマディスプレイ（PDP）と機能性色素

(a)従来方式

・表示ライン2倍
・高セル開口率
・発光面積大

可視光

放電
表示電極
表示・走査電極

(b)ALIS方式

可視光

放電
表示電極
表示・走査電極

奇数ライン　偶数ライン

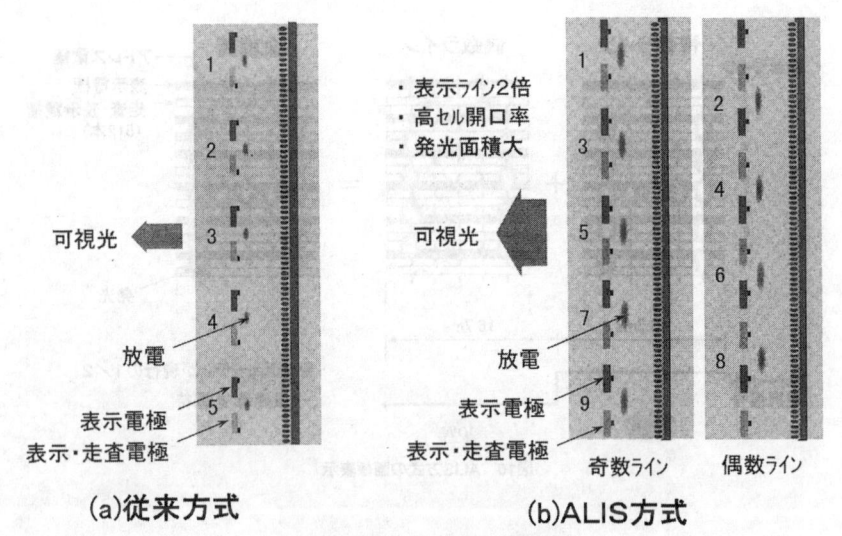

図9　ALIS方式による高精細・高輝度化

図9に従来方式とALIS方式の違いを示す。従来方式では，独立した表示電極ペアの間（1, 2, 3, …）で放電を起こす。その結果電極ペア間には大きな非表示部分が存在している。それに対して，ALIS方式では，電極間隔を全て同じにして，表示電極を共用することにより，放電発光面積の大きい（1, 3, 5, …）と（2, 4, 6, …）の放電を発生させ，これを重ねあわせることで高輝度化を達成している。放電電極を共有しているために，電極の本数は従来方式のままで高精細表示が可能になっている。

画像表示は，奇数ラインの組合せと偶数ラインの組合せを時間的に分離して表示する（図10）。つまり奇数ラインと偶数ラインを別々のフィールドに分けて表示し，これを交互に繰り返すことで全画面を表示する。例えば，Ａと言う文字を表示するために奇数ラインの表示を奇数フィールドで偶数ラインの表示を偶数フィールドで分けて表示し，これを交互に繰り返すことで全画面を表示し，Ａと言う文字を表示する。

表示電極を共用することで，発光面積を縮小することなく，発光領域（開口率）を拡大し，輝度を上げることができ，同時に，従来パネルと同じ電極数で2倍の高精細化が達成できることになる。更には，セル構造が複雑でないため30型クラスへのサイズ展開も容易である。この他の特徴として，各発光セルから見た放電は2フィールドで1回となるため，従来に比べ1／2の放電回数となり長寿命化が期待できる。ハイビジョンの放送方式は1080iと呼ばれるインターレース

99

図10 ALIS方式の画像表示

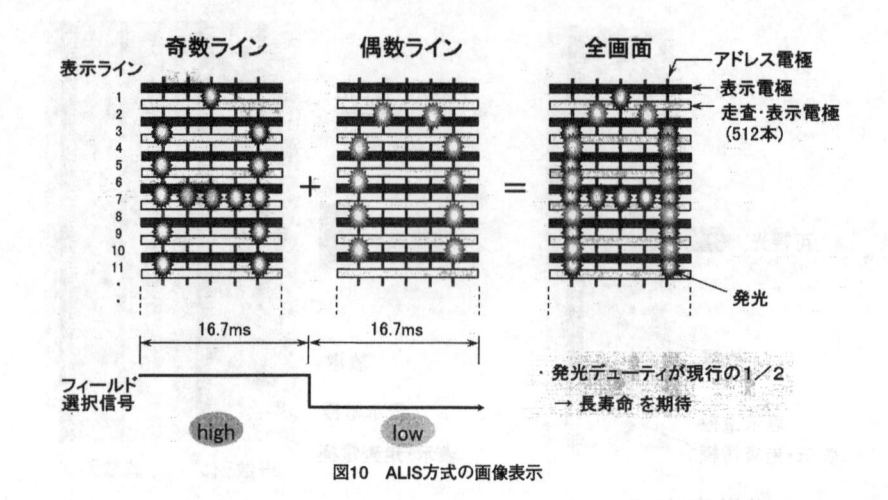

方式である。CRTの場合にはインターレースを行うとラインフリッカが発生しやすいが,PDPの場合には表示期間がCRTに比べて長いことなどからラインフリッカはほとんど発生しない。

従来のPDPはプログレッシブ表示であるためにインターレース信号の画像を表示するためには何らかの走査線変換を行う必要があり，その際，画質の劣化が発生していた。それに対して，ALIS方式ではこのインターレース方式の表示信号を全く変換無しに表示することが可能であり，ノイズの無い美しい表示が達成できることも特徴である。

1.4.2 各種セル構造

PDPは消費電力が大きいと言われている。これは現在のパネルの発光効率が$1 \sim 1.5$ lm/W程度と小さいためである。PDPの発光効率は図11に示すように電極に入力される電力と最終的にパネルより外部に出射する可視光のエネルギーとの比である。発光効率は紫外線変換効率と可視光変換効率と外部取り出し効率の積である。

発光効率を高める方法としてはセル構造の改善，ガス組成の最適化などいくつかの方法が試みられている。高効率のセル構造として，図12に示すようなワッフル構造のリブ，蛇行リブなどのセルが開発されている。ストレート構造とワッフル，蛇行リブなどのクローズド構造のセルの違いを図13に示す。ストレート構造ではセル間の放電の分離のためにセル間隔を大きく取る必要があり非発光部分が広い。それに対して，クローズド構造では発光を集中させることができ，また蛍光体の塗られる側面の面積も大きく効率の良いセルを構成することができる。

われわれは発光効率の高いセル構造としてDelTAセル構造を開発した[5]。図14にDelTAセル構

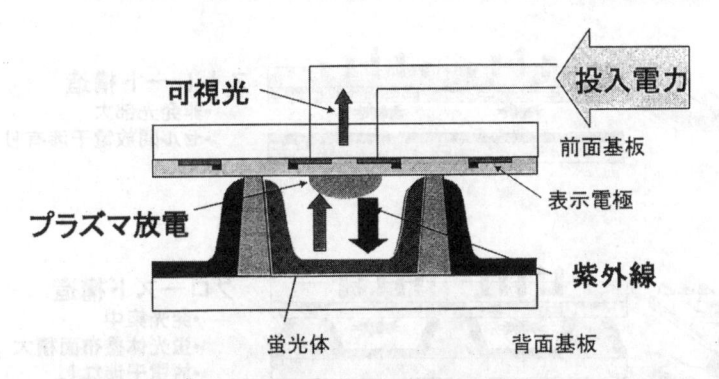

第3章 プラズマディスプレイ（PDP）と機能性色素

発光効率＝可視光量／投入電力
＝外部取り出し効率・紫外線変換効率・蛍光体効率

パネル構造　放電　蛍光体

図11　PDP発光効率

ワッフルリブ（Boxリブ）

Pioneer資料より

DelTAセル

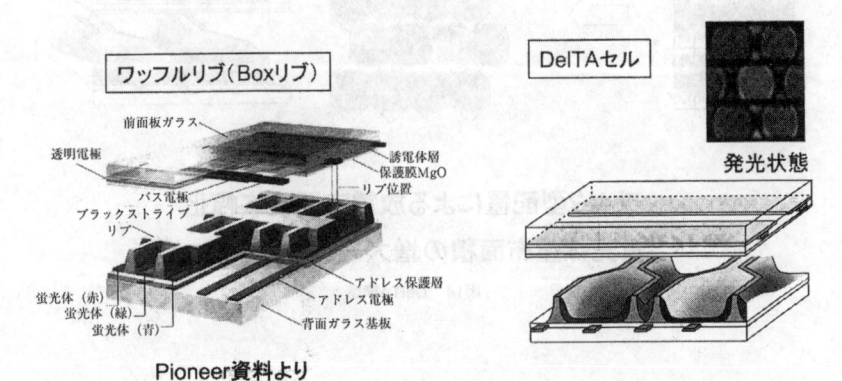

発光状態

図12　クローズドリブ構造

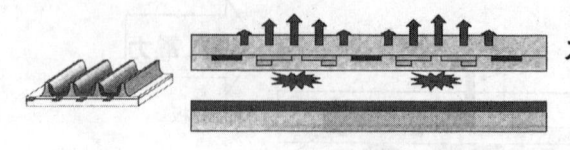

ストレート構造
・非発光部大
・セル間放電干渉有り

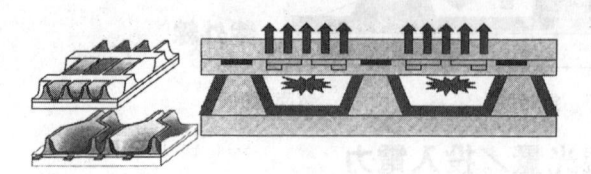

クローズド構造
・発光集中
・蛍光体塗布面積大
・放電干渉なし

図13　クローズドリブ構造の特長

Delta Tri-color Arrangement (DelTA) cell structure

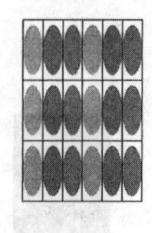

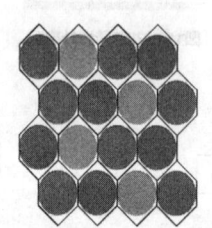

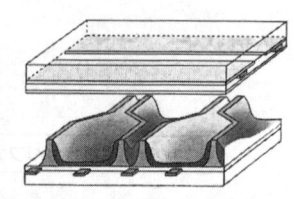

デルタ型配置による放電空間の広幅化
蛍光体塗布面積の増大

図14　DelTA構造

造と従来のストライプセルの違いを示す。従来のセルは隣接画素間の放電干渉を防ぐために電極間にひろい隙間を置いている。そのために実際の発光部分の面積の割合（開口率）は37％程度に過ぎない。これにたいしてDelTAセル構造はリブを蛇行させ，サブピクセルを互い違いに配置することにより大部分を発光エリアとすることができる。実際開口率は60％以上にすることが可能である。画素間の放電は狭ギャップのリブの部分で分離を図っている。さらに蛍光体がセルを囲

第3章 プラズマディスプレイ（PDP）と機能性色素

んでいるリブ側壁に十分に塗布されており，発生した紫外線から可視光への変換効率を高めている。この素子の発光効率，3 lm/W，最大輝度として550 cd/m^{2}が得られた。この数字はCRTを凌ぐものである[6]。図15にDelTAセルパネルの発光状態の写真を示す。ストレートの構造に比較して複雑な構造であるため，大型パネルに適応するには製造プロセスの精度の向上などが今後の課題となっている。

1.4.3 前面フィルターによる色再現範囲の拡大

PDPパネルの前面には通常，明室コントラストの向上，EMI対策，耐衝撃性の向上のために前面フィルターが置かれる（図16）。このフィルターの透過スペクトルを調整することで色再現範囲を拡大することができる。ハイビジョン表示には画面の精細度とともに，高い色再現範囲が要求される。PDPの表示色純度はCRTに比較しこれまで十分とは言えなかった。これは放電ガスに含まれるネオンガスが放電の際に585nmのオレンジ色の光を発生することが原因である。これにより青色のセルでは蛍光体の青の発光色にネオンのオレンジ色の発光が重なり色純度を低下させていた。一方，赤色の蛍光体は短波長側にも発光スペクトルを持つために赤の色座標もオレンジ方向に劣化していた。これらの色純度の低下を補正し，十分な色純度を得るために特殊な吸収スペクトルを持つ前面フィルターが開発されている[4]。図17にこのフィルターの透過特性を示す。585nm付近に強い吸収帯を持つ有機色素により不要な光を吸収する。これによりネオンのオレンジ色の発光，および赤蛍光体の色純度補正を同時に行い，高い色再現範囲を得ている。

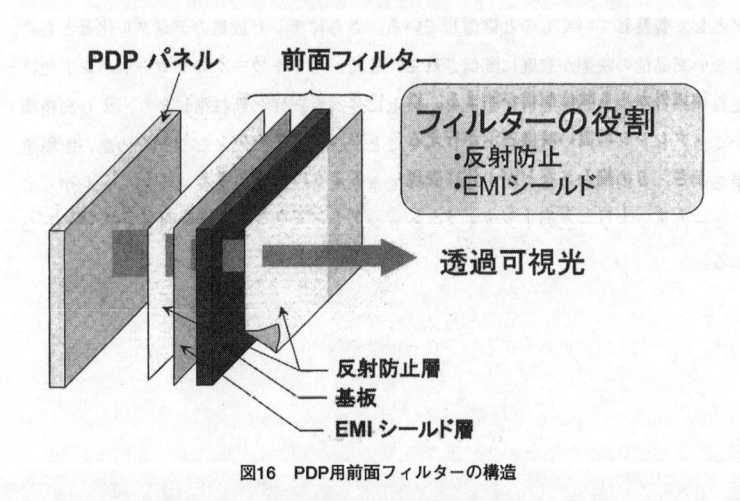

図15　DelTAセルの発光状態

図16　PDP用前面フィルターの構造

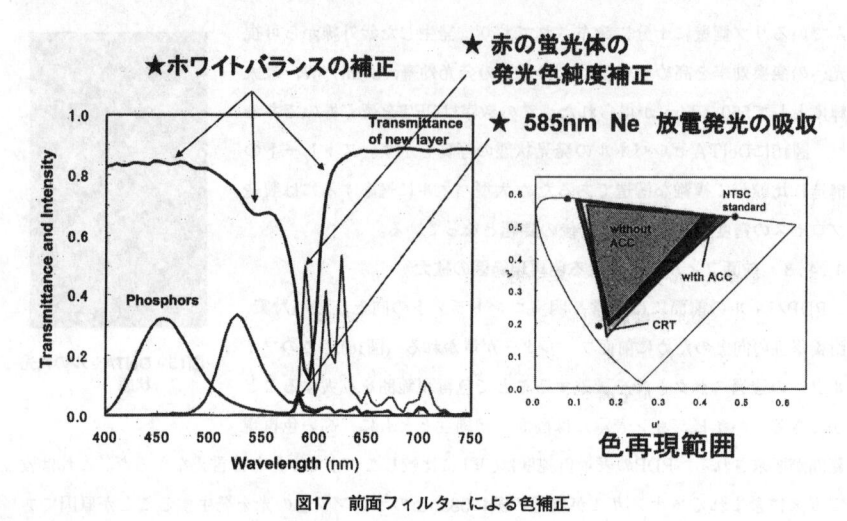

図17 前面フィルターによる色補正

このフィルターによりPDPの色再現範囲はCRTと同等まで拡大した。

1.5 まとめ

PDPの基本原理・構造・作製方法などについて概略を述べるとともに,現在のPDPで使われている技術,将来の技術について解説した。PDPは今後も性能向上,コストダウンをはかり家庭用テレビとして普及していくものと確信している。さらにテレビ放送のデジタル化とともに,ノイズの少ない高品位の映像が家庭に配信される。また,ネットワークのブロードバンド化にともない放送媒体以外からも映像配信が始まる。以上に述べたPDPの新技術により,より高精細でよりダイナミックレンジの高い映像表示が行えることで,デジタルハイビジョンの高い臨場感,透明感,滑らかさ,きめ細かさなどが十分に表現できるようになると考えられる。したがって,将来PDPはホームネットワークのインフォメーションウインドウとして中心的なデバイスとなると考えられる。

第3章 プラズマディスプレイ(PDP)と機能性色素

文　献

1) 篠田, カラープラズマディスプレイ, 応用物理, **68**, 3, p.275 (1999)
2) Y. Kanazawa, et al., SID'99 Digest, p154 (1999)
3) K. Irie et al., IDW'00 Digest, p.1173 (1999)
4) T. Kishi, et al., SID'01 Digest, p.1236 (2001)
5) O. Toyoda, et al., IDW'99 Digest, p.599 (1999)
6) Y. Hashimoto, et al., SID'01 Digest, p.154 (2001)

2 PDP Technology

Min-Suk Lee[*], Jong-Seo Choi[*], Dong-Sik Zang[*]

PDP makers are trying to improve five key fields such as ICs, software, cell structure, material, and manufacturing. They are trying to develop new concepts.

This has proved that PDP is now not matured. Because of this, the future of PDP is expected to be promising.

2.1 Introduction

Electronic displays act as a window connecting people to information and the world. They are naturally important for the present age. When you go round electronic shops or markets, you can easily see various electronic devices. They are categorized into such items as mobile phones, pocket PC, car navigators, computer monitors, and television (TV) sets, and so on. Among them, TV sets, especially large TV sets, are gaining in public favor. Large TV sets above 30" can be grouped into four types according to their basic principles:

- Plasma display panel (PDP), based on photoluminescence (PL)
- Cathode-ray tube (CRT), based on cathode-luminescence (CL)
- Liquid crystal display (LCD), based on light transmission
- RT-projection, digital light processor (DLP), and liquid crystal on silicon (LCOS), based on system integration.

Large TV sets such as CRT, CRT-projection, DLP, and LCOS are still very thick and heavy. PDP TV sets and LCD TV sets are much thinner and lighter. Therefore, these TV sets are more attractive to customers, but they are still expensive. PDP TV sets are now better than LCD TV sets regarding price, size, and image quality. Yet LCD technology is improving rapidly, providing strong competition for PDP and speeding up its penetration to large, flat TV markets. Therefore, PDP makers focus on strengthening the competitiveness for LCD TV sets.

PDP technology is largely divided into five parts such as ICs, software, cell structure, material[1], and manufacturing. This writing will describe PDP technology according to the cell structure and the material.

---

[*] Electronic Materials Development Team, Corporate R&D Center, Samsung SDI

第3章 プラズマディスプレイ (PDP) と機能性色素

2.2 What is PDP cell?

Fluorescent lamps are a close cousin of PDP according to its principle. So, to understand how a fluorescent lamp works is useful for a better understanding of PDP cell. A fluorescent lamp simply consists of four parts: glass tube, electrode, inert gas, and phosphor. This lamp emits visible light if a voltage is applied to the electrodes. Two physical phenomena are involved in the light emission. The first physical phenomenon is discharge. An inert gas, usually a mixture of mercury vapor and argon, is filled in the glass tube. Discharge takes place by collisions between gases and electrons under a bias voltage. This discharge causes mercury atoms to release ultraviolet (UV) light. The second physical phenomenon is UV excitation. The UV light excites a phosphor film coated on the inside surface of the glass tube, and then the phosphor excited by the UV light emits visible light.

PDP is a sealed flat plate of two large glasses. PDP has a matrix of some millions of cells. Each cell is a micro-fluorescent lamp. One pixel in PDP has three cells, which are responsible for red, green, and blue colors, respectively. PDP is obviously not a large fluorescent lamp but a large display device. This device converts electronic information to visible one. Unlike fluorescent lamps, PDP needs more complex circuits and software. In addition, it absolutely needs a filter for picture quality. An example of a PDP pixel is schematically drawn in Fig. 1. This pixel is a stripe type.

As mentioned above, the panel consists of a front glass and a rear glass. Three structures are formed on the inside of the front glass. They are electrodes, a dielectric layer, and a protective layer. The electrodes are divided into Y-electrodes and X-electrodes. Each electrode is composed of a bus electrode and a discharge electrode. The bus electrode is made by thick-film metal and the discharge electrode is a transparent, conductive oxide film. The X electrode is common for all the cells and is used for XY sustaining. The Y electrode is used for cell scanning. The number of the Y electrodes is 480 for 42" SD PDP and 1080 for 42" full HD PDP.

The dielectric layer is used to limit discharge current and to form a wall charge. This charge is strongly related to a memory effect. The protective layer is usually a thin film of MgO. This layer has two important functions. One is a mechanical property. This layer protects the dielectric layer from an attack of plasma ions. Without the protective layer, the dielectric layer will be plasma-etched. Etched particles could be deposited to phosphors on the opposite side. This causes to degrade both the dielectric layer and the phosphors. The other

107

ディスプレイと機能性色素

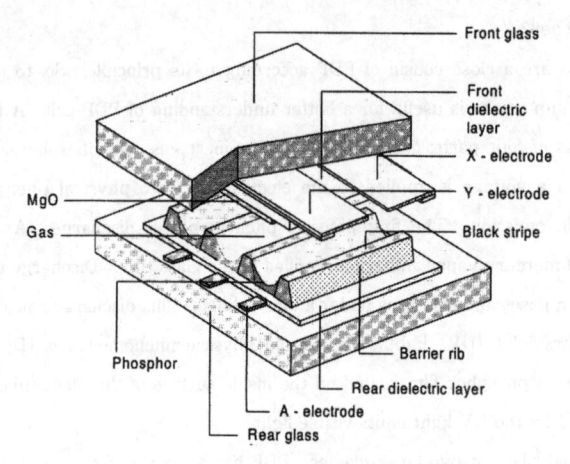

Fig. 1　A pixel structure of a PDP.

is an electrical property. This layer lowers operation voltage. If this property is poor, the operation voltage will be much higher. This requires a higher voltage driver and the higher dielectric strength.

Five structures are formed on the rear glass. They are A-electrodes, a rear dielectric layer, barrier ribs, black stripes, and phosphors. The A-electrodes are used to address cells together with the Y-electrodes. The number of the A-electrodes depends on the type of PDP, for example, 852*3 for 42" SD PDP, 1920*3 for full 42" HD PDP. The dielectric layer is used to protect the A electrodes and to form wall charges. The barrier ribs make a space in each cell. They are very important for forming independent cells. The black stripes are also important for gaining high contrast.

The phosphors are the source of visible light emission. There are conventional three-color phosphors:

- Red phosphor: $(Y,Gd)BO_3 : Eu$
- Green phosphor: $Zn_2SiO_4 : Mn$
- Blue phosphor: $BaMgAl_{10}O_{17} : Eu$

The phosphors must be strong against two physical circumstances: vacuum ultraviolet (VUV) and plasma ions. VUV energy excites phosphors for visible light emission. This energy can also shake atoms of phosphors and move them from their sites. This phenomenon

第3章 プラズマディスプレイ (PDP) と機能性色素

could degrade the optical properties of phosphors. Phosphors are also exposed to plasma ions. These ions could cause to degrade the phosphors.

As mentioned above, fluorescent lamps have a mixture of mercury vapor and argon. The mercury atoms are responsible for UV generation of 254 nm in wavelength. The mercury gas is well known to be best for discharge lighting devices regarding luminance and energy efficiency. However, this gas is not suitable for display devices like PDP. The reason is that the discharge strongly depends on temperature, and it takes long time for the discharge start, and mercury is a harmful object. Therefore, another gas is used for the excitation source. There are five inert gases such as He, Ne, Ar, Kr, and Xe. The resonance wavelength of Xe is the nearest to that of mercury, so that Xe is simply chosen for the excitation source. Xe alone is not used because its discharge voltage is extremely high. If we figure out only the discharge voltage, Helium is the best. This gas, however, has a problem because of its high sputter yield. If you use it, then the cell inside will be fast degraded. Neon is the second best for the low discharge voltage. Moreover, the sputter yield is relatively low. Therefore, a mixed gas of Ne and Xe, usually Ne plus 5〜7% Xe, is applied to PDP.

2.3 What is filter?

If you look into what happens in a PDP cell under discharge, you can easily understand why PDP needs a filter. When a discharge takes place in the cell, various types of radiation are generated in the cell. The radiation can be summarized according to their source and type as follows,

- Phosphors → (red, green, blue) light,
- Neon gas → orange light,
- Xenon gas → VUV & near-infrared,
- Plasma → rf waves.

These types of radiation are all not necessary for the PDP operation. Except the visible and VUV radiation related to the phosphors and the Xe gas, respectively, the other types of radiation are all problems. Neon atoms emit an orange light of 585.2 nm in wavelength. This light degrades the purity of red light. Xenon atoms emit a VUV spectrum peaked at 147 nm and 173 nm, and a near-infrared spectrum peaked at 828 nm. The phosphors mostly absorb the VUV energy. This energy cannot be transmited through the front glass, so that it does not matter. The near-infrared waves can be transmited through the front glass. Thses waves

109

ディスプレイと機能性色素

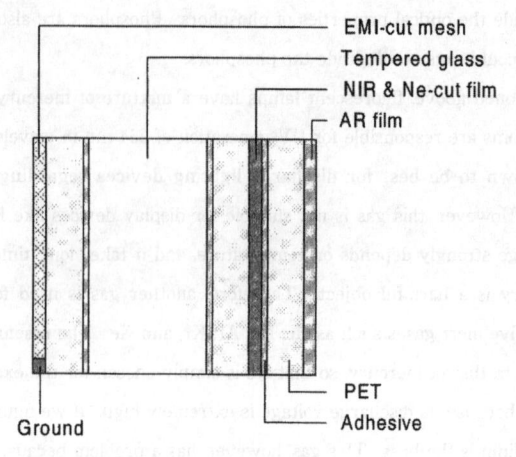

Fig. 2 Schematic drawing of a filter.

(Labels: EMI-cut mesh, Tempered glass, NIR & Ne-cut film, AR film, PET, Adhesive, Ground)

make it difficult to control the PDP operation with the usual remote controller. The rf waves are also a problem because they can come out of the front glass. These waves are harmful to human being, and they interfere with other electronic devices.

The PDP cells emit three types of radiation that degrade the color purity, and is harmful for human being, and interfere with other electronic devices. These types of radiation are completely cut by using a filter attached to the front glass. An example of a filter is drawn in Fig.2. This filter presents a multifunction filter that is made of several filters. Generally, the filter design contains three basic functions such as orange-light cut, near-infrared cut, rf-waves cut. Moreover, the design considers the body color of a filter, the transmission, the reflection, and the human eye fatigue factors.

2.4 Luminous efficiency

PDP is a display device that is yet not high in luminance efficiency. This is because of its multiple steps coming with a loss of energy for the conversion of input power to light. Table 1 shows the energy loss related to each conversion step. Two conversion steps such as Xe excitation and phosphor excitation need to be further improved. The luminance efficiency for CRT, LCD, and PDP is as follows.

- CRT (3~5 lm/W) > LCD (2~3 lm/W) > PDP (1~1.8 lm/W)

第3章 プラズマディスプレイ (PDP) と機能性色素

This indicates that PDP is now poorer in luminous efficiency than CRT or LCD. It is no wonder because these technologies are matured, whereas PDP technology is still growing.

Table 1　Conversion steps and energy loss

No.	Step	Energy loss
1	Input power	0 %
2	Xe excitation	82 %
3	VUV emission	53 %
4	Phosphor excitation	80.6%
5	Visible light	50.3 %

2.5　Technical issues

Now PDP makers are very serious because LCD TV sets are attempting to penetrate into large, flat TV markets, and the competition among PDP makers are gradually intensified. These difficult circumstances could be overcome by gradually solving the technical issues, which are described with a fishbone in Fig. 3.

According to the fishbone, the best PDP is a result of improving PDP features such as cost, luminous efficiency, performance, power consumption, screen size, and resolution.

❏ **Low cost**
～ Cheaper production technology
～ HD single scan technology
～ Reducing components (IC..)
～ Low-cost color filter

❏ **High luminous efficiency**
～ New panel structure
～ Improving phosphors
～ Optimizing barrier rib structure
～ New plasma gas

❏ **High performance**
～ Noble color filter
～ Fine pitch cells
～ Reducing false contour

→ **World Top PDP**

❏ **Jumbo screen size**
～ Over 100"

❏ **Low power consumption**
～ High efficiency ERC
～ Low voltage drive IC

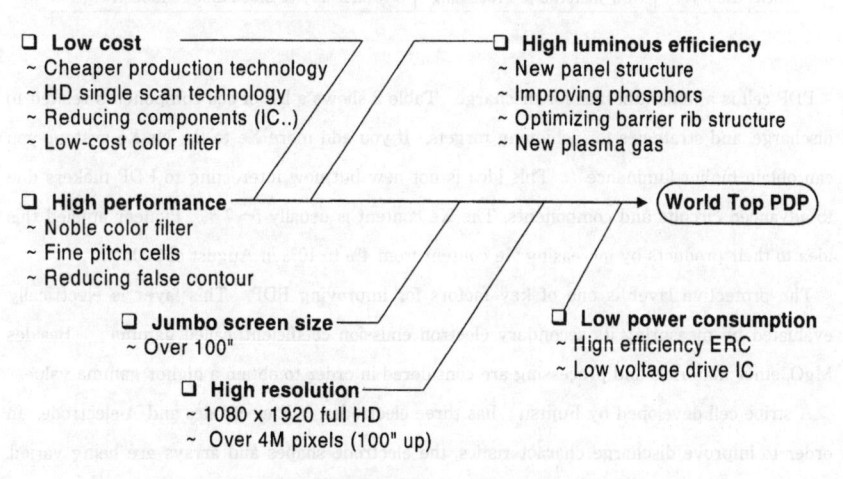

❏ **High resolution**
～ 1080 x 1920 full HD
～ Over 4M pixels (100" up)

Fig. 3　A fishbone for the world top PDP.

111

2.6 R&D activities

R&D activities of PDP makers are simply classified into five technologies: ICs, software, structure, material, and manufacturing. Their purpose is to improve PDP technology in order to satisfy the voice of customers for picture quality, price, and power consumption. PDP is a discharge display device. This operation is based on two physical phenomena: discharge radiation and filter. According to these phenomena, R&D activities of PDP makers can be understood.

Table 2 R&D activities for discharge radiation

Component	Strategies	Targets
Gas	High Xe	● High luminance

Protective layer (MgO)	High γ	● High speed addressing
		  ～Sub-filed increase & High luminance
		  ～ Single scan & Cost-down in driver ICs
		  ～False-contour reduction
		● Low power consumption

Electrode	Shape, Array & Auxiliary	● Supporting discharge
Phosphors	Improving, New composition & Surface treatment	● Free image sticking ● Positive surface charge ● Shorter decay time ● Resistance to VUV & Ion sputter
Barrier rib	Shape & Array	● High precision & Cross-talk reduction
Dielectric layer	New material & Processing	● Uniformity & Index-time reduction

PDP cell is a minimum unit for discharge. Table 2 shows a list of cell components related to discharge, and strategies for achieving targets. If you add more Xe to the Ne-Xe system, you can obtain higher luminance[2]. This idea is not new but now interesting to PDP makers due to advanced circuits and components. The Xe content is usually 5～7 %. Pioneer applied this idea to their products by increasing Xe content from 4% to 10% in August of 2001[3].

The protective layer is one of key factors for improving PDP. This layer is electrically evaluated by measuring its secondary electron emission coefficient, called gamma γ. Besides MgO, other materials and processing are considered in order to obtain a higher gamma value.

A stripe cell developed by Fujitsu[4] has three electrodes: Y-X electrodes and A-electrode. In order to improve discharge characteristics, the electrode shapes and arrays are being varied. Moreover, an auxiliary electrode, or floating electrodes are added to the A-Y-X electrode system. Pioneer applies a T-shaped electrode structure to their products in order to enlarge

第3章 プラズマディスプレイ（PDP）と機能性色素

the memory margin.

Phosphors for fluorescent lamps are various, whereas PDP phosphors are very limited. These phosphors are put in severe physical circumstances filled by VUV and plasma ions. The R&D on phosphors is directed to improve existing phosphors, and to find new phosphors or surface treatment tools in order to make phosphors that are suitable for discharge and strong against VUV and plasma ions.

The barrier rib is usually a stripe type. This type is a good point in manufacturing. A cross talk between adjoining cells and a loss of light are weak points. Recently, new types were developed, for example, a meander structure by Fujitsu and a Waffle-style structure by Pioneer. The cell shapes that are recently developed are nearly closed, deep, rectangular or hexagonal. These types are a weak point for manufacturing but a good point for higher light output, bright plasma, higher black levels, and the same viewing angles as conventional stripe ribs.

Filter for PDP is not a defined thing like a film, but is a system. This concept directs how to design a discharge cell, an optical filter[5], and an EMI filter. Table 3 indicates strategies for improving filter components. Recently, PDP makers focused on improving the black strip for high contrast and realizing a glassless filter including the optical and EMI functions.

Table 3 R&D activities for filter

Component	Strategies	Targets
Rear dielectric layer	New material & Processing	● Efficient light reflection
Front dielectric layer	New material & Processing	● Efficient light transmission
Barrier rib	New design	● Minimum light leakage
Black stripe	New material, Shape & Array	● High contrast
Optical filter	Multi-function	● Ne color cut → High color purity ● Xe IR cut → Normal IR communications ● AR film → Minimum external light reflectivity & Eye-fatigue reduction ● Body color → Elegant PDP
EMI filter	New design & Processing	● RF-waves cut → Well-being

References

1) K. Nonomura, H. Higashiro, and R. Murai, "Plasma Display Materials", MRS Bulletin/November, 898-902 (2002).
2) G. Oversluizen, S. de Zwart, M.F. Gillies, T. Dekker, and T. J. Vink, "The Route towards a high Efficacy PDP; Influence of Xe partial Pressure, Protective Layer, and Phosphor Saturation", *Microelectronics Journal*, **35**, 319-324 (2004).
3) H. Uchiike and T. Hirakawa, "Color Plasma Displays", *Proceedings of The IEEE*, Vol. 90, 533-539 (2002).
4) K. Betsui, F. Namiki, Y. Kanazawa, and H. Inoue, "High-resolution Plasma Display Panel (PDP)", *Fujitsu Sci. Tech. J.*, **35**, 229-239 (1999).
5) S. Fukuda, "Application of Dye to Optical Filters for Plasma Display Panel (PDP)", East Asia Symposium on functional Dyes and Advanced Materials, Osaka, Japan, 6-7 October (2003).

3 PDP近赤外線遮断フィルム用機能性色素

大井 龍[*]

3.1 はじめに

プラズマディスプレイパネル（PDP）は，パネルの前面に光学フィルターを設置して使用される。光学フィルターには，ディスプレイパネルの前面を保護するという目的[1]以外に，PDP本体から放射される不要な電磁波と近赤外線を遮断することが，基本かつ必要最低限の機能として求められている[2]。

すなわち，PDPはNe-Xe混合ガスなどの希ガスを2枚の板状ガラスに封じ込め，プラズマ放電による発光現象を利用しているため，目的の光以外に，不要な電磁波と使用した希ガスの特性に依存する近赤外線を放射する。前者は法的に規制されており，後者は近赤外線を利用したリモコン機器への干渉・誤動作の原因になる。

電磁波を遮断するためには，透明導電膜を多層にスパッタコーティングしたフィルムや銅のメッシュフィルムが使用されている。また，近赤外線を遮断するためには，多層膜の光干渉を利用することも可能であるが，近赤外線を吸収する色素を用いることで達成できる。本節では，近赤外線遮断用の機能性色素について紹介すると共に，更に高品位な画質を提供できる可視領域の選択吸収色素についても簡単に触れる。

3.2 近赤外線遮断の必要性

PDPでは，HeとXe，Neの混合ガスのプラズマ放電によって放出される真空紫外光を，対応する蛍光体によって3原色の可視光（赤，緑，青）に変換している。しかし，実際のプラズマ放電からは，必要な紫外光だけでなく，可視光領域や近赤外線領域の光も放出される。特に，PDPから放出される近赤外線領域の光は，その発光バンドが，近赤外線を利用した機器の通信規格（IrDA）である850～900nmに合致しているため，IrDAに準拠して通信を行うPC周辺機器，赤外線ワイヤレスマイク，自動販売機，計測機器，自動ドアなどの誤動作の原因になることがある。またテレビのリモートコントローラの発光波長は900～1000nmにあり，この領域でも悪影響を及ぼす可能性がある。具体的には，赤外線ワイヤレスマイクを使用する会議室やカラオケルームでは，PDPから放出される近赤外線がマイク受信部に干渉して，スピーカーからノイズ音が出たり，音が途切れるという問題が指摘されている。また，人がいないのに自動ドアが勝手に開くという怪奇現象やテレビのリモコンが正しく作動しないということが起こりうる。

図1に，実際にPDP本体から放出される近赤外線領域の発光スペクトルの一例を示す[3]。

---

[*] Ryu Oi 三井化学㈱ マテリアルサイエンス研究所 機能設計グループ 主席研究員

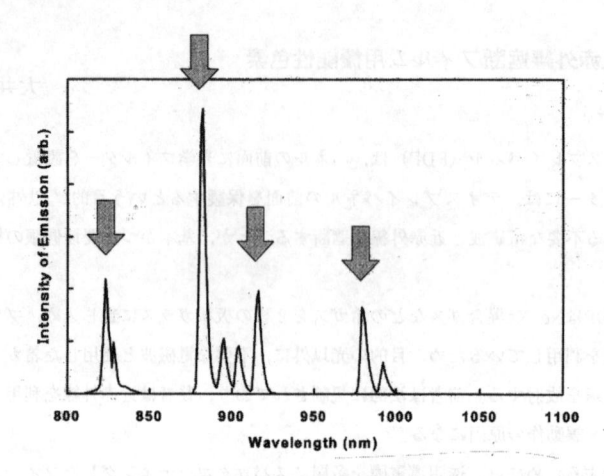

図1 PDPから放出される近赤外線のスペクトル
825nm，880nm，915nm，および970nm近傍に特に大きな発光がみられる（図中の矢印）

825nm，880nm，915nm，970nm近傍に，Xeからの発光に対応する，強力な発光バンドが見られる。すなわち，ディスプレイから放出される，この領域の近赤外線を吸収あるいは反射することで遮断し，PDPの外に出ないようにするフィルターが必要とされる。現在市販されているPDPの光学フィルターには近赤外線遮断機能が付与されている。

3.3 近赤外線吸収色素

PDP用の光学フィルターに近赤外線遮断機能を付与するためには，近赤外線吸収色素を含有する近赤外線遮断フィルムが必要となる。該フィルムの要求特性は，前述のように，Xeからの発光に由来する800～1000nmの光を遮断することである[4]。更に3原色の発光を阻害せず，かつ輝度の低下を招かないためには，可視領域（380～780nm）にはできるだけ吸収をもたないことが必要となる。また，光学フィルターとしての信頼性を付与するために，色素単体としても，光，湿度，温度などに対する耐久性にすぐれている必要がある。

近赤外線領域に吸収を持つ色素としては，アントラキノン系，ナフトキノン系，ジチオールニッケル錯体系，シアニン系，アゾ錯体系，ジインモニウム系，スクワリリウム系，フタロシアニン系，ナフタロシアニン系などが知られているが，それらの中でも，PDP用途に特に検討されている色素としては，図2に示すような構造のものが挙げられる。実際には，800～1000nmの幅広い領域をカバーするために，色素は1種類ではなく，数種類用いられている。800～900nm近辺は，可視領域との境目になるので，できるだけ可視に吸収を引きずらないシャープな吸収特性を

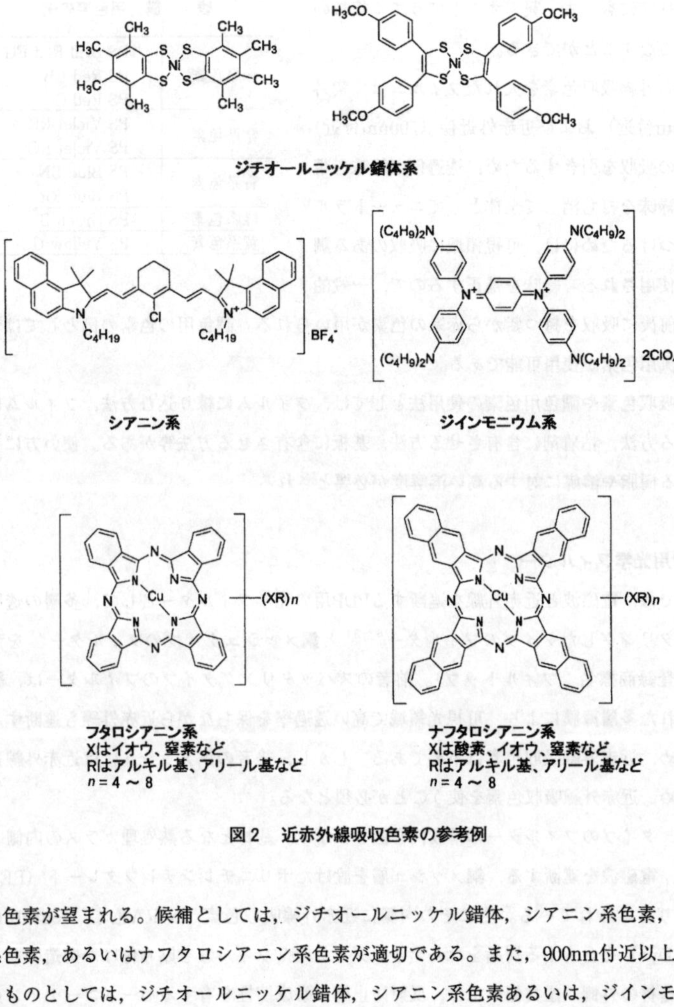

第3章 プラズマディスプレイ（PDP）と機能性色素

ジチオールニッケル錯体系

シアニン系

ジインモニウム系

フタロシアニン系
Xはイオウ、窒素など
Rはアルキル基、アリール基など
$n = 4 \sim 8$

ナフタロシアニン系
Xは酸素、イオウ、窒素など
Rはアルキル基、アリール基など
$n = 4 \sim 8$

図2　近赤外線吸収色素の参考例

有する色素が望まれる。候補としては，ジチオールニッケル錯体，シアニン系色素，フタロシアニン系色素，あるいはナフタロシアニン系色素が適切である。また，900nm付近以上を幅広く吸収するものとしては，ジチオールニッケル錯体，シアニン系色素あるいは，ジインモニウム系色素が有力である。

　色素を選定する上で，耐久性も重要な要因である。従来，ジチオールニッケル錯体系色素，シアニン系色素，ジインモニウム系色素などは，耐熱性や耐光性が低いと言われていたが，種々の構造改良や添加剤との組み合わせなどによって，改良が進んでいる[5]。また，フタロシアニン系色素やナフタロシアニン系色素は，一般的には，耐熱性や耐光性は非常に優れているが，酸化雰囲気や，ラジカルの発生するような条件下では簡単に分解してしまうという欠点もある。フィル

117

ムの構成や材質にも工夫を凝らすことでうまく複数の色素を使いこなすことができる。

一方，近赤外線吸収色素を入れたフィルムは，紫外近傍（400nm付近）および近赤外近傍（700nm付近）に色素特有の吸収を引きずるため，透過色が緑味を帯びる。この緑味を打ち消して全体としてニュートラルグレーに近づけるためには，可視領域に吸収のある調色用色素も使用される。緑味を補正するので，一般的には550nm前後に吸収を持つ紫から赤系の色素が用いられる。調色用の色素の例としては表1に示すような汎用色素が使用可能である。

近赤外線吸収色素や調色用色素の使用法としては，フィルムに練り込む方法，フィルムにコーティングする方法，粘着剤に含有させる方法，基板に含有させる方法等がある。使い方によっては，使用する樹脂や溶媒に対する高い溶解度が必要とされる。

表1 調色用色素の例

赤系色素	PS Brill Red FG
	PS Red EB
	PS Red G
紫系色素	PS Violet RR
	PS Violet RC
青系色素	PS Blue BN
	PS Blue RR
緑系色素	PS Green B
黄系色素	PS Yellow GG

3.4 PDP用光学フィルター

三井化学では，電磁波と近赤外線を遮断するPDP用の光学フィルターとして，多層の透明導電膜をスパッタリングしたタイプのフィルター[6〜8]と銅メッシュタイプのフィルター[9]を商品化している（登録商標名：フィルトップ）。前者のスパッタリングタイプのフィルターは，緻密に光学設計された多層薄膜により，可視光領域で高い透過率を保ちながら近赤外線も遮断することができるため，近赤外線吸収色素は不要である。しかし，後者の銅メッシュには近赤外線遮断機能が無いため，近赤外線吸収色素を使うことが必須となる。

銅メッシュタイプのフィルターの構成例を図3に示す。基材となる熱処理ガラスの内側（PDP本体側）に，電磁波を遮断する，銅メッシュ層を設けたポリエチレンテレフタレート（PET）フィルムが貼り付けられている。更にその内側に近赤外線吸収色素（NIRA色素: Near-Infrared Absorbing Dye）を含有する樹脂をコーティングしたPETフィルムを貼り付けた構造になっている。更に，基材の外側（鑑賞側）には，反射防止層と耐摩擦性を有するハードコーティング層が設けられている。またフィルターの色や画質を調整するための調色用色素等は，基材と銅メッシュフィルムを貼り付けるための接着層に仕込んである。

図4に銅メッシュタイプのフィルターの透過スペクトルを紹介する。図から明らかなように，可視領域（400〜700nm）に高い透過率を保ちながら，近赤外線機器の誤動作原因となる820nm付近以上の透過率を13%以下に抑えている。520〜620nm付近の吸収は，調色用色素および，次項で述べる，高品位な画質を得るための選択吸収色素に由来する。

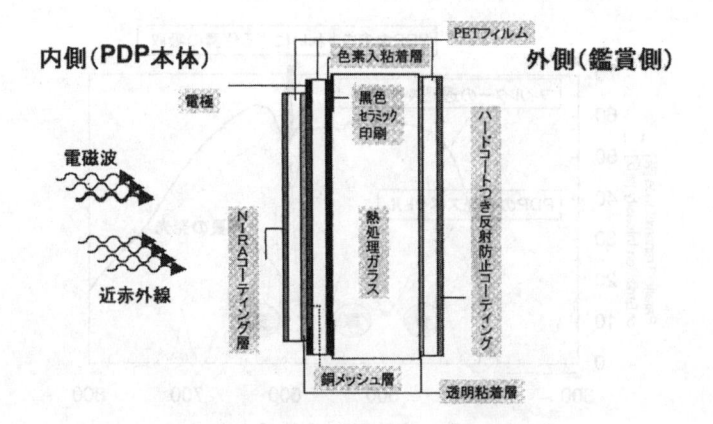

第3章　プラズマディスプレイ（PDP）と機能性色素

図3　銅メッシュタイプフィルターの構成例

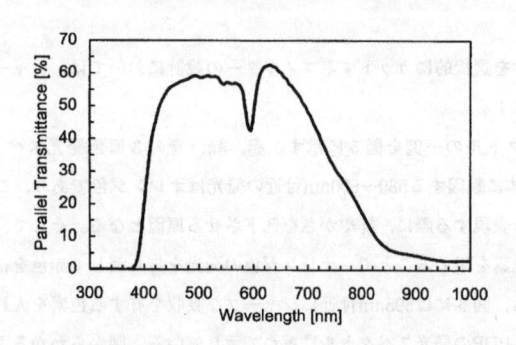

図4　銅メッシュタイプフィルターの透過スペクトルの一例

3.5　高品位な画質を得るための選択吸収色素

　電磁波と近赤外線を遮断するという，PDPの画質とは関係ない，基本性能を主体に求められた第一世代のPDP光学フィルターに対して，画質の品位を向上させることができる第二世代のフィルターが登場してきた。即ち，第一世代では，3原色（赤，緑，青）を表現するPDPの発光スペクトル自体の色純度についてはほとんど議論されていなかった。しかし，不要な領域への発光が色純度を低下させているという事実から，可視領域も高度にコントロールできるフィルターへのニーズが生まれた[10]。従来，染色や印刷用途等に開発された，古典的な3原色色素（イエロー，マゼンタ，シアン）は，色の強さを表現するために，ある程度幅広い吸収を必要としていたが，

ディスプレイと機能性色素

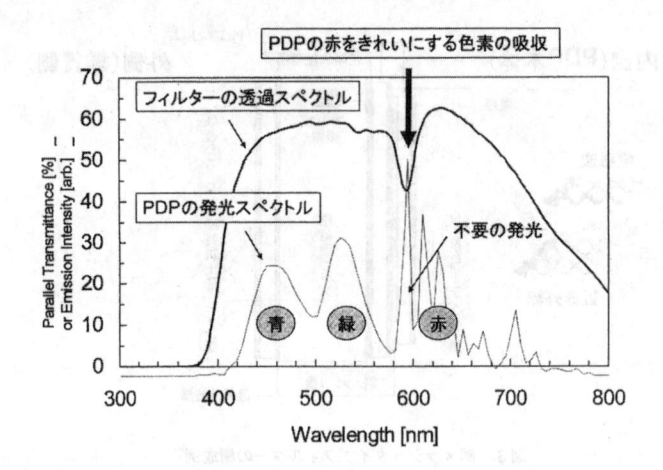

図5 595nm付近を吸収する色素を入れたフィルターの透過スペクトルとPDPの発光スペクトル

不要な領域の光だけを選択的にカットするフィルターの設計においては，シャープな吸収を有する色素が威力を発揮する。

PDPの発光スペクトルの一例を図5に示す。赤，緑，青の3原色発光スペクトルのうちで，Neおよび赤の蛍光体に起因する580～600nm付近の発光はオレンジ色であり，この発光が特にディスプレイ上で赤を表現する際に，鮮やかさを低下させる原因となる。そこで，この領域だけを選択的に吸収する色素を用いることで，オレンジ色の発光を打ち消して赤色を奇麗に表現できるようになった。即ち，図5には595nm付近にシャープな吸収を有する色素を入れたフィルターの透過スペクトルを，PDPの発光スペクトルに重ねて示している。図からわかるように，色素の吸収がPDPのオレンジ色の不要発光を打ち消している。色素の吸収の半値幅は20nm程度とシャープであり，610nm以上の赤色発光に対しては悪影響を与えない。

595nm付近にシャープな吸収を有する色素としては，図6に示すような，ピロメテン系，シアニン系，テトラアザポルフィリン系，スクワリリウム系等の色素が検討されている。

このようにして，595nm付近にシャープな吸収を有する色素を入れた光学フィルターを装着する前後での色度図を図7に示す。参考のためにNTSCのポイントを△で示したが，フィルターを装着することで，RGB 3点を結んだ三角形で表される色再現範囲は広がり，NTSCの値に近づいていることがわかる。NTSCの三角形の面積を1とすると，フィルターにより，色再現範囲が0.75から0.86にまで広がっている。また，実際に，MPCD（Minimum Perceptible Color Difference）がほとんど黒色軌跡からずれることなく，色温度が2000K程度上昇した。

第3章 プラズマディスプレイ（PDP）と機能性色素

ピロメテン系
Mは金属
Rは水素、アルキル基、アリール基など

シアニン系
Rはアルキル基など

テトラアザポルフィリン系
Mは金属
Rは水素、アルキル基、アリール基など

スクワリリウム系
Rはアルキル基など

図6　シャープな吸収を持つ選択吸収色素の参考例

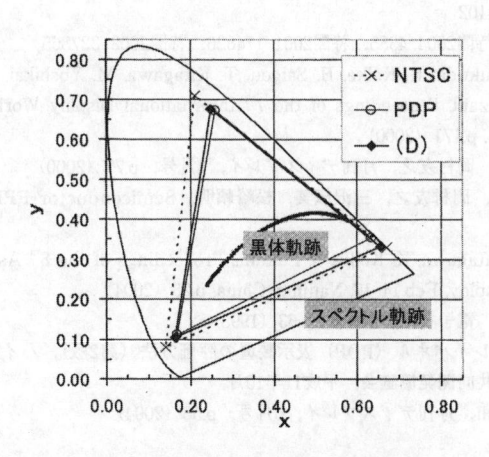

図7　PDPのRGBを示す色度座標
○PDP：フィルター無しの発光，◆（D）：フィルターを装着，×NTSC：NTSCの値

3.6 おわりに

1950年代には，流行語にもなった，家庭電化製品の「三種の神器」といえば，白黒テレビ，電気洗濯機，電気冷蔵庫であった。しかし21世紀になってからの，「新三種の神器」は，薄型テレビ，デジタルカメラ，DVDレコーダーと言われている。PDPが市場に初めて登場したのは1996年であるが，以後，急速に普及し，大型の次世代薄型テレビの本命としての地位を固めつつある。当初，PDP用光学フィルターは，ディスプレイの保護と，画像を邪魔しないで電磁波と近赤外線を遮断するという目的であったが，更に進化し，可視領域の不要なオレンジ発光を遮断することで，色純度を向上させ，高品位の画像を提供できるようになった。また，シミュレーション技術も発達し，PDPの画質向上に必要なフィルター特性も明確になってきた。今後は，PDPの発光スペクトルだけでなく，外光条件等を考慮したコントラストの向上といった，更に高度な性能が要求されている[11, 12]。より魅力的な光学フィルターの開発には，色素が重要な役割を担っている。

文　献

1) UL1418, UL1950
2) 和泉志伸，月刊ディスプレイ，10月号，p.1 (1997)
3) 特許第3145309号
4) US Patent No.5804102
5) 特開2003-96040, 特開2004-4385, 特開2001-174626, 特開2003-327865
6) T. Okamura, S. Fukuda, K. Koike, H. Saigou, T. Kitagawa, M. Yoshikai, M. Koyama, T. Misawa, Y. Matsuzaki, Proceedings of the 7th International Display Workshops, Nob.29-Dec.1, Kobe, Japan, p.171 (2000)
7) 野崎正平，福田伸，岡村友之，月刊ディスプレイ，4月号，p.72 (2000)
8) 野崎正平，福田伸，岡村友之，三沢伝美，松崎頼明，Semiconductor FPD World, p.181 (2000)
9) T. Okamura, T. Kitagawa, K. Koike, S. Fukuda, Proceedings of the 8th Asian Symposium on Information Display, Feb.14-17, Nanjing, China, p.23 (2004)
10) 泰乗幸夫，本多聡，電子材料，12月号，p.63 (1998)
11) プラズマディスプレイパネル（PDP）表示装置の評価方法（第2版），ハイビジョン用プラズマディスプレイ共同開発協議会，平成11年10月
12) 原田幸也，森井秀和，月刊ディスプレイ，6月号，p.56 (2004)

4 ディスプレイ用特殊低反射フィルム「リアルック®」

野島孝之[*]

4.1 はじめに

近年，プラズマテレビ（PDP）や液晶テレビ（LCD）を中心としたフラットパネルディスプレイ（FPD）市場の成長が目覚しい。家電ショップのテレビ売り場には，所狭しと大型のディスプレイが展示されている。今や電子ディスプレイのトレンドは"小スペース・大画面・フラット"である。また2003年末から3大都市圏の一部で地上波デジタル放送が開始され，2010年には全ての放送がデジタル化される見通しである。こうした放送のデジタル化の影響を受け，今後電子ディスプレイは大型化と高精細化がますます要求されるようになり，その結果，ディスプレイの視認性の向上が極めて重要なファクターになるであろう。

本稿では，こうしたディスプレイの視認性向上に極めて有効な手段であるディスプレイ前面の反射防止（AR：Anti-Reflection）について概論した後，当社の化学メーカーとしての長年の知見をもとに開発したウェットコーティングタイプの特殊低反射フィルム「リアルック®」について述べる。

4.2 反射防止とは

ディスプレイの表面に蛍光灯や背景等が映り込んで画面が見にくいと感じたことは誰しもがあるだろう。こういったディスプレイ表面への映り込みを低減させる手法の一つとして反射防止がある。

まず反射防止の原理について簡単に述べる。空気中（屈折率$n_0=1$）から屈折率の異なる物質（屈折率n_s）界面に光が入射すると，その界面において光の反射が生じる（図1）。このときの反射率R_0（%）は式（1）によって表される。

$$R_0(\%) = \left(\frac{1-n_s}{1+n_s}\right)^2 \times 100 \tag{1}$$

また図2に示すようなシート状物質の場合，例えば「ガラス越しの画面を見る」といった状況では，空気/ガラス界面，ガラス/空気界面の2つの界面が存在するので，その両界面で反射が生じる。そのときの反射率R（%）は，表面反射率R_0を用いて式（2）で表される。

$$R(\%) = \frac{2R_0}{1+R_0} \times 100 \tag{2}$$

---

[*] Takayuki Nojima　日本油脂㈱　化成品研究所　AC2グループ　主事

ディスプレイと機能性色素

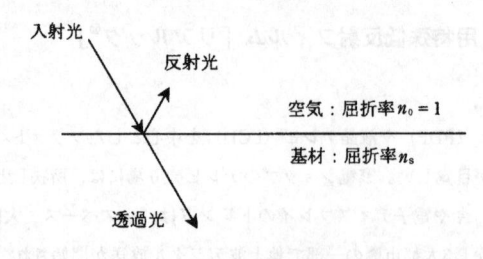

図1 表面での反射

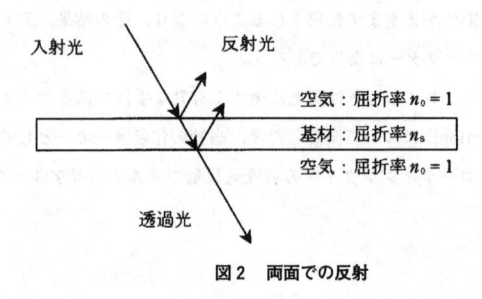

（入射光、反射光、透過光、空気：屈折率 $n_0=1$、基材：屈折率 n_s）

図2 両面での反射

（入射光、反射光、透過光、空気：屈折率 $n_0=1$、基材：屈折率 n_s、空気：屈折率 $n_0=1$）

　例えば屈折率 $n_s=1.5$ のガラスに光が入射すると，その表面での反射は $R_0=\{(1-1.5)/(1+1.5)\}^2\times100=4.0$（％），裏面を含めた両面での反射は $R=2\times0.04/(1+0.04)\times100=7.7$（％）となる。このガラス越しの8％弱の反射というのは，数字で示されてもピンとこないかも知れないが，ガラスに自分の顔を映しこんでみると，顔の輪郭等がはっきりと分かるし，蛍光灯を映しこんで見ると，かなり眩しく感じられる。

　こういった界面での反射を低減させるために，反射防止の技術が利用される。これは空気とガラスとの間に屈折率が異なる層を設けて，各界面における反射光の干渉を利用して，反射を低減させるものである。

　最も単純な反射防止膜は，空気とガラスの間にその中間の屈折率を持つ層を1層形成したものである（図3）。膜が無吸収，均質であると仮定した場合，波長 λ の光が垂直入射するときの光学特性は式（3）のHerpinマトリックス（特性マトリックス）により表すことができ，このときの表面反射率は式（4）によって表される。ここで，n, d は形成する膜の屈折率及び厚さを表している。

$$M=\begin{pmatrix}\cos\delta & i/n\sin\delta \\ in\sin\delta & \cos\delta\end{pmatrix}=\begin{pmatrix}m_{11} & im_{12} \\ im_{21} & m_{22}\end{pmatrix} \quad (3)$$

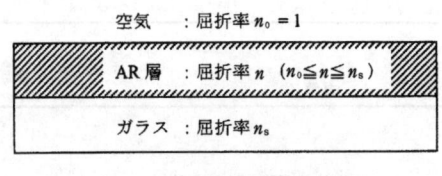

第3章 プラズマディスプレイ (PDP) と機能性色素

図3 単層型反射防止膜の構成

ただし，$\delta = 2\pi \cdot nd/\lambda$

$$R(\%) = \frac{(m_{11} - n_s m_{22})^2 + (n_s m_{12} - m_{21})^2}{(m_{11} + n_s m_{22})^2 + (n_s m_{12} + m_{21})^2} \times 100 \tag{4}$$

先ほどまでの式と比較すると，かなり複雑になっているが，これは光の干渉を考慮に入れているためである．光には干渉可能な距離（コヒーレンス長）があり，その距離内では干渉を考慮に入れた反射を考えなければならない[1]．

波長 λ の光に対して，反射率を最小にするためには，屈折率 n の層を式 (5) で表される厚さで塗布すると良い．このとき図4に示すように表面と界面での反射光の位相が逆転し，反射防止の効果は最大となる．

$$d = \lambda / 4n \tag{5}$$

反射防止膜は一般に人の視感度の中心である555nm付近の反射が低減されるように設計される

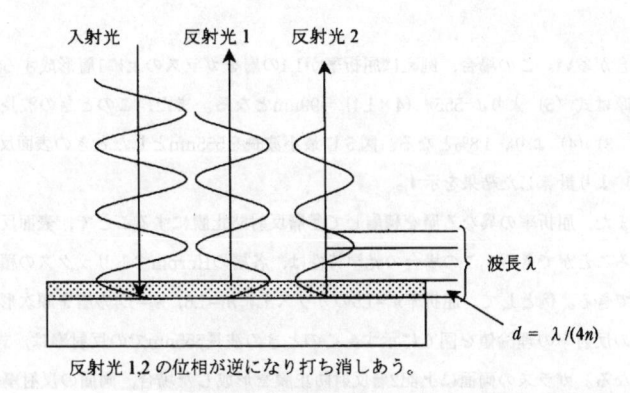

図4 単層型反射防止膜の原理

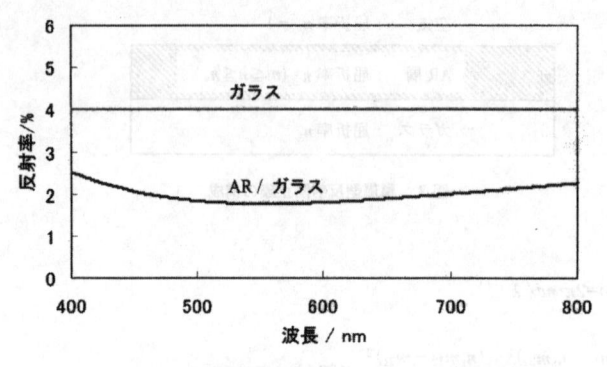

図5 単層反射防止膜の反射スペクトル（計算値）

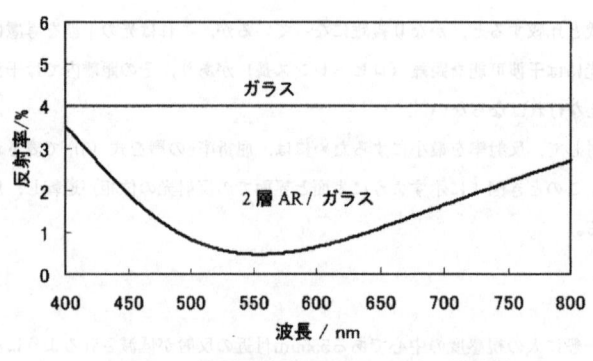

図6 2層反射防止膜の反射スペクトル（計算値）

場合が多い。この場合，例えば屈折率が1.4の層をガラスの上に1層形成するとすると，その最適膜厚は式（5）より$d=555/(4×1.4)=99$nmとなる。また，このときの波長555nmでの反射率は式（3）（4）より，1.8%となる。図5に最小波長を555nmとしたときの表面反射の理論値を式（3）（4）より計算した結果を示す。

　また，屈折率の異なる層を積層して多層反射防止膜にすることで，表面反射率をさらに低減させることができる。この場合の光学特性は，各層のHerpinマトリックスの積によって求めることができる。例として，屈折率n_s=1.5のガラス上にn_1=1.6, n_2=1.4の層を順次形成した2層反射防止膜の反射率の理論値を図6に示す。このときの波長555nmでの反射率は，式（3）（4）より0.5%となる。ガラスの両面に上記2層反射防止膜を形成した場合，両面の反射率は1.0%となり，何も処理していないガラス両面の反射と比較すると，約1/10程度となる。この場合，先ほどと同様に

第3章　プラズマディスプレイ (PDP) と機能性色素

自分の顔を映しこんでみると，もはや輪郭はぼやけていて，はっきり顔を認識することができないくらい反射を抑えることができる。

以上は，単純な計算から求めた値であり，実際に反射防止膜を構成する場合には，膜及び基材の光の吸収，散乱，屈折率の波長分散等を考慮に入れる必要がある[2]。また100nmのような極薄膜層を基材上に均一に設けることは容易ではなく，特に面積が大きくなるにつれて困難となる。

4.3　反射防止フィルム

現在工業的に行われているAR加工の方法には，大きく分けてドライコーティング法（以下ドライ法）とウェットコーティング法（以下ウェット法）の2種類がある。ドライ法は，蒸着やスパッタ等により基材上にAR膜を形成する方法である。蒸着法は，古くより眼鏡レンズや光学レンズといった比較的小さな物へのバッチ式AR処理に多く用いられてきた。一方スパッタ法は，比較的インライン化，大型化が容易であることから，建材用窓ガラス等の熱線反射膜等の処理に用いられてきた。ドライ法は，膜の厚み精度が高い，単一材料による膜形成できるため，材料の特性（例えば屈折率，導電性，硬度等）を有効に活用できるといった特徴がある。一方で，膜材料の選択肢が少ない，フィルムなどの大きな物に対しては大掛かりな真空装置が必要なことから高コストになるといった問題を持っている。しかし最近，技術の進歩によってこのあたりの問題点もかなり改善されてきている。

これに対しウェット法は，液状の材料を基材に塗布し，必要に応じて硬化してAR膜を形成する方法である。板状の基板へのディップコートや，CRTへのスピンコート，フィルムへのロールコート等比較的大きな基材に対して容易に対応できる特徴があり，ドライ法に対して，生産性が高く，低コストで大面積が可能，膜材料の自由度が高く，機能化が比較的容易といった優位点があるが，光学性能，膜強度の点で劣ることが多かった。しかし，この点においても，後述するように，かなり性能差は縮まってきている。

現在市場に流通しているARフィルムは，ドライ法ではSiO$_2$，ITO等を用いた3層もしくは4層型，ウェット法では低屈折率の特殊フッ素樹脂やシリカ等の微粒子を用いた単層もしくは2層型が主流であり，それぞれハードコート処理したフィルム上に反射防止膜を形成しているものが多い。また，ベースフィルムは機械強度に優れるPET（ポリエチレンテレフタレート）フィルムが多く用いられているが，TAC（トリアセチルセルロース）フィルムや特殊ウレタン樹脂などのフィルムも一部使用されている。

4.4　特殊低反射フィルム「リアルック®」シリーズ

「リアルック®」は当社開発の新規含フッ素硬化性モノマー材料を主成分として調製した特殊

コーティング液を用いて，PET，TACなどの透明ロールフィルムに連続でウェットコーティングした後，硬化して製造された反射防止フィルムの商品名である。当社では，化学メーカーとしての技術の蓄積を生かした新素材開発，及びARフィルム専用製造設備による安定した生産と品質管理により，多くの分野へARフィルムの供給を行っている。

「リアルック®」の特徴としては，以下の点が挙げられる。

① 光学性能

「リアルック®」は，新規の特殊フッ素材料のコーティング技術により，低反射率，高透過性を実現している。PETベースの代表的なグレードであるリアルック7700では，最小反射率0.3%を実現している。

② 表面強度

「リアルック®」は，独自の材料と薄膜硬化のノウハウを生かして，優れた表面硬度を実現している。機能性フィルムの表面硬度試験で，しばしば行われるスチールウールを使用した耐擦傷性試験において，「リアルック®」は，標準グレードにおいても，200gf荷重×10往復の摩擦に耐える強度を有している。さらに，表面硬度に特化したグレードもあり，250gf荷重×30往復の摩擦に耐えるARフィルムもラインナップしている。用途に応じた選択が可能である。

③ 帯電防止処理

「リアルック®」は，反射防止に加えて，永久帯電防止処理が施されている。導電性材料を使用することにより，$10^8 \sim 10^{10} \Omega/\square$の表面抵抗率を達成しており，フィルム表面の静電気の発生を抑え，視認性悪化の原因となるディスプレイ表面へのチリやホコリの付着を防ぐフィルムになっている。

④ 信頼性

ディスプレイは耐久消費財であるため，その構成部材は，長期の使用に耐えうる耐環境信頼性が求められる。具体的には，80℃×1000時間の耐熱性，60℃90%RH×1000時間の耐湿性，-40℃×1000時間の耐寒性が求められる。「リアルック®」は全ての製品でこれら信頼性の規格を満たしている。

⑤ 生産性及び品質

「リアルック®」は，独自のウェットコーティングによる連続かつ大量生産を特徴としている。高い生産性から生まれる供給安定性と低コストというメリットに加えて，連続検査が可能なインライン欠陥検査装置により，安定した品質の製品を提供している。

当社では，「リアルック®」を初めとした機能性フィルムのホームページを立ち上げている。ホームページ上では，製品紹介や技術情報など様々な内容を公開している（HPアドレス：http://kinoufilm.nof.co.jp/）。

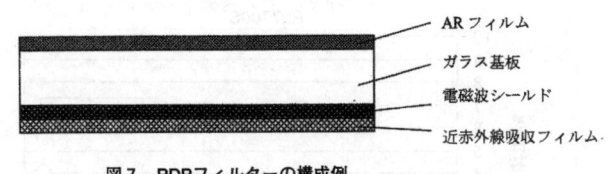

第3章 プラズマディスプレイ（PDP）と機能性色素

図7 PDPフィルターの構成例

（図中ラベル：ARフィルム／ガラス基板／電磁波シールド／近赤外線吸収フィルム）

4.5 PDP用途におけるARフィルム

　PDPは，大型の薄型ディスプレイとして，FPDの中でも注目度の高い製品である。ディスプレイが大型になると背景の映りこみ等が顕著になるため，視認性向上のためにディスプレイ表面のAR処理は必須条件となる。PDPは32インチ以上の製品がラインナップされており，蒸着等ドライコーティングでのAR処理はコスト的にも技術的にも困難になるため，ウェットコーティングタイプのARフィルムが全製品に採用されている。

　現在，PDPの多くには前面フィルターと呼ばれるガラスフィルターが設置されている。この前面フィルターには，表面の反射を抑えるためのARフィルムに加えて，PDPから放出される不要な電磁波や近赤外線，ネオン発光などをカットする様々な機能性フィルムが装着されている。図7に代表的なPDPフィルターの構成例を示す。この図を見ても分かるとおり，様々な機能性フィルムが貼合されているため，界面が多くなり，光学特性的には好ましくない。またPDPモジュールの前にこのフィルターを設置するために，前面フィルターはいわゆる"2重映り"が発生する原因にもなっている。これら光学特性上の問題改善と，PDPのさらなる軽量化，並びにコストダウンが目的で，今後は前面フィルターに貼合されている機能性フィルムを1枚に複合化した，いわゆる"複合フィルム"を使用した構成に置き換えが進むと予想される。

　また今後PDPの低価格化が進むと，いよいよ一般家庭へのいわゆる"テレビ"としてのPDPの普及が本格化すると予想される。一般家庭のテレビとしては，長い間ブラウン管（CRT）がその地位を揺るぎないものにしてきた。ブラウン管テレビには，小さな子供のいたずらを想定した非常に厳しい表面硬度試験と，耐薬品性，及び表面の汚れ除去性（防汚性）等が求められる。今後，これらブラウン管テレビに求められていた規格は，PDPの一般家庭への普及が進むにつれて，PDPにも例外なく求められる規格になるであろう。

　当社では，これら背景を鑑み，以下の3つのキーワードに対応した新製品を開発した。以下にその製品の特徴を示す。

① 防汚性

　これは，ディスプレイ表面への汚れの付きにくさ，あるいは付着した汚れの除去のしやすさを

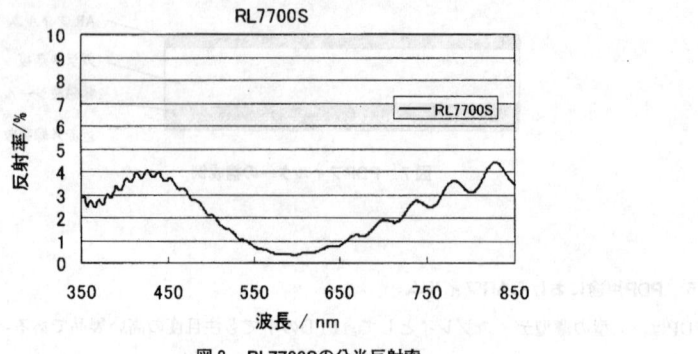

図8 RL7700Sの分光反射率

表1 RL7700SとRL5400の基本特性

	RL7700S	RL5400
原反	PET	PET
最小反射率 / %	0.3	1.1
全光線透過率 / %	92.5	92.5
ヘイズ / %	0.4	0.3
表面抵抗率 / Ω	10^9	10^9
表面硬度	3H	3H
耐擦傷性	200gf×10回 ○	250gf×30回 ○
水の接触角	110°	98°
n-デカンの接触角	67°	35°
油性マジック拭き取り性	◎	○

謳ったものである。PDPのセットメーカーからは，PDPの組み立て時にどうしても付着してしまう指紋等の汚れを，容易に拭き取れるARフィルムが望まれている。またPDPが一般家庭に本格的に普及すると，一般家庭に存在する様々な薬品に対する耐性が求められるようになる。当社では，特殊な構造を有するフッ素モノマーを開発し，これを系内に添加することで，従来の製品に比べて，大幅に防汚性を向上させることができた。一方で，光学性能や物理性能に関しては，従来の物性を保持している。防汚性を付与したARの一例として，リアルック7700Sの分光反射率及び基本特性を図8及び，表1に示す。リアルック7700Sは，撥水性だけでなく，撥油性も非常に高いのが特徴で，当社での耐薬品性試験においても，優れた耐性を示している。

② 表面硬度

先ほども述べたように，PDPの本格的な民生への普及に対し，表面硬度，特に表面の摩耗性向上が求められている。具体的には，テレビについた汚れを布で拭くことを仮定した耐ネル摩耗性や，子供のいたずら書きに対して，消しゴムで汚れを落とすことを想定した耐消しゴム摩耗性な

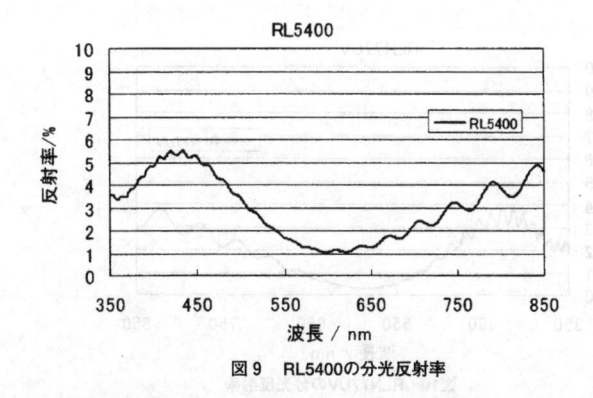

第3章 プラズマディスプレイ (PDP) と機能性色素

図9 RL5400の分光反射率

どである。この流れに対し，当社では新規の低屈折材料を開発し，これらの要望に耐えうる表面硬度を付与したARを開発した。一例としてリアルック5400の分光反射率及び基本特性を，図9及び，表1に示す。

③ 機能複合フィルム

前述したように，将来PDPは，現行の前面フィルターを使用したモデルから，前面フィルターの機能を1枚のフィルムに複合したフィルムを貼合する，いわゆる直貼りモデルに変わっていくと予想される。このような流れを受け，当社では，前面フィルターに求められる反射防止の機能と，近赤外線吸収層の機能を併せ持ったフィルム，リアルックNシリーズの開発に成功した。リアルックNシリーズは反射防止フィルムの裏面に近赤外線吸収層をコーティングしたもので，これと銅メッシュがあれば，前面フィルターを構成できる。メリットとしては，部品点数を減らすことにより，貼合歩留まりを上げ生産性を向上させるだけでなく，内部反射を抑えることができるので光学的にも優れたフィルターを作ることができる。リアルックNシリーズの一例として，「リアルックN77UV」の分光反射スペクトル並びに分光透過スペクトルを図10，図11に示す。

4.6 おわりに

電子ディスプレイの発展に伴い，ディスプレイの視認性の向上が求められている中，ディスプレイの反射防止が注目されている。「リアルック®」はこの要求に柔軟に対応できる製品として，高い評価を頂いてきた。しかし，ディスプレイの技術の進歩に伴い，こうした反射防止を始めとした機能性フィルムに求められる性能，機能も刻々と変わってきている。このような変化に対してスピーディーに対応できるように，今後も各ユーザーにご理解，ご協力を頂きながら，ご要望にあった製品が提案できるよう努めていきたい。

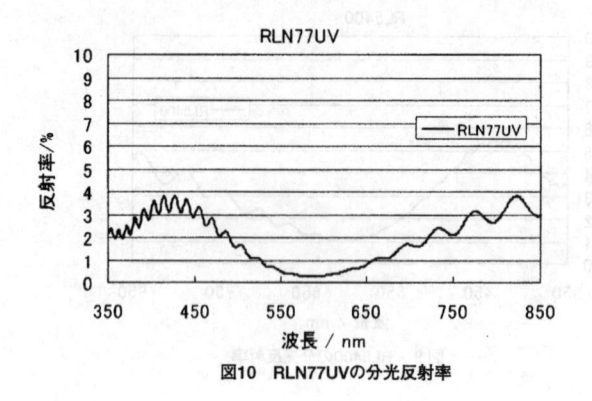

図10 RLN77UVの分光反射率

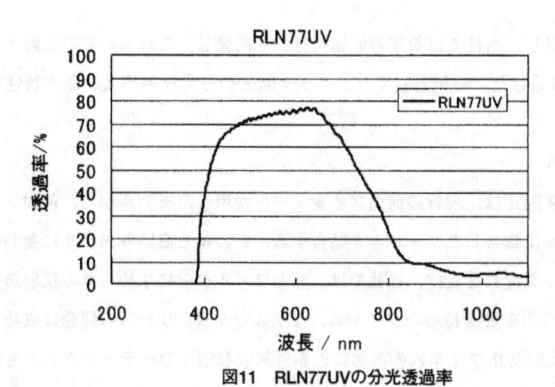

図11 RLN77UVの分光透過率

　また，日本油脂では，ディスプレイの反射防止と眼精疲労の関係に着目しており，現在研究を進めている[3]。反射防止フィルムは現在実用化されている分野のみでなく，基本的にあらゆるディスプレイに適用可能であり，今後も目にやさしい製品作りに貢献できれば幸いである。

第 3 章　プラズマディスプレイ（PDP）と機能性色素

文　　献

1) 反射防止膜の特性と最適設計・膜作成技術, 技術情報協会, 2001, p3-19
2) 藤原史郎 編, 光学薄膜 第2版, 共立出版
3) 第55回日本臨床眼科学会 講演抄録集 2001, p101.；日経マイクロデバイス, 日経BP社, 2002年4月号, p118

5 PDP用発光材料

久宗孝之[*]

5.1 はじめに

市販されているPDPには，PDP用発光材料であるPDP用蛍光体と，色調，コントラスト，反射防止などの目的で前面フィルターに用いられる色素などの機能性色素が使われている。発光型のディスプレイであるPDPにとって，その発光を担うPDP用蛍光体は，最も重要な機能性色素と言うことができる。PDPでは，図1に示すようにパネルの背面板に，赤，緑，青に発光する蛍光体が塗り分けられている。PDPのセル内の放電により，封入されたXeガスから主に147nmの真空紫外線が放射される。この真空紫外線によって励起された蛍光体の発光によって，PDPはカラー画像を得ている。そのため，蛍光体の発光特性がPDPの発光特性を左右している。PDPが大画面FPDとしての確たる地位を得た現在，PDP用蛍光体に求められる特性も変化してきている。本稿では，PDP用蛍光体の現状と開発動向について概説する。

5.2 PDP用蛍光体に求められる特性

5.2.1 輝度（効率）

PDP蛍光体は，Xe原子より放射される147nmとXeの励起分子Xe_2^*（エキサイマー）から放射

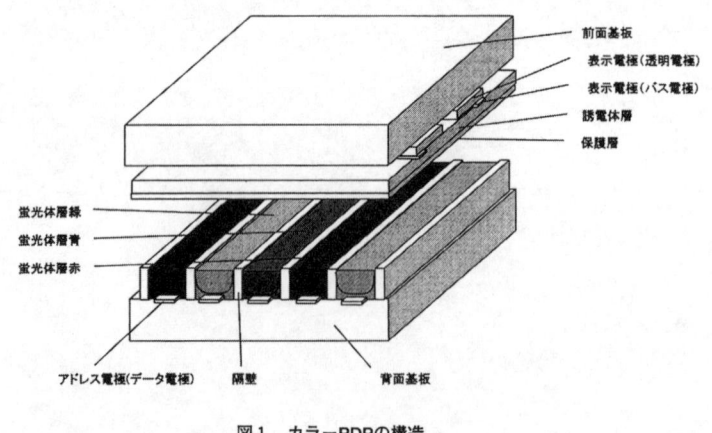

図1 カラーPDPの構造

---

[*] Takayuki Hisamune 化成オプトニクス㈱ 蛍光体技術室 グループマネジャー

第3章 プラズマディスプレイ（PDP）と機能性色素

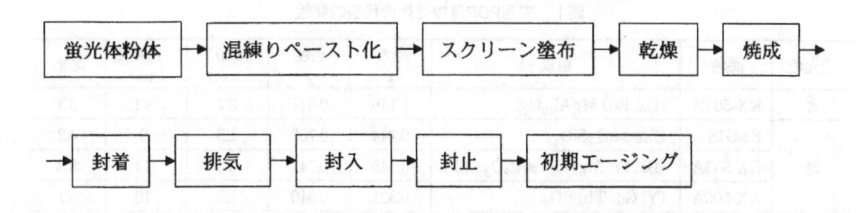

```
蛍光体粉体 → 混練りペースト化 → スクリーン塗布 → 乾燥 → 焼成 →
→ 封着 → 排気 → 封入 → 封止 → 初期エージング
```

図2　PDP製造過程で蛍光体が関与するプロセス

される172nmの真空紫外線によって励起され発光する。そこで，147nmと172nmの光で効率良く励起され，所望の色を発光する蛍光体が望まれる。PDPでは白を赤，緑，青3色の発光の混合で得ている。そこで，1色だけ突出して輝度が高かったり，低かったりしても所望の色温度の白を出せなくなる。そのため，3色の輝度（効率）がバランス良く高いことが求められ，これまで青色蛍光体の効率改善に力が注がれてきた。

5.2.2 色度

PDP蛍光体の赤，緑，青の発光色は，それぞれの色純度が高く，色再現範囲（色度座標上で，3色の色度点を結んだ3角形の面積）が広いことが望まれる。PDP用蛍光体の色再現範囲はCRTや液晶に比較して広い。唯一，赤色蛍光体の色純度がCRTに比較して劣るが，PDPの前面フィルターによってそれも解消されている。

5.2.3 残光

蛍光体の残光時間が長いと，白いボールの画像の後ろに筋が見えるといった問題が起きる。PDPでは，階調表示を放電パルスの回数で制御しているための独特の問題もある。PDPでは当初，緑色の残光が問題となったが，改良が行われ気にならないレベルまで改善されている。

5.2.4 プロセス劣化耐性

現在，PDPに蛍光体を塗布する方法は，スクリーン印刷が主流である。PDPが完成するまでの間，蛍光体粉体は，概ね図2に示すプロセスを経る。粉体の発光特性がどんなに良くてもプロセスで大幅に劣化してしまえば，優れた初期発光特性のパネルは得られない。特に青色蛍光体のペースト焼成時の劣化が問題となっていたが，大幅に改良されてきた。

5.2.5 寿命

PDPの寿命を決めている大きな要因の1つが，蛍光体の寿命特性であり，寿命の長い蛍光体が望まれる。赤，緑，青3色の内，1色の寿命が短いと，白の色バランスが崩れる。また，緑色はPDPの白色輝度に最も寄与しているので，緑色の寿命が短いと，PDPの輝度寿命が短くなる。PDPの画質がCRTのそれと比べて遜色の無い現在，液晶との対抗上，蛍光体の寿命改善が最も重

表1　実用PDP用蛍光体の代表的特性

発光色	品名	組成	色度 x	色度 y	d50 (μm)	1/10残光 (ms)	比重
青	KX-501A	(Ba, Eu) MgAl$_{10}$O$_{17}$	0.146	0.047	3.7	<1	3.8
緑	P1-G1S	(Zn, Mn)$_2$SiO$_4$	0.244	0.702	1.5	9	4.2
	KX-503A	(Ba, Sr, Mg) O・aAl$_2$O$_3$: Mn	0.145	0.747	3.3	14	3.8
	KX-506A	(Y, Gd, Tb) BO$_3$	0.321	0.610	3.2	10	5.1
赤	KX-504A	(Y, Gd, Eu) BO$_3$	0.641	0.356	2.1	11	5.1
	KX-505A	(Y, Gd, Eu)$_2$O$_3$	0.642	0.344	3.5	5	5.1
	KX-523A	(Y, Eu) (PV) O$_4$	0.657	0.333	3.2	4	4.3

要な課題となっている。

5.2.6　粉体特性（塗布特性）

現在の反射型構造のPDPでは，放電セル内に十分な放電空間を確保しつつ，蛍光体が真空紫外線をできるだけ有効に受け止めて，その発光を背面板の裏面に漏らさず，前面板方向に取り出すことが重要である。そのためにはセルの側面と底面に，20μm程度の厚みに高い充填密度で蛍光体が塗られる必要があり，蛍光体の粒径，粒度分布，分散性を蛍光体塗布法にマッチさせる必要がある。

5.2.7　電気的特性

PDPの書き込みや維持電圧の特性は，塗られている蛍光体の種類や蛍光体の塗布膜厚によって変化する。蛍光体品種による電圧特性の違いが少ないことが，回路設計や歩留まり向上の面から望まれる。

5.3　現行PDP用蛍光体の特性と課題

表1に当社が販売するPDP用蛍光体の主な特性を，図3から図5にその発光スペクトルを示す。いずれもPDP用蛍光体に対する様々な要求に対して開発改善されてきたものである。以下，各色毎に述べる。

5.3.1　青色蛍光体

(1) BAMの効率，寿命改善

PDPの初期から，一般にBAMと呼ばれる（Ba,Eu）MgAl$_{10}$O$_{17}$蛍光体（品名KX-501A）のみが使われている。赤，緑，青の色バランスの面から，最も効率向上が望まれてきたのが青色である。このために，蛍光体自体の効率を上げることに加えて，PDP製造工程中の蛍光体劣化を防ぐ方策が取られてきた。即ち，スクリーン印刷された蛍光体ペーストの焼成時の劣化を防ぐことでPDP

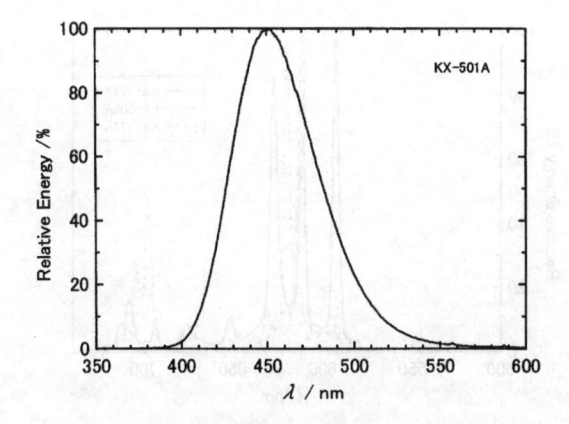

第3章　プラズマディスプレイ（PDP）と機能性色素

図3　青色蛍光体の発光スペクトル

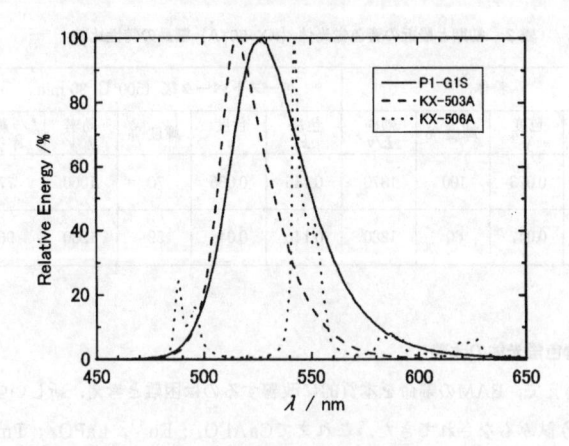

図4　緑色蛍光体の発光スペクトル

の青色輝度を向上させた。

　また，青色蛍光体は3色の中で最も寿命特性が悪く，この改善が現在最も重要な課題である。そのため，BAMの寿命改善に向けた研究が数多くなされて来た[1〜3]。我々もこの課題に取り組み成果を上げてきた。表2に当社の初期製品KBH2タイプと最新のKBH6タイプの特性を示す。表中のL/yは，青色蛍光体の発光効率の代替え指標である。KBH6タイプは，粉体の発光効率は低いものの，色純度が改善され，ペースト焼成後の効率が高く寿命も大幅に向上している。

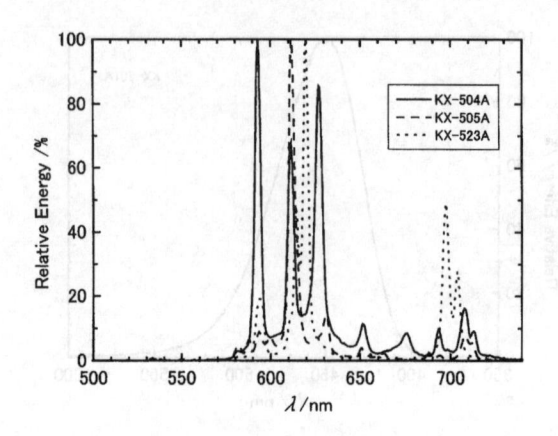

図5 赤色蛍光体の発光スペクトル

表2 初期と最近の青色蛍光体 (KX-501A) 製品の特性比較

タイプ	粉体				ペーストベーク後 (500 ℃, 30 min.)				Xeランプ試験後
	色度 x	色度 y	輝度 %	効率 L/y	色度 x	色度 y	輝度 %	効率 L/y	L/y 維持率%
KBH2	0.147	0.073	100	1370	0.145	0.066	70	1060	77	83
KBH6	0.146	0.047	60	1280	0.146	0.048	59	1230	96	97

(注：表の最終2列は「ペーストベーク後 L/y 維持率%」と「Xeランプ試験後 L/y 維持率%」)

(2) その他の青色蛍光体の改善

結晶構造から考えて、BAMの寿命を本質的に改善するのは困難と考え、新しい蛍光体をPDPに用いようという試みもなされてきた。これまでCaAl$_2$O$_4$：Eu[4]，LaPO$_4$：Tm[5]，(Sr,Eu)$_3$Al$_{10}$SiO$_{20}$[6]，CaMgSi$_2$O$_6$：Eu（CMS）[7]や1.3BaO・6Al$_2$O$_3$（品名KX-507A）[8]といった蛍光体が提案されてきたが、効率や発光色でBAMに劣り実用化には至っていない。

5.3.2 緑色蛍光体

3種類が実用化されている。3種それぞれに独特の特徴があり、時には2種，3種の蛍光体が混合使用される。

(1) (Zn,Mn)$_2$SiO$_4$の改善

(Zn,Mn)$_2$SiO$_4$蛍光体（品名P1-G1S）が、輝度が高いので最も多く使用されている。(Zn,Mn)$_2$SiO$_4$蛍光体は、かつてはCRTや蛍光灯の緑色成分として使われていた。Mn濃度を高めると残光

第3章　プラズマディスプレイ（PDP）と機能性色素

を短くすることができるが，輝度が低下してしまうことが知られていた[9]が，残光を短くしつつ輝度を高める努力がなされてきた。例えば約10年前には，残光19msで輝度100％の製品であったが，現在では残光9msで輝度122％や，残光6msで輝度113％といった製品がラインナップされている。更なる輝度向上の努力が続けられている。

$(Zn,Mn)_2SiO_4$蛍光体の電気的特性は，赤，青の蛍光体に比較して異なっている。例えば，赤に$(Y,Gd,Eu)BO_3$，緑に$(Zn,Mn)_2SiO_4$，青にBAMを使用した場合，緑色のセルだけアドレス放電電圧が高くなることが報告[10]されている。

(2) その他の緑色蛍光体の改善

$(Y,Gd,Tb)BO_3$蛍光体（品名KX-506A）は，Tb^{3+}付活の蛍光体である。この蛍光体の特徴は，その母体結晶が$(Y,Gd)BO_3$であり，赤色の$(Y,Gd,Eu)BO_3$蛍光体（品名KX-504A）とほぼ共通であり，電気的特性がKX-504Aと類似していることである。P1-G1Sで問題となる放電特性の問題が無い。P1-G1Sと混合使用することで，P1-G1Sの放電特性の問題を緩和することができる。寿命も問題無い。但し，Tb^{3+}付活であるので，色純度は，他のMn^{2+}付活蛍光体に比べると悪い。

色純度が良く輝度の高い緑色蛍光体として，$(Ba,Sr,Mg)O\cdot aAl_2O_3:Mn$蛍光体（品名KX-503A）が開発された[11]。初期のPDPでは，$BaAl_{12}O_{19}:Mn$蛍光体（品名KX-502A）が，色純度の良い蛍光体として使われたことがあるが，輝度も色純度も優れたKX-503Aに置き換えられた。KX-503Aの母体結晶は，青色のKX-501Aに類似しており，その放電特性も似ていてP1-G1Sのような問題は無い。色純度が良いので，KX-506Aに混合使用すれば，放電特性問題が無く，P1-G1S同等の色純度の緑を得ることも可能である。KX-503Aの課題は，発光効率の向上と寿命の改善である。

5.3.3　赤色蛍光体

3種類が実用化されている。しかし，これまでほとんど唯一$(Y,Gd,Eu)BO_3$蛍光体（品名KX-504A）が使用されてきた。その理由は，輝度が高く寿命が良いためである。KX-504Aの問題点は，色純度が良くないことと，若干，残光が長いことである。Eu^{3+}の発光を利用した赤色蛍光体では，蛍光体の結晶構造によって，発光色と残光特性がほぼ決まってしまう。KX-504Aを用いたPDPの色純度の問題は，前面フィルターによって色純度の悪い発光成分をカットすることで解決されている[12]。

KX-504Aに比べて色純度が良く，残光も短い蛍光体として$(Y,Gd,Eu)_2O_3$蛍光体（品名KX-505A）と$(Y,Eu)(PV)O_4$蛍光体（品名KX-523A）の輝度向上を目指した開発も行われてきた。例えば，KX-523Aの最新製品の輝度は，KX-504Aの70％となっており，寿命は，KX-504Aとほぼ同等である。KX-504Aを用いてKX-523Aと同様の色純度を得ようとすれば，前面フィルターによってKX-504Aのメイン発光である593nmの発光成分をかなりカットする必要があるので，

フィルター透過後の輝度差は縮小する。KX-523Aを用いた場合は，前面フィルターの色純度改善用の色素が削減できるなどのメリットが期待できる。

文　　献

1) M. Ishimoto et al., Extended Abstract of the 5th International Conference on the Science and Technology of Display Phosphors, 361（1999）
2) S. Zhang et al., Proceedings of the 9th International Display Workshops, 689（2002）
3) T. Jüstel et al., J. Lumin., **101**, 195（2003）
4) S. Tanaka et al., J.Lumin., **87-89**, 1250（2000）
5) R. P. Rao, SID Intl. Symp. Digest Tech. Papers, 9（2002）
6) S. Kubota, Proceedings of the 10th. International Display Workshops, 841（2003）
7) T. Kunimoto et al., Extended Abstract of the 6th. International Conference on the Science and Technology of Display Phosphors, 21（2000）
8) A. Ohto et al., SID Intl. Symp. Digest Tech. Papers, 411（2003）
9) H. W. Leverents, "An Introduction to Luminescence of Solids", p255, John Wiley & Sons（1950）
10) H. Tachibana et al., Proceedings of the 7th International Display Workshops, 651（2000）
11) T. Hisamune et al., Proceedings of the 3rd International Display Workshops, 521（1996）
12) Y. Chiaki et al., Proceedings of the 9th. International Display Workshops, 673（2002）

第4章　有機ELディスプレイと機能性色素

1　材料開発からみた有機EL技術の現状と今後の動向

佐藤佳晴*

1.1　材料開発の課題

　1987年にコダック社のTangらにより発表された有機EL素子は，低分子材料を真空蒸着法により薄膜・積層化して二層構造にしたものである[1]。その後の発光効率と駆動安定性の大幅な改善により，車載用パネルや携帯電話用フルカラーサブパネルが量産化製品化されるに至った。材料開発の進歩が上記実用化を強く支えてきたわけであるが，1989年に塗布プロセスが適用可能な高分子蛍光材料が開発され，材料系に蒸着型低分子色素材料以外の選択肢が出来たことに加えて，さらに，1999年に発光機構の異なりかつ4倍の高効率化が可能なリン光材料が発見され，この分野での進歩の速さには驚かされる。素子の積層構造も材料開発の進展とともに，初期の二層型（正孔輸送層と発光層）に対して，その後，正孔注入層，電子輸送層が追加され，リン光素子においては正孔阻止層も必要とされるようになり，材料に関する機能分離がますます進んできた。

　現在の有機EL材料のかかえる課題とそれに対する技術動向を表1に示す。この中でも重要な課題は高効率化と長寿命化である。また，今後，大面積化や低コスト化をめざすためには，製造プロセスの検討も必要であり，インクジェット技術に代表される湿式塗布工程の開発が重要となる。材料開発の観点からは，将来プロセスに適合していくことが必要であり，有機EL素子において材料開発の占める割合は誠に大きいものがあると言わざるを得ない。

1.2　材料開発の現状

1.2.1　高効率化

　高効率化に関しては，大きく分けて2つのアプローチがこれまで行われてきた。一つは，内部量子効率を向上させることである。蛍光材料を用いた有機EL素子では内部量子効率限界が20%であるのに対して，1999年に報告された室温でリン光性を示すイリジウム錯体を用いた素子は，緑色については，100%に近い内部量子効率を達成している[2]。しかしながら，有機EL素子の場合，発光体からの発光をガラス基板を通して取り出すために，光取り出し効率が20%ととなり，

＊　Yoshiharu Sato　㈱三菱化学科学技術研究センター　光電材料研究所　副所長

表1　有機EL材料の課題と技術開発動向

課題	現状	将来
高効率化	蛍光色素	リン光材料 光取出し効率の改善
長寿命化	ドーピング材料 混合ホスト	両極性発光ホスト材料
低電圧化	正孔注入材料	電子輸送材料
プロセス対応	真空蒸着用昇華型材料	塗布型材料
材料精製技術	昇華精製99.9%以上	湿式精製法

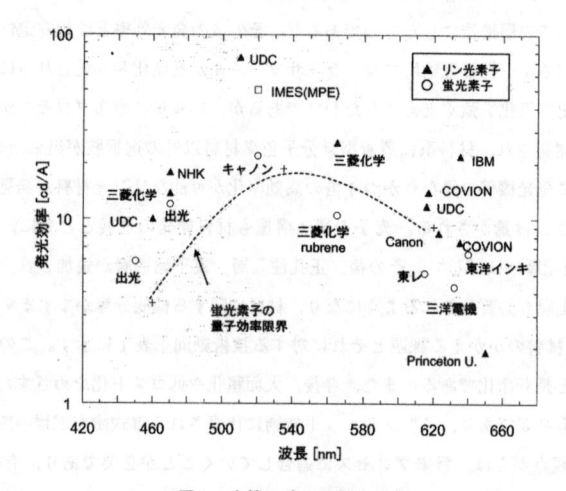

図1　有機EL素子の発光効率

リン光材料を用いたとしても、外部量子効率の限界は20%にとどまることになる。

　従って、光学的な検討により光取り出し効率を改善するのが、有機EL材料の開発とは異なるもう一つのアプローチとなる。光取り出し効率に関しては、従来から、マイクロレンズを取り付けることが提案されていたが、新しい方法として、低屈折率層をガラス基板とITO電極層の間に挿入することが、効率改善に有効なことが2000年に実証された[3]。シリカエアロゲルという低屈折材料を用いることで、原理的には取り出し効率が2倍程度まで改善できることが期待できる。

　以上のように、高発光効率化のために様々な試みがなされているが、これまでは主として有機材料の改善により高効率化が達成されていると考えられる。各研究機関から発表されている効率データのなかで、代表的なものを図1に示す。図1には、効率の値として、量子効率をより反映

第4章　有機ELディスプレイと機能性色素

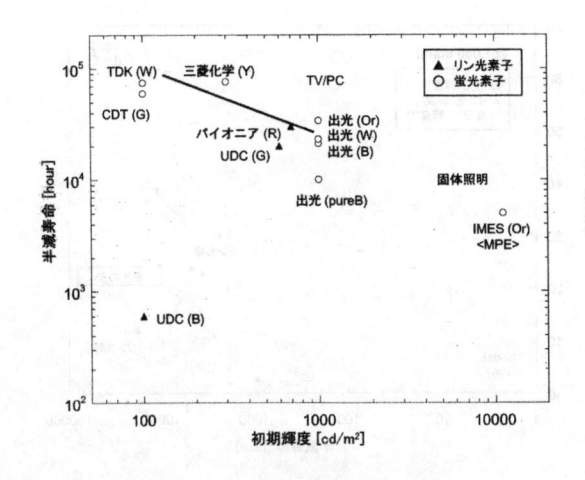

図2　有機EL素子の駆動寿命

した電流発光効率を，波長に対してプロットした。グラフには蛍光およびリン光材料を用いた素子のデータを示す。図中に蛍光発光に基づく外部量子効率限界値（5％）を示すが，青から緑色にかけては理論効率限界に近い値が報告されているのに対して，赤色領域では大きな改善余地が残されている。注目すべきは，リン光発光素子の効率の高さであり，緑色発光をみると外部量子効率19％／発光効率70 [lm/W]と，完全に従来の蛍光素子の量子効率限界を越えており，赤色に関しても蛍光材料を大きく上回る値が報告されている。今後は，青色リン光素子への発展が期待される。

1.2.2　長寿命化

効率とともに重要なのが駆動安定性，即ち，寿命である。有機EL素子の最大の課題は，素子の寿命にあると言っても過言ではない。各研究機関から報告されている代表的な寿命データをまとめたものを図2に示す。グラフ中の研究機関名に附記したのは発光色を表す。

図2において蛍光素子が比較的高い安定性を示し，初期輝度300cd/m^2で半減寿命が10,000時間以上というディスプレイの最低要求条件を満足していると言える。但し，実際のパネルにおいては，開口率，偏光フィルム，単純マトリクス駆動等による輝度損失要因が重なってくることと，長寿命化要求も焼き付き現象抑制のためにさらに高まってきているため，初期輝度1,000cd/m^2で半減寿命が10万時間以上というのが今後の目標となっている。

図2の直線部分に示した，長寿命化されつつある蛍光素子の特性は上記の目標に近づきつつあると言える。これは，材料開発の進展とともに，素子構造を検討することによる材料の使いこな

143

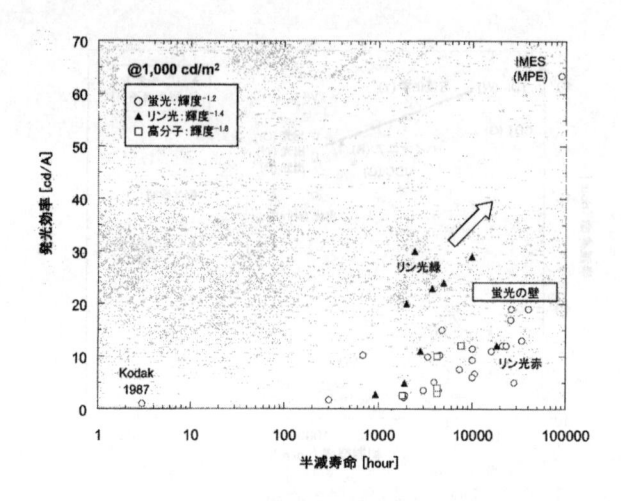

図3 有機EL素子の性能：効率と寿命

し技術が進歩してきたことによると考えられる。一般に，初期輝度と半減寿命時間は半比例に近い関係にあるとされているので，ディスプレイ要求の領域は，照明応用の領域に対応する関係にあるとみることができる。このことから，ディスプレイ技術を展開していく上で，図2に示したアイメス社のマルチフォトン素子構造による高輝度化（高光束化）技術がさらに加わることで照明応用への展開も期待できると言える。

高効率化は素子への電流負荷を低減できるという点において，長寿命化にも大いに貢献できると考えられるので，リン光素子の開発は極めて重要である。しかしながら，蛍光素子と比較すると，図2のリン光素子（UDC社のデータ）の寿命はまだ劣っており，特に，青色に関しては極めて短い寿命にとどまっている。リン光素子に関しては，リン光ドーパント以外に，ホスト材料，正孔阻止材料といった周辺材料の開発も必要であるため，今後の長寿命化が待たれる。

1.2.3 有機EL素子の総合性能

図1及び図2において，素子の効率と寿命を各々独立にみてきたわけであるが，実際の応用において求められるのは，高効率と長寿命の両立である。図3に各研究機関から報告されている，同一素子に対する効率と寿命をプロットしたグラフを示す。ここでは，比較のために，初期輝度1,000cd/m^{2}で規格化した。規格化のためには寿命の輝度依存性が必要であるが，代表的な加速乗数を図3に示した。コダック社の1987年発表データと比較すると，効率・寿命ともに格段の進歩を遂げたことがわかる。低分子蛍光素子は，着実に性能を改善してきており，10,000時間の実用領域にはRGB及び白色の各色で材料が開発されてきた。但し，蛍光材料を用いた有機EL素子で

第4章 有機ELディスプレイと機能性色素

は，例えば，緑色発光に対しては20cd/A付近が効率限界の壁となる。蛍光の効率限界の壁を越える手法としては，リン光材料によるものとマルチフォトン素子構造によるものがこれまでに検討されている。

リン光素子の開発においては，蛍光素子開発で蓄積された知見を生かし，短期間で寿命を大きく改善してきている。赤色リン光については，2004年SIDにおいてパイオニア社から携帯サブディスプレイに使われた技術の発表が行われ，その特性は蛍光素子のものに匹敵するとみなすことができる。緑色リン光素子についても，図中矢印で示した方向への開発が十分見込めることから，近い将来，少なくとも効率を重視する用途では，リン光材料が主として使われることになるであろう。

低分子蛍光素子から2年遅れて始まった高分子蛍光素子は，図3に示すように，明らかに低分子系の材料開発に遅れをとっており，後発のリン光素子にも抜かれているような印象を与える。高分子材料の一つの問題点は，寿命の輝度依存性が1.8乗程度と大きいことにある。この原因は不明であるが，ポリフルオレン系高分子とポリパラフェニレン系高分子とで挙動が異なることから，高分子材料そのものに由来する劣化機構が内在することが推測される。高分子有機EL材料の登場は，塗布プロセスが使えるという点において注目されてきたわけであるので，将来プロセスを指向するという意味では，重要な存在であり，劣化機構の解明が待たれる。

図3の右上に位置するのは，マルチフォトン素子の値であり，多段積層構造による低電流密度で高輝度が出せる利点を有しており，一段素子とは全く異なる素子性能を示す。素子の段数だけ高電圧化するという点を除けば，寿命と効率を両立させた素子構造と言うことができる。照明等への応用には重要な役割を果たすことが期待される素子である。

1.3　長寿命化技術：材料からのアプローチ

有機EL素子の劣化は，①輝度の低下（初期及び長期），②定電流駆動時の電圧上昇，③非発光部（ダークスポット）の成長，④絶縁破壊（短絡）という現象として現れる。さらには，これらの劣化現象が温度とともに加速されることにある。以上の現象は，ディスプレイへの応用において，解決しなければならない課題である。図4に低分子積層型の基本素子構造と，長寿命化の検討項目を示す。

有機EL素子の劣化原因は，外的要因と内的要因の二種類に大きく分類される。外的要因としては，環境からの水分や酸素が挙げられるが，これに対しては封止技術の進歩により実用可能なレベルまでに改善された。もう一つの環境因子として温度が挙げられるが，これに関しては，有機材料それ自身の耐熱性（例えば，ガラス転移温度）の影響が大きいので，外的な条件ではあるが，有機材料の問題と言うこともできる。現在直面しておりかつ今後の長寿命化のために重要な

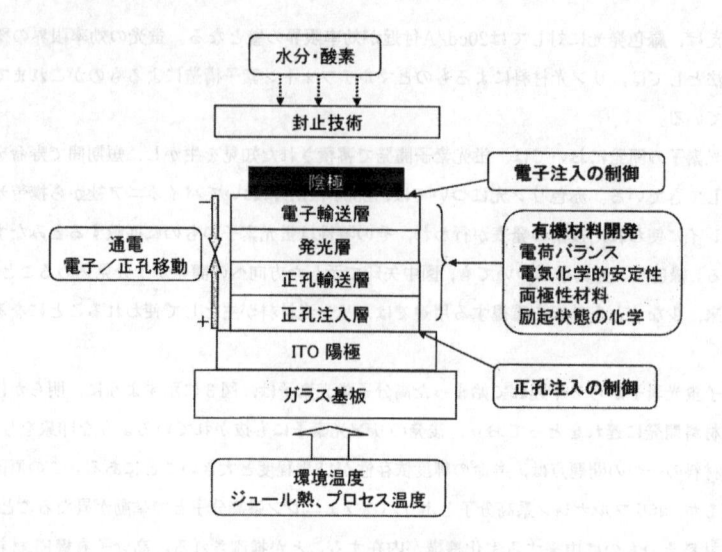

図4 有機EL素子の長寿命化検討

のは，有機材料に関わる内的要因である。これらは，物理的なものと化学的なもの，バルク現象と界面現象が絡むものとに大別される。

1.3.1 耐熱性改善：高ガラス転移温度

　有機薄膜の形状安定性は，特に低分子系材料を用いた素子において，研究初期から大きな問題であった。これに対しては，適切な分子設計により均一で安定な非晶質膜を形成し，高いガラス転移温度（Tg）を有する材料が開発されてきた。この分子設計の代表例が，スターバースト型化合物である。もう一方のアプローチは高分子化である。

　薄膜形状の安定性は，主として素子の耐熱特性に影響を与える。有機層間，例えば，正孔輸送層と発光層間で分子の相互拡散が起こると，電流－電圧特性が高電圧側にシフトすることが知られている。正孔輸送材料として研究初期に用いられたTPDはガラス転移温度（Tg）が63℃と低く，耐熱性に問題があったが，α-NPD（Tg=96℃）の登場により耐熱性が改善され，実用化へ大きく前進できた。このことからも特に正孔輸送材料については，高Tg化が重要なポイントである。

　高Tgを有し，且つ，安定な非晶質構造を与える正孔輸送材料に関しては，π電子の数を増やす，剛直分子を導入する等の分子設計が考えられるが[4]，スターバースト化[5]，スピロ化[6]，トリフェニルアミン単位のオリゴマ化が効果的な手法である。素子の耐熱性は，基本的に，材料の

第4章 有機ELディスプレイと機能性色素

Tgに支配されると考えられる。適切な高Tg材料を適切な素子構造で用いれば，高温駆動にも十分耐えうる素子が作製可能なことが期待される[7,8]。

1.3.2 電気化学的安定性

電気化学的な劣化，即ち，通電により素子を構成する有機材料が化学的に変化（分解）することは，初期の正孔輸送材料（ヒドラゾン化合物）で観測された[9]。正孔輸送層に芳香族ジアミン（例えば，α-NPD）を，発光層にAlq$_3$を用いることで明らかな電気化学的劣化はみられなくなったが，多くの駆動寿命測定において，長期の輝度低下は駆動時間に逆比例することから，何らかの通電電荷に依存する劣化過程があると推測される。Alq$_3$は電子輸送層に用いられているが，溶液でのサイクリックボルタンメトリイにおいて，還元サイクルが不安定なことが報告されていることから[10]，固体状態においてもこの不安定性が存在する可能性がある。Alq$_3$については，ゼロックスのグループにより，正孔電流により蛍光性が失われていくという報告がされている[11]。

Alq$_3$はホスト材料として酸化に対して弱いという欠点を有すると想定される。ドーパントは濃度が小さいために，ドーピングによるAlq$_3$の酸化劣化抑制には限界がある。さらなる改善の方向性として，酸化に強い正孔輸送性のドーパント材料を，より高濃度でドープすることであるが，発光ドーパントの場合，一般に，濃度消光現象が高濃度では起き，蛍光量子効率が大きく低下するので，ドーパントの分子設計そのものを見直す必要がある。

発光層中にドーパントとは異なる正孔輸送材料を混合して，Alq$_3$の電子輸送性とバランスをとりながら，Alq$_3$自体の酸化劣化を防ぐ試みがなされている[12]。コダック社の最初の報告は，正孔輸送層と発光層（電子輸送層）を2層に分けることが本質であったが，この研究報告では，通常のヘテロ接合を，傾斜組成にしたもの，完全に混合したものと比較している。駆動寿命の長さは，ヘテロ接合<傾斜組成<混合，の順になっており，発光層の組成を根本的に検討することにより，長寿命化の方向性が確認できたと言える。混合発光層の考え方は，モトローラ社からもすでに報告されており[13]，DMQAをドーパントとして，α-NPDとAlq$_3$の1:1の混合発光層を用いて，長寿命化が達成されている。

ホスト材料であるα-NPDは正孔をそのHOMO準位を通して輸送し，Alq$_3$は電子をそのLUMO準位を経て輸送する。ドーパントであるクマリン色素（C545T）において，正孔はα-NPDからC545Tへ，電子はAlq$_3$からC545Tへと移り，再結合がドーパント上で起こると考えられる。この機構は，従来の，ホスト－ゲスト型再結合発光において，ホストは必ずしも同一材料である必要はなく，適切なHOMO－LUMO準位を有する材料であれば，2元系にすることも可能なことを示している。これは，機能分離という考え方であり，Alq$_3$にとって，劣化をともなう正孔輸送（酸化過程）を行わなくてすむという点で，長寿命化が達成されていると考えられる。

高分子材料を用いた有機EL素子では，単一の高分子材料に側鎖等により異なる電荷輸送機能

を有する基を導入して、正孔も電子も輸送できるバイポーラーな材料設計が検討されている。異なる機能を有する材料を混合組成物とする考え方は、極めて現実的なアプローチであるが、3元系以上となるので、真空蒸着法では3元同時蒸着といった操作を制御することが求められる。この点においては、湿式プロセスの方が、多成分系膜の作製には適していると言える。

混合発光層の概念は、今後、材料開発及びプロセス開発の対象となることが、長寿命化の観点からは予想される。

1.3.3 電荷注入の制御

素子の劣化を考える上で、電荷バランスが重要なことが前項目で示された。発光層をバイポーラーな特性を示すように設計することが一つの条件であるが、発光層への正孔及び電子の注入条件が制御できることも重要になってくる。

ITO電極からの正孔注入に関しては、素子構造上、正孔注入層は最初の有機層となるので、耐熱性の観点からも非常に重要な層である。

もう一つの大きな問題点として、陰極界面が挙げられる。これは有機薄膜が電気的にオーミックコンタクトしにくいという点と、物理的な付着力が弱いという点を含んでいる。電気的なコンタクトに関しては、適切な界面層を電極界面に設けることにより、大きく改善できることが実証されている。陰極と有機層の界面に、アルカリ金属またはアルカリ土類金属を含有する化合物を0.5nm程度の極薄膜層として設けることにより、電子注入障壁が下げれられることが報告されている[14,15]。LiF界面層では電子注入の促進が実験結果として得られているが、このことは、UPS測定で観測されたAlq_3のHOMO/LUMOレベルのシフトで説明できる。

上記の陰極界面層が駆動安定性に与える影響については、従来のMgAg及びAlLi合金系陰極材料と比較して、十分なデータが報告されていないのが現状である。金属原子が直接有機層とコンタクトし反応することが報告されているので、陰極界面層の存在はこの界面の反応を抑制する手法として有用であるかもしれない。今後の劣化との関連に関する研究がさらに必要である。

1.4 今後の動向

蛍光素子で解明されてきた劣化機構に関する知見が、リン光素子にも適用されることが期待される。但し、これまでの劣化機構解析でまだ十分に解明されたと言えないのが、励起状態が関与する劣化と、劣化の温度加速の理解である。有機ELの発光機構そのものは蛍光分子が励起状態から基底状態へと遷移する過程に基づくものであるので、励起分子が関与した劣化経路もあることが予想される。リン光素子では励起寿命が蛍光素子より長いわけであるので、この励起状態が関与した劣化機構についての重要性はさらに大きいと考えられる。温度加速係数については、高分子で低分子と比べて大きな値が報告されており、材料自体に依存した違いが想定される。また、

第4章　有機ELディスプレイと機能性色素

温度ともにどういう劣化機構が加速されるのかはわかっておらず，この点に関する理解がすすむと有機EL素子の寿命が本質的に改善されることが期待される。

　低分子材料と高分子材料の比較は，性能面もさることながら，プロセス面の違いが重要である。高分子材料は湿式塗布が可能なことから，将来のプロセス適合性をにらんで開発されてきたとも見なすことが出来る。表2に真空蒸着法（ドライプロセス）と湿式塗布法（ウェットプロセス）の比較を材料の視点から示す。

　湿式プロセスが適用可能な材料系は実は高分子に限らず，デンドリマー，オリゴマー，さらには低分子材料そのものも適切な分子設計がなされれば，湿式成膜が十分可能である。高分子である利点は形状安定性にあると考えられる。湿式プロセスで問題となる点は，積層構造が形成しにくいことである。蒸着法においては何層でも積層が可能（マルチフォトン素子がそのよい例）であるが，湿式法の場合は下地層を次の層形成時に溶解させてしまうことを防ぐ必要がある。このために，完全に独立な溶媒系で塗布するか，または，塗布した後に架橋等の手法により不溶化させることを考えなくてはならない。リン光素子の場合，特に界面が重要な役割を果たすので，この点についての考慮が必要である。不純物の制御についても，湿式法においては検討課題である。劣化対策で取り上げた混合ホストの手法については，むしろ，湿式法の方が有利である。真空蒸着と異なり，湿式法は混ぜることに対して制限はなく，また，精確に混合（ドープ）することが可能である。材料の相溶性についての検討は必要であるが，性能改善は多元混合（ドープ）によりもたらされることが期待される。

　有機EL素子技術において，材料開発の観点から，先ず，蛍光対リン光という図式がある。これに関しては，リン光材料開発において寿命の問題が解決されれば，いずれはリン光材料に移行していくことが予想される。その時期については，青色リン光材料が開発されたタイミングとみ

表2　有機EL製造プロセスの比較

比較項目	真空蒸着	湿式塗布
材料	低分子	低分子～高分子
燐光	高効率化実証済	高分子ホスト
大型基板	対応難？	対応可能
装置コスト	高	低
多層構造	容易	制限あり
長寿命化	改善中	可溶性付与置換基？
不純物	制御可能	精製検討要
ドーピング	制御に難あり	容易
材料利用効率	低（改善中）	>50%

149

ることができよう．もう一つ，従来は，低分子対高分子という対決の構図があったように思われるが，これは，むしろ，真空蒸着対湿式塗布というプロセス比較という見方に置き換えることができる．基板のサイズでプロセスがすみ分けるという見方もできるが，今後の大型化・大面積化を指向していく過程において，検討されるべき重要な課題である．

文　献

1) C.W. Tang and S.A. Van Slyke, *Appl. Phys. Lett.*, **51**, 913 (1987)
2) M.A. Baldo, S. Lamansky, P.E. Burrows, M.E. Thompson and S.R. Forrest, *Appl. Phys. Lett.*, **75**, 4 (1999)
3) T. Tsutsui, M. Yahiro, H. Yokogawa, K. Kawano and M. Yokoyama, *Adv. Mater.*, **13**, 1149 (2001)
4) K. Naito, *Chem. Mater.*, **6**, 2343 (1994)
5) Y. Shirota, Y. Kuwabara, D. Okuda, R. Okuda, H. Ogawa, H. Inada, T. Wakimoto, H. Nakada, Y. Yonemoto, S. Kawami and K. Imai, *J. Lumin.*, **72〜74**, 985 (1997)
6) H. Spreitzer, H. Vestweber, P. Stößel and H. Becker, *Proc. SPIE 2000*, **4105**, 125 (2000)
7) 上村, 奥田, 上羽, 小野, 南, SEIテクニカルレビュー, **158**, 61 (1999)
8) H. Murata, C.D. Merritt, H. Inada, Y. Shirota and Z.H. Kafafi, *Appl. Phys. Lett.*, **75**, 3252 (1999)
9) Y. Sato and H. Kanai, *Mol. Cryst. Liq. Cryst.*, **253**, 143 (1994)
10) J.D. Anderson, E.M. McDonald, P.A. Lee, M.L. Anderson, E.L. Ritchie, H.K. Hall, T. Hopkins, E.A. Mash, J. Wang, A. Padias, S. Thayumanavan, S. Barlow, S.R. Marder, G.E. Jabbour, S. Shaheen, B. Kippelen, N. Peyghambarian, R.M. Wightman and N.R. Armstorng, *J. Am. Chem. Soc.*, **120**, 9646 (1998)
11) H. Aziz, Z.D. Popovic, N-X. Hu, A-M. Hor and G. Zu, *Science*, **283**, 1900 (1999)
12) A.B. Chwang, R.C. Kwong and J. Brown, *Proc. SPIE.*, **4800**, 55 (2003)
13) V-E. Choong, S. Shi, J. Curless, C-L. Shieh, H.-C. Lee, F. So, J. Shen and J. Yang, *Appl. Phys. Lett.*, **75**, 172 (1999)
14) T. Wakimoto, Y. Fukuda, K. Nagayama, A. Yokoi, H. Nakada and M. Tsuchida, *IEEE Trans. Electron Devices*, **44**, 1245 (1997)
15) L.S. Hung, C.W. Tang and M.G. Mason, *Appl. Phys. Lett.*, **70**, 152 (1997)

2 有機ELディスプレイ用機能性色素

浜田祐次*

2.1 はじめに

　有機ELの基礎研究は，1960年代まで遡ることができる。当時の研究は，100V近い高電圧をアントラセンに印加してキャリアを注入させ，発光を観察していた。発光材料としては，蛍光量子収率の高いアントラセンなどの縮合多環芳香族を用いており，今日の有機EL材料を予見させるものであった。しかし，これらの研究からは明るい発光を得ることができず，ディスプレイへの応用までには到らなかった。ディスプレイへの応用として俎上に載るのは，1987年にコダック社のTangらが，10V以下の低電圧で高輝度を得ることに成功した時からである[1]。Tangらが成功した要因の一つは，色素（低分子材料）を用いて，100nm以下の安定な薄膜を得たことである。従来の低分子材料では，薄膜にすると結晶の析出が生じたが，Tangらは金属錯体Alq等を用いることにより，100nm以下でも結晶の析出のない安定な薄膜を得ることができた。有機半導体は，無機半導体に比べてキャリアの移動度が小さいため，有機薄膜中に電流を流すためには，高電界をかけなければならない。そのためには，100nm以下の薄膜が必要になるのである。Tangらは薄膜にすることに成功したことにより，低電圧でも電流を流すことが可能になった。その結果，実用的な輝度を得ることができ，ディスプレイへの道が開けたのである。

　有機EL素子は，用いる材料によって低分子型と高分子型に分けることができるが，Tangらが発表した有機EL素子は低分子材料を用いている。高分子型は，1990年にケンブリッジ大学のBurroughersらにより，ポリパラフェニレンビニレンを用いた高分子型有機EL素子が初めて発表された[2]。低分子型も高分子型も世界の研究機関で盛んに研究されているが，商品化という点では低分子型の方が先んじている。2003年春，三洋電機とコダック社が共同開発した2.16型アクティブ型フルカラー有機ELディスプレイが，デジタルスチルカメラに搭載されて，世界で初めてアクティブ型が商品化された。また，2002年のCEATECショーで，三洋電機とコダック社が，白色発光とカラーフィルターを用いた15型アクティブ型フルカラー有機ELディスプレイを発表し，大型ディスプレイが商業的に実現可能なことも示された。

2.2 低分子型有機EL素子の概要

　蛍光，あるいは燐光を持った有機材料は古来より知られ，インキ，顔料，染料，シンチレータ材料など様々な用途で広く利用されてきた。有機EL素子は，これら「光る」有機材料を応用した素子である。有機EL材料は，低分子材料と高分子材料に分けることができるが，工業的な両

＊　Yuji Hamada　三洋電機㈱　技術開発本部　OEプロジェクトBU　主任研究員

ディスプレイと機能性色素

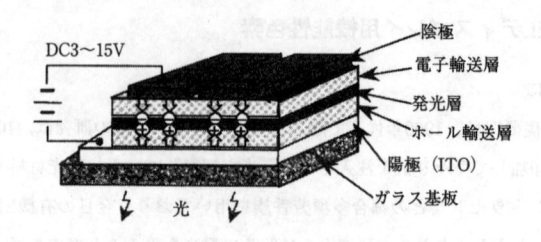

図1 有機EL素子構造図

者の違いは製膜法である。低分子材料は真空蒸着法などのドライプロセスで製膜されるが，高分子材料はスピンコート，インクジェット法などウエットプロセスで製膜される。従って，どちらの材料を使用するかによって，導入する設備が違ってくる。

　有機EL素子の基本構造は，有機発光材料を薄膜化し，それを陰極と陽極で挟み込むという構造である。そして，これに電界をかけて，外部から電子とホールを注入させ，有機発光層で再結合させる。その時，有機発光分子は励起状態になり，基底状態に戻るときに，光を発して失活する。これを繰り返すことにより，発光が持続する。従って，有機EL素子を高輝度化させるためには，外部から電子とホールをいかに効率良く注入し，再結合まで行わせるかという点を考慮しなければならない。そのために，Tangらが考えたのは，有機層を機能別に積層することである。つまり，ホール輸送層，発光層，電子輸送層のように分けると，発光効率が向上し，高輝度を得ることができる。図1で示すように，標準的な素子構造は，(陽極/ホール輸送層/有機発光層/電子輸送層/陰極)の積層構造であり，これを元にして各層にバリエーションをつけている。従って，低分子材料は，ホール輸送（注入）材料，電子輸送（注入）材料などのキャリア輸送材料と発光材料に分けることができる。

2.3　キャリア輸送（注入）材料

　主なキャリア輸送，注入材料を図2に示す。ホール輸送材料には，フェニルアミン系材料が広く用いられている。フェニルアミン系材料は，10^{-4}〜10^{-3} cm^2/V・secの高いホール移動度を持つ材料であり，代表的な材料はNPBである。また，ホール注入材料にはフェニルアミン系材料のスターバーストMTDATA，あるいはCuPcがよく用いられている。いずれも，ホール輸送に携わる材料であるが，陽極（ITO等）に近い層からホール注入層，ホール輸送層と名付けられている。材料の積層の順序はイオン化ポテンシャル（Ip）の大きさに基づいており，ITO（4.7〜5.0eV）の 仕事関数に近い材料から順番に積層される。例えば，ITO（4.7〜5.0eV）/CuPc（5.0eV）

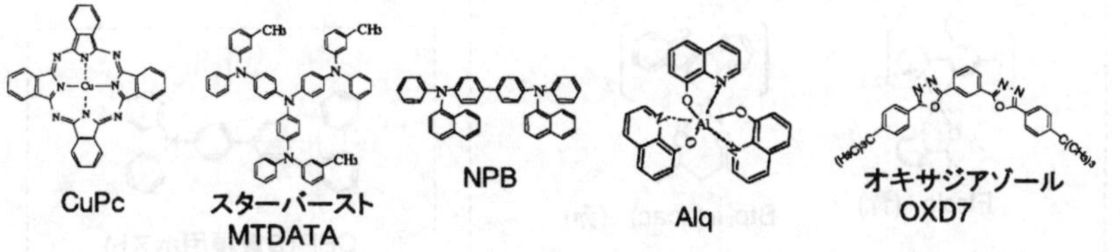

第4章 有機ELディスプレイと機能性色素

図2 キャリア輸送,注入材料

/NPB (5.4eV) というような順番である。

また,ホール輸送材料の課題として,耐熱性の向上が挙げられる。ディスプレイは,車載仕様で85℃以上の耐熱性が要求されるが,NPBのガラス転移点Tgは96℃である。商品としての品質を考えると,さらに高い耐熱性が要求され,材料の高Tg化に開発の重点が置かれている。

電子輸送材料にはAlqが用いられている。Alqは,従来は発光材料として使われていたが,現在では電子輸送材料として使われる場合が多い。Alqの特長は製膜安定性の良さ,耐熱性の良さが挙げられ,また,コスト的に安価であるという点も挙げられる。欠点としては,電子の移動度が$10^{-6}cm^2/V\cdot sec$と比較的小さいことが挙げられる。Alq以外の電子輸送材料としては,オキサジアゾール誘導体が報告されているが,安定性,使いやすさという点から,Alqを凌ぐ材料には到っていない。電子注入材料としては,無機化合物であるLiFやLi_2Oが使われている。これらの無機化合物を1nmレベルの超薄膜として積層すると,陰極Alからの電子注入効率が向上し,大幅に発光効率,寿命が向上することが報告されている。また,電子輸送層のAlqに金属LiやCsをドープすると,LiFと同等の発光特性を得ることができる。これは,いずれもAlqがアルカリ金属により還元され,電子が注入されやすくなることに基づいている。

2.4 発光材料

発光材料は,蛍光,あるいは燐光を持った有機材料であり,有機EL素子の発光色を左右する。従来,発光層を構成する材料は1種類の場合が多かったが,現在では,ホストとドーパントの組み合わせが主流である。ホストの中に,数%のドーパントをドープさせて,ドーパントを発光させる。一般的に,有機材料は濃度消光をおこす材料が多く,濃度が高い状態では発光強度は小さいが,濃度を薄くすると発光強度が増すという性質を持っている。この性質を利用したのが,ホストとドーパントとの組み合わせである。例えば,キナクリドンは高濃度では輝度は低いが,1%以下の低濃度にすると,$100,000cd/m^2$以上の高輝度を示す。

ホスト材料には,Alqがよく用いられる。Alqは緑色の蛍光を持っており,組み合わせるドー

ディスプレイと機能性色素

(1) 各種ドーパント

- FIrpic (青)
- Btp$_2$Ir(acac) (赤)
- Ir(ppy)$_3$ (緑)
- ペリレン (青)
- ジスチリル誘導体 (青)
- クマリン6 (緑)
- ルブレン (黄)
- DCM2 (赤)
- キナクリドン (緑)

(2) 代表的なホスト材料

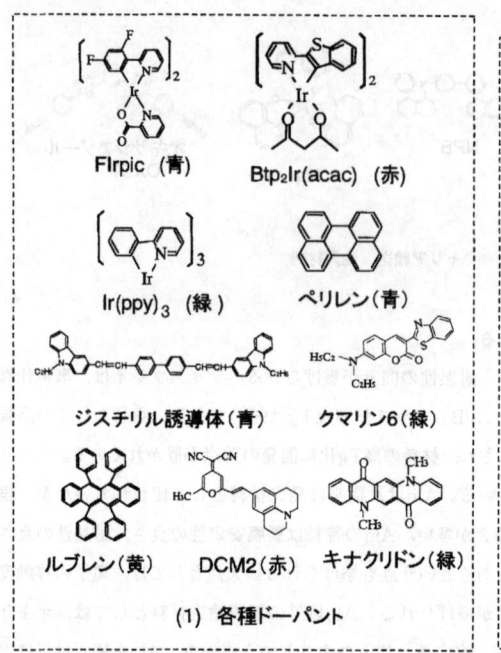

- CBP (3重項用ホスト)
- Alq (ホスト材料)
- ジスチリル誘導体 (青色用ホスト材料)

図3　各種ドーパミン及びホスト材料

パントはAlqより励起エネルギーが小さい緑～赤色の蛍光を持ったドーパントが用いられる。また，青色のドーパントの場合は，Alqにドープすると，Alq自体が発光してしまうため，大きな励起エネルギーを持った青色専用のホストを用いる必要がある。図3に今まで発表されたホストとドーパントを示した。代表的なドーパントとして，青色はジスチリル誘導体，ペリレン，緑色はキナクリドン，クマリン6，黄色はルブレン，赤色はDCM誘導体が挙げられる。

また，図4に示すように，新しいタイプのドーパントも報告されている[3]。例えば，赤色発光層として，ホストAlqと赤色ドーパントDCM誘導体との組み合わせを用いたとする。この場合，ホストと赤色ドーパントの励起エネルギー差が大きいため，ホストから赤色ドーパントへの励起エネルギーの移動が円滑に行われず，赤色以外にホストの緑色が発光する。両者が発光すると，赤色の色純度が低下し，フルカラーディスプレイには使用できない。そこで，AlqとDCM誘導体の中間の励起エネルギーを持ったルブレンをドープすると，ホストから赤色ドーパントにルブレンを介してエネルギー移動が円滑におこり，Alqの発光を抑制することができる。従って，赤の色純度を向上させることができ，フルカラー用の赤色発光として使用することができる。この場

第4章　有機ELディスプレイと機能性色素

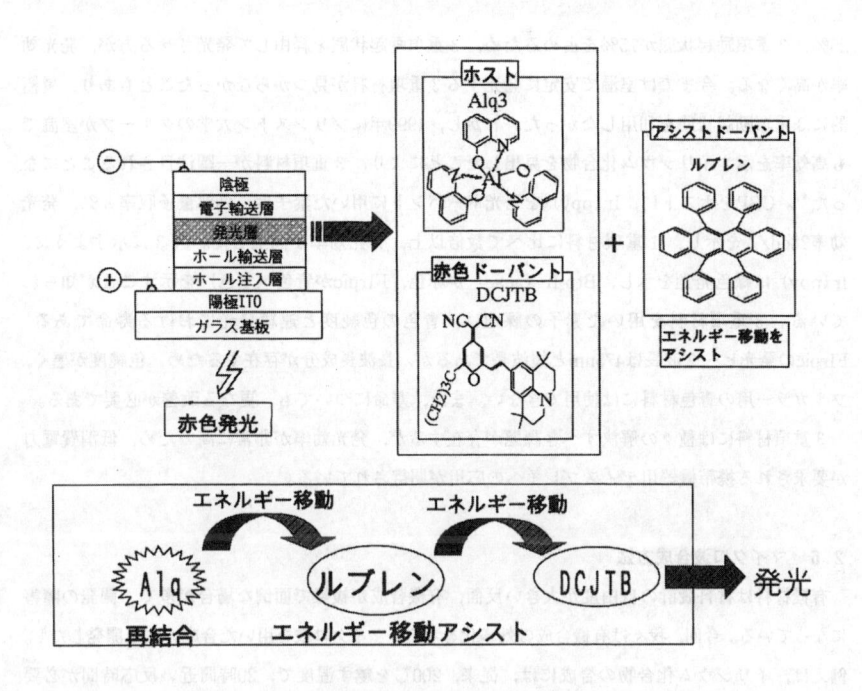

図4　アシストドーパミンを用いた赤色発光

合，ルブレンは自ら発光せず，発光を補助する役割を果たすため，アシストドーパントと呼ばれる。

このアシストドーパントは，有機ELディスプレイの高性能化には必須の技術である。上記のルブレンを用いた例は，エネルギー移動を助ける役割を行っているが，その他に，ホストのキャリア輸送性を補助する役割も挙げられる。例えば，電子輸送性のホストにホール輸送性のドーパント，あるいは，逆にホール輸送性のホストには電子輸送性のドーパントをドープするなどして，発光層に流入するキャリアバランスを最適化し，再結合確率の向上，あるいは発光サイトの調節を行う。これにより，有機EL素子の発光効率の向上，寿命の向上を行うことが可能となる。また，アシストドーパントのドープ濃度が50％に近くなると，ドーパントという概念から外れるため，「ダブルホスト」という名称で呼ばれることがあるが，基本的な役割は同じである。

また，最近，新しい発光材料として注目を集めているのが，3重項材料である。今まで，記述してきた低分子材料は1重項励起状態を経由して発光するのに対し，Ir(ppy)$_3$などのイリジウム化合物は3重項励起状態を経由して発光する。理論的には，励起子の生成は1重項励起状態が

25%，3重項励起状態が75%を占めるため，3重項励起状態を経由して発光させる方が，発光効率が高くなる。今までは室温で安定に発光する3重項材料が見つからなかったこともあり，積極的に3重項励起状態を利用しなかった。しかし，1999年にプリンストン大学のグループが室温でも高効率を示すイリジウム化合物を見出したことにより，3重項材料が一躍注目されることになった[4]。CBPをホストに，Ir(ppy)$_3$を発光ドーパントに用いた素子は，外部量子収率8%，発光効率28cd/Aを示し，1重項材料に比べて数倍以上，発光効率が向上した。図3に示すように，Ir(ppy)$_3$は緑色発光を示し，Btp$_2$Ir(acac)が赤色，FIrpicが青色（水色）を示すことが知られている。3重項材料を用いた素子の課題は，青色の色純度と連続発光における寿命である。FIrpicの発光ピーク波長は475nmと短波長であるが，長波長成分が存在するため，色純度が悪く，フルカラー用の青色材料には使用できない。また，寿命についても，更なる改善が必要である。

3重項材料には種々の解決すべき課題が存在するが，発光効率が非常に高いため，低消費電力が要求される携帯機器用ディスプレイへの応用が期待されている。

2.5 マイクロ波合成方法

有機材料は材料設計の自由度が大きい反面，有機合成が複雑で面倒な場合が多く，開発の障害になっている。今回，我々は有機合成の効率化を考え，マイクロ波を用いた合成方法を開発した[5]。例えば，イリジウム化合物の合成には，従来，200℃を越す温度で，20時間近い反応時間が必要であり，材料の合成に労力がかかっていた。そこで，我々は，これらイリジウム化合物の合成を簡単にするために，マイクロ波合成を用いた。図5にマイクロ波合成用装置の概略図を示した。マイクロ波合成は，反応系にマイクロ波を照射することにより，短時間の間に高温にすることができ，迅速かつ効率的な反応が可能である。マイクロ波による迅速加熱の原理は，家庭用の電子レンジで水分を含有する食品が即座に温まる現象と同様である。即ち，水のような極性分子にマイクロ波が照射されると，その分子間に摩擦・衝突が生じて発熱し，急激に温度が上昇する。従来のヒーター加熱に比べて，加熱の均一性が良く，系全体を均一に温度上昇させることができる。これにより，短時間に温度を上昇させることができ，反応時間の短縮を図ることができる。例えば，Ir(ppy)$_3$の反応は通常10〜20時間かかるが，マイクロ波合成を用いると，15〜30分に時間を短縮させることができた。従って，マイクロ波合成を用いることにより，イリジウム化合物の合成を効率良く行うことができ，3重項材料の開発が加速される。

2.6 有機ELディスプレイの製造方法

低分子材料を用いた有機ELディスプレイの量産装置では，大面積の基板上にいかにして，有機膜を均一に蒸着させるかという点がポイントになる。我々は，リニアソースという蒸着源を採

第4章　有機ELディスプレイと機能性色素

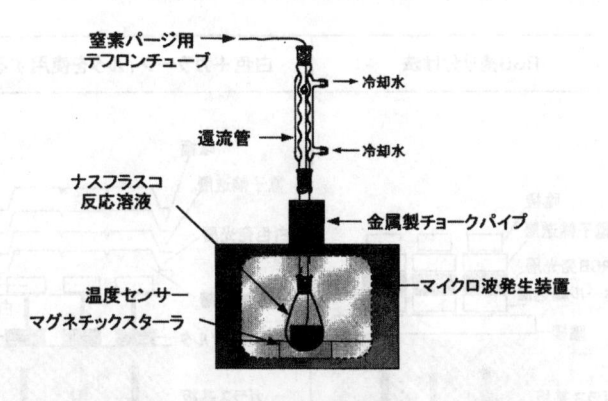

図5　マイクロ波合成装置の概略図

用することにより，この問題を解決することができた。今までの蒸着源が点状であったのに対し，リニアソースは線状の蒸着源である。リニアソースを基板に沿って移動させることにより，大型の基板にも均一な蒸着膜が形成可能となる。現状では数％以下の均一性が達成されており，有機ELディスプレイの量産に十分使用できるレベルになっている。

一方，有機EL材料を量産装置で使う場合の注意点としては，材料自体の耐熱性が挙げられる。量産装置の場合，実験装置に比べて材料の仕込み量が多い。実験装置で仕込む量は，数10mg～数gのオーダーであるが，量産装置ではその100倍以上の量を仕込んでいる。従って，量が多いと，ソース内の材料にかかる温度も不均一になり易く，局所的に過熱されるケースもある。これらは，ソースの材質，形状によって防ぐことができるが，それと共に材料自体も熱による分解の少ない分子設計を行うことが必要である。

さらに，量産装置で使う場合のもう一つの懸念点は，有機EL材料が高温で長時間保持されることによって，材料の熱分解が生じることである。実験装置の場合は，1回の実験で全ての材料を蒸着してしまうが，量産装置の場合，生産の効率を高めるために数日間連続して蒸着する。この場合，蒸着温度（200～300℃）下に材料が置かれるため，経時的に材料が熱分解しやすい。

従って，実用的な有機EL材料を開発する場合，従来の発光特性以外に，材料自身の耐熱性も量産ラインに導入可能かどうかの判断材料になる。

2.7　有機ELディスプレイのフルカラー化

図6に示すように，有機ELディスプレイのフルカラー化は，RGBの3原色を各画素に個別に配置する方法が用いられ，「RGB塗り分け法」と呼ばれている。この方法は，色純度に優れてい

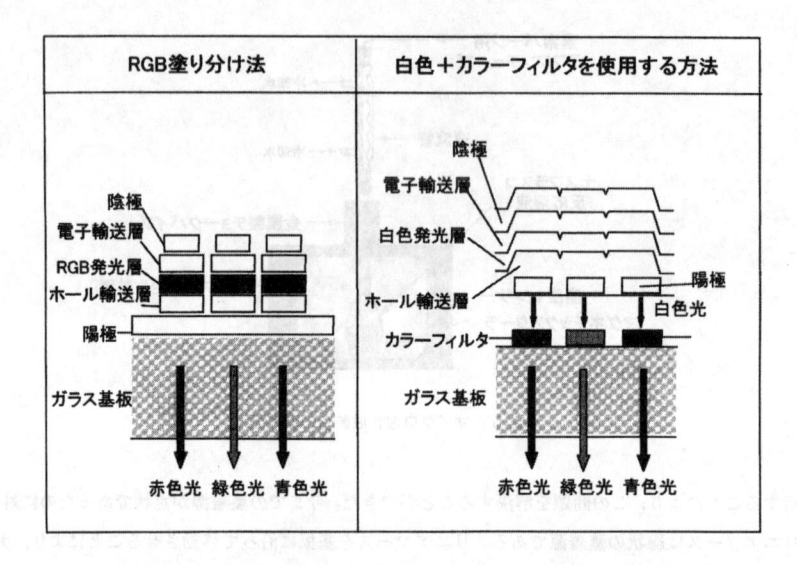

図6 アクティブ型有機ELディスプレイのフルカラー方式

る。また，カラーフィルターを使用しないので，カラーフィルターでの光の吸収が無いため，ディスプレイを高輝度にすることができる。

「RGB塗り分け法」に用いる材料は，文字通りRGB各々の発光材料が用いられている。この場合重要なのは，RGBの発光効率，寿命，色度等のバランスが取れていると言うことである。例えば，RGBの内1つでも発光効率が小さいと，ホワイトバランスをとる際，その発光色のみ過剰に電流が流れ，全体の消費電力の増加を招く。また，RGBの内1つでも寿命が短いと経時的に所定の色温度からずれて，画像全体の色調が変化する。このようになると，ディスプレイの商品としての価値が無くなる。従って，RGB塗り分けで用いる各発光色は，発光特性が類似している組合せが望ましい。

一方，製造プロセス面を考えると，RGB塗り分けの場合，シャドーマスクを用いて，RGB各色を個別に蒸着しなければならない。従って，製造には高度なノウハウが必要になってくる。画像品位は，マスクの寸法精度および位置合わせに大きく影響を受ける。従って，基板が大面積になる程，マスクプロセスは困難さが増してくる。そこで，大面積基板用の技術として，新たに，白色発光とカラーフィルターとの組み合わせが考え出された。この方法は，シャドーマスクを用いず，白色発光層をベタ付けして，カラーフィルターによりRGB3原色に分ける方法である。この方法は，RGB塗り分け法に比べ，シャドーマスクの位置合わせが不要で，製造工程が簡単である。

第4章 有機ELディスプレイと機能性色素

従って，高精細画面や大面積化への対応は有利である。しかし，この方式の技術的な課題は，元の白色発光が高効率でなければならない点である。カラーフィルターでの光の吸収が70％以上と非常に大きいため，元の白色発光が高輝度を必要とする。色純度と発光効率はトレードオフの関係になっており，色純度を高めれば，カラーフィルターの透過率が低下し，その結果，RGB各々の発光効率が低下する。また，TFTと組み合わせたアクティブ型有機ELディスプレイの場合，開口率が20～40％であり，それも発光効率を低下させる要因になる。白色＋カラーフィルター方式の場合，RGB塗りわけと同レベルの発光効率を得るためには，元の白色発光は概算で15cd/A以上の高発光効率が必要である。これに満たない場合は，ディスプレイの輝度が低く暗い，あるいは駆動時にジュール熱によりディスプレイの表面温度が上昇するなどの問題が生じる。

元の白色発光には，補色タイプと3ピークタイプという2つのタイプがある。補色タイプは，青色と赤橙色の補色関係にある2つの発光スペクトルを用いるものである。3ピークタイプは，RGBの3原色に相当する3つの発光スペクトルが存在するタイプである。この中で，補色タイプの方が，2つの発光材料だけで白色をつくるので，構造が簡単で製造しやすい。しかも，発光効率や寿命の点でも有利である。しかし，発光スペクトルに緑色部分の成分が少ないため，緑の色純度が悪く，ディスプレイのNTSCに対する色再現性が低い。3ピークタイプはそれを改良したものであり，緑色の色純度が良いが，素子構造が複雑になり，発光効率や寿命も補色タイプより悪いと言う欠点がある。

いずれにしても，白色＋カラーフィルター方式は，元の白色発光の特性を向上させるのが，最も重要な技術課題である。

2.8 有機ELディスプレイの特徴

有機ELディスプレイは大別して，パッシブ型（Passive-matrix）とアクティブ型（Active-matrix）の2種類に分けることができる。有機EL素子は応答性が速く，残光特性が無いため，パッシブ型のようなデューティー駆動が可能である。しかし，デューティー駆動であるため，瞬間的に高い輝度が必要となり，有機EL素子の寿命を低下させる。さらに，配線抵抗による電圧降下のため，高精細化には制約が生じる。これに対し，アクティブ型は低温ポリシリコンTFT基板上に素子を作製しているため，常時発光させることができ，パッシブ型のような瞬間的な高輝度を必要としない。従って，寿命を向上させることができる。また，パッシブ型に比べて，低電圧駆動なので，消費電力も小さくすることができる。従って，ディスプレイの大面積化やフルカラー動画表示はアクティブ型の方が優れていると言える。

我々は，携帯電話向け，あるいはデジタルスチルカメラ，ビデオ，テレビ用の2.2インチと5インチのアクティブ型フルカラー有機ELディスプレイをRGB塗り分け方式で試作した[6]。これら

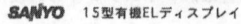

ディスプレイと機能性色素

図7 白色＋カラーフィルター方式による15型アクティブ型フルカラー有機ELディスプレイ

のディスプレイは厚さ2mm以下の軽量薄型で、高コントラスト、広視野角という特長を持っており、フルカラー動画の表示に向いている。

　有機EL材料にとっては、特に、パッシブ用、アクティブ用という区別は無い。しかし、アクティブ型ディスプレイは、フルカラー動画に用いられるので、パッシブ型よりも色純度の良さ、低消費電力、長寿命が要求される場合が多い。

　図7は、白色発光とカラーフィルターを組み合わせて、15型アクティブ型フルカラー有機ELディスプレイを試作した例である。RGB塗り分け方式の場合、基板が大面積化する程、マスクによる基板周辺部の色ずれが目立つ。しかし、白色発光を用いた場合は、発光層を基板上にベタ付けするだけで良いので、製造工程が簡単になる上、色ずれも起こらず、均一な画像を示す。この大型ディスプレイは、将来のパーソナルユース用テレビをターゲットとしており、ハイビジョン等の高精細映像に対応するワイド720Pの解像度を有している。

2.9 まとめ

　アクティブ型フルカラー有機ELディスプレイは、2003年春、世界で初めて商品化され、現在、その動向が大いに注目されている。これからのモバイルを中心としたマルチメディア機器には薄型・軽量で、しかも視野角依存性が無く、動画表示に向いている有機ELディスプレイは格好のディスプレイであると言える。しかし、市場のニーズは、有機ELディスプレイに更なる高輝度化、低消費電力化を要求している。有機ELディスプレイの性能を向上させるためには、材料技術、素子構造設計技術、製造技術などの要素技術を三位一体に向上させる必要がある。今後、有機ELディスプレイは、巨大な市場に発展することが予想される。そのためにも、これら要素技

第4章　有機ELディスプレイと機能性色素

術を早急に確立させ，素子特性の改善をはかって，応用分野をひろげる必要がある。

文　献

1) C. W. Tang and S. A. VanSlyke, *Appl. Phys. Lett.*, **51**, 913 (1987)
2) J. H. Burroughes, *et al, Nature*, **347**, 539 (1990)
3) Y. Hamada, *et al, Appl. Phys. Lett.*, **75**, 1682 (1999)
4) M. A. Baldo, *et al, Appl. Phys. Lett.*, **75**, 4 (1999)
5) K. Saito, *et al, Jap. J. Appl. Phys.*, **43**, 2733 (2004)
6) G. Rajeswaran, *et al, SID 2000,Digest*, May **14～19**, p. 974～977 (2000)

第5章　LEDと発光材料

1　LED技術と今後の動向

橋本和明[*]

1.1　はじめに

　光をつくりだす方法には，白熱電球に代表される黒体輻射と，蛍光灯や発光ダイオード (LED; Light Emitting Diode) などに代表される量子輻射とが知られている。黒体輻射の場合，電球のフィラメントに電流を流して高温状態にして発光させる。この際，発光ピーク波長と温度との積は一定となり，高温になるほど短波長の光を含むようになり，明るさも増すのである。また，この発光スペクトルは広い波長のスペクトルを含むことから照明用の光源には最適であり，現在でも多くの場面で使われている。一方，量子輻射では，電子がフォトンに直接変換することから，その理論的な効率は高いが，特定なエネルギーだけを放出するために発光スペクトルは狭いという特徴をもっている[1]。とくにLED発光は半導体のp-n接合を用いた電子と正孔の再結合によって起こることから，蛍光灯の発光に比べると作動電圧は低く，発光効率は高いのである。また，このほかにもLEDには小型で，振動に強く，長寿命，毒性物質を含まない，省エネルギーなどの優れた特長があり，21世紀のあかりとして多方面から期待されている。

　LEDの技術開発はここ10年程度の間に急速に発展した。実用化当初，その発光色は赤色に限られていたが，科学技術の発展とともに緑色，青色と可視光領域全般にわたる多色化が進み，さらにその発光効率も白熱電球のそれに匹敵する効率が達成されている。そこで本稿では，技術発展の著しいLED技術と新しい方向性である白色LEDの研究開発の動向について述べる。

1.2　LEDのこれまでの開発動向

　可視LEDの研究開発の歴史は浅く，40年程度である。図1には研究が行われた時期とそのLEDの発光波長を模式的に示した[1]。論文としては1930年頃にすでに発表されていたが，実際には1962年のKeysらによるGaAsP系の赤色LEDが可視LEDの始まりとされ，その後，AlInGaP系の黄赤色（橙色）から黄色LED，GaP系の黄緑色LED，と順次短い発光波長をもつLEDが開発された[2]。LED技術のブレークスルーは発光材料としてp型GaNが使えるようになったことにある。

---

[*]　Kazuaki Hashimoto　千葉工業大学　工学部　生命環境科学科　助教授

第5章 LEDと発光材料

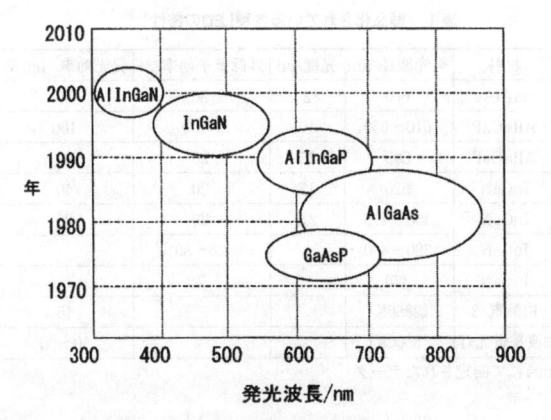

図1 LEDの発光波長とその研究年歴[1]

そして，1993年には青色LEDが製品化され，1995年に緑色LEDが開発された。また，この間に各色のLEDの発光効率も飛躍的に向上し，その外部量子効率は全波長域のLEDにおいて確実に10%を超えている。このように光の3原色がそろい，R（赤）G（緑）B（青）の混合によってフルカラー発光や白色発光などもできるようになり，LEDの利用用途は各種照明光源として大いに期待されるようになった。さらに1997年には近紫外LEDも開発され，蛍光灯と同等な発光波長をもつ光源をつくり出すことができるようになった[3]。

表1には現在製品化されているLEDの特性を示した[4,5]。表からわかるようにLEDに用いられる化合物半導体は，III-V族のGaAlAs，AlInGaPおよびInGaNなどのヒ化物，リン化物または窒化物，いわゆる非酸化物系化合物が主である。このほかにII-VI族間化合物のZnTeSeやIV族間化合物のSiCなどが知られている。発光別にLEDの組成をみていくと，赤色から橙色，黄色を発光するLEDにはリン化物やヒ化物が用いられているが，緑色から青色の発光には窒化物が中心となっている。さらなる短波長化をねらうには，窒素原子を含めた軽元素化が進むことになるが，これらの化合物の安定性が問題となり，新しいプロセスの開発や新たな基板材料の開発が望まれる。

一方，最近の青色LEDおよび白色LEDの開発の急速な発展は，InGaNに代表される窒化物半導体の薄膜成長技術の発展によって良好な結晶が得られるようになったことにある。さらに，より短波長を発光する近紫外LEDの開発も盛んに行われており，光メモリの高密度化，蛍光体励起用光源，医療や環境分野への応用などさまざまな分野から切望され，その期待は大きい。とくにAlInGaN系LEDは最近飛躍的に発展したLEDであり，組成を変えることにより発光波長300nmまでの短波長化が実現可能といわれている。しかし，実際には370nm以下の発光では外部量子効率

163

表1 製品化されている各種LEDの特性[4, 5)]

色	材料	発光波長/nm	光度/cd	外部量子効率/%	発光効率/ lm/W
赤	GaAlAs	660	2	30	20
黄	AlInGaP	610〜650	10	50	100
橙	AlInGaP	595	2.5	20	60
緑	InGaN	520	12	20	40
青	InGaN	450〜475	2.5	20	20
近紫外	InGaN	380〜400		25〜30	
紫外	InGaN	370		7	
白	白熱電球	(2856K)			15
白	3波長蛍光灯	(6500K)			60〜90

室温，20mAにて測定されたデータ

が急激に低下するという問題も抱えている。今後も，可視LED以上に各種のデバイス応用が期待される紫外LEDの研究開発は急務な課題となっている。

1.3 LEDの動作原理

　LEDの発光原理は，正孔が充満したp型半導体と，電子が充満したn型半導体とを接合したp-n接合に，順方向電圧を印加すると電子がp型半導体中に，正孔がn型半導体中に注入され，それらが再結合してエネルギーを放出する。このエネルギー放出が発光（自然放射）という形で起こる。
　図2に単一ヘテロ接合LEDの断面構造[6)]とそのエネルギー帯構造を示す。一般にLEDはエピタキシャル法による薄膜結晶成長によって作製される。n型半導体基板上にp型半導体層を設けてp-n接合をつくる。とくに上部表面層をp型層にすることで再吸収を押さえ，接合部で効率よく発光させることができる。しかし，実際にはこのようなp-n接合では内部量子効率はそれほど高くならない。LEDの接合部での格子不整や欠陥，転位などによって非発光中心が起こったり，n領域からp層にわずかに注入される電子が接合部から拡散し，キャリアの再結合が起こるためである。これらを解決するために活性層（発光層）を禁制帯幅（E_g）の大きな半導体からなるp-n接合で挟み込んだダブルヘテロ接合が開発されている。図3にダブルヘテロ接合の一例であるInGaN系LEDの断面構造[1)]とそのエネルギー帯構造を示す。サファイア基板上にn-GaN層，発光層となるInGaN層，Mgドープしたp-GaN層，さらに透明電極をCVD法やMOCVD法などの薄膜成長技術によって製膜される。その後，基板のサファイアが絶縁性であるためにn-GaN層までエッチングしてn電極を形成し，チップ形状にカット後，マウントしてLED素子とする。InGaNは緑色から近紫外までの光を発光するLEDであり，活性層のIn組成を変化させると発光波長が変化する。発光波長は，活性層のE_gから想定でき，概ね$1.24/E_g$（μm）として与えられる[4)]。このよ

第 5 章　LEDと発光材料

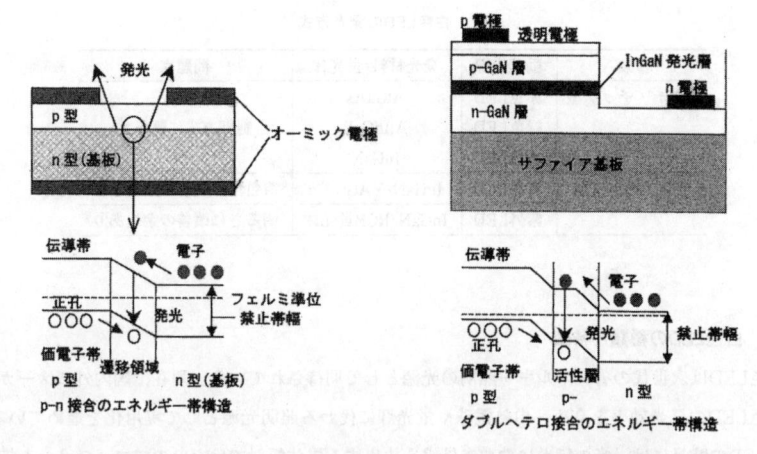

図 2　p-n接合の断面構造とそのエネルギー帯構造[6]　　図 3　InGaN系LEDの断面構造とダブルヘテロ接合のエネルギー帯構造[1]

うなダブルヘテロ接合の構造にすることにより，活性層での電子注入を容易にし，接合部での非発光中心の生成やキャリアの再結合を防ぐことができ，良好な発光素子となる。なお，この活性層の厚みを1μm以下にしたものを量子井戸（QW）構造とよび，さらにそれを高度に制御した多重量子井戸（MQW）構造も開発されている[6]。

InGaN系LEDのような窒化物半導体の場合，格子整合した基板材料があまりなく，基板にはサファイア（c面）やSiCなどが用いられている。しかし，サファイア基板上にGaNをエピタキシャル成長させるとこれらの格子定数の違いにより，大量の転位と呼ばれる結晶欠陥が発生し問題となっている[7]。サファイア基板上に直接LEDを形成すると結晶中には$5～50\times10^8 cm^{-2}$にも達する転位が観察される。転位が存在すると，そこに電子や正孔がくると光を出さずに熱を出して再結合し，LEDの内部量子効率の低下を招く原因となるのである。そこで最近ではサファイア基板上にGaNのバッファ層を設けたり[8]，サファイアに代わる基板材料として格子整合性がよく，熱膨張率も近いGa（Al）N単結晶[9,10]やLiGaO$_2$単結晶[11]が検討され，転位密度の低減に効果を上げている。一方，青色から紫外LEDのInGaNを活性層とするLEDでは，転位密度が実際に高いにもかかわらず高い発光効率を有する。これは活性層のIn組成が高いことによりInの組成不均一が生成し，その領域にキャリアが閉じこめられて転位点まで達することができないことによるものと考えられている（この現象は組成不均一効果とよばれている）[12]。

表2　白色LEDの発光方式[5]

種類	励起光源	発光材料/蛍光体	問題点
マルチ・チップ型	赤色LED	AlGaAs	制御方式に難あり
	緑色LED	AlInGaP	
	青色LED	InGaN	
ワン・チップ型	青色LED	InGaN/YAG：Ce	演色性に改善の余地あり
	紫外LED	InGaN/RGB蛍光体	明るさに改善の余地あり

1.4　白色LEDの種類と特徴

　白色LEDは次世代の省エネルギー照明の光源として期待されている。現在，国内外のメーカーが白色LEDの発光効率を高め，白熱電球や蛍光灯に代わる照明光源として実用化を進めている。白色LEDの特長には，光のほかに熱や赤外線を放出する黒体輻射ではないのでフィラメント等の寿命の問題やその周りの環境の放射熱および輻射熱を考えなくてもよいこと，水銀などの有害物質を含まないこと，小型化や薄型化が可能，低消費電力，振動環境下にも強いこと，などがあげられ，地球環境に優しい21世紀の照明用光源といえる。

　表2にLEDの白色化の方法を分類した[5]。表からわかるように，青色または近紫外LEDの発光波長を蛍光体で白色へ変換するワン・チップ型（図4）と，光の3原色であるR（赤），G（緑），B（青）のLEDチップを1つのパッケージにして白色を得るマルチ・チップ型（図5）とがある[11]。ワン・チップ型の場合，青色LEDと黄色蛍光体とを組み合わせる方法と，近紫外LEDに3つのRGB蛍光体を組み合わせる方法とが知られている。現在，携帯電話用の液晶バックライトや車載用電装部品のバックライトとして使用されている白色LEDは，青色LEDの発光の一部を黄色蛍光

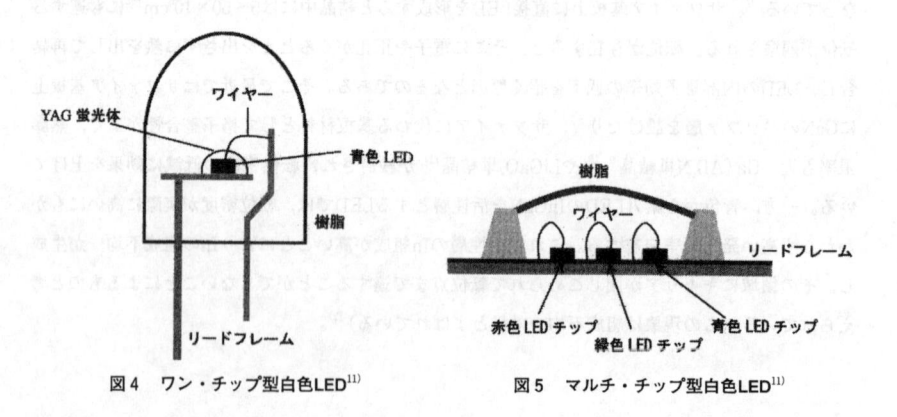

図4　ワン・チップ型白色LED[11]　　　　図5　マルチ・チップ型白色LED[11]

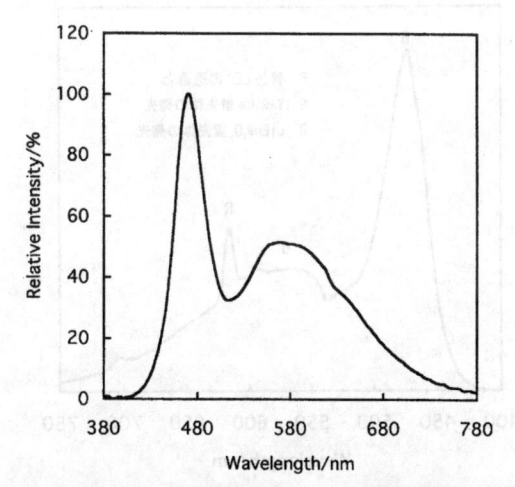

図6 青色LEDによって励起されたYAG:Ce蛍光体の発光スペクトル[14]

体で変換したものが主に使われている。これは青色から黄色への変換であるためストークスシフトが小さくエネルギーロスが少ないこと，青色LEDからの透過光が青色成分として利用できることから効率的であるといえる。この青色LED用蛍光体として主に使用されているのが，$Y_3Al_5O_{12}:Ce^{3+}$（以下，YAG:Ce（セリウム付活イットリウム・アルミニウム・ガーネット）と略す）である[13]。YAG:Ceは水銀ランプやフライングスポット管用の蛍光体として古くから実用化されている蛍光体であり，342nmおよび462nmに励起波長をもち，529nmに発光波長をもつ。これらの励起スペクトルおよび発光スペクトルは，Ce^{3+}イオンの4f-5d遷移によるものであるといわれている。青色LEDを白色化する場合，YAG:Ceの462nmの励起波長を青色LEDの発光波長によって励起すると，YAG:Ce蛍光体は黄緑色の550nm付近をピークとするブロードの大きな発光スペクトルが得られ，蛍光体層を一部通り抜けた青色スペクトルとYAG:Ce蛍光体の黄緑色スペクトルとの合成により白色光が得られる（図6）[14]。この場合，緑色のスペクトルが多いとごくうすい黄緑色の発光色となってしまうことがある。発光色の制御にはLEDの発光波長の制御はもとより，使用する蛍光体の開発も重要である。YAG:Ce蛍光体については，発光効率の向上のために励起波長および発光波長の制御を目的とし，ガーネット構造中の陽イオンサイトを各種金属イオンで置換固溶させた研究があり，たとえばY^{3+}イオンサイトにGd^{3+}イオンを置換固溶させると発光ピークを長波長にシフトできることが報告されている[15]。

さらに青色LEDとYAG:Ce蛍光体で得られた発光色成分には赤色成分がないために演色性に

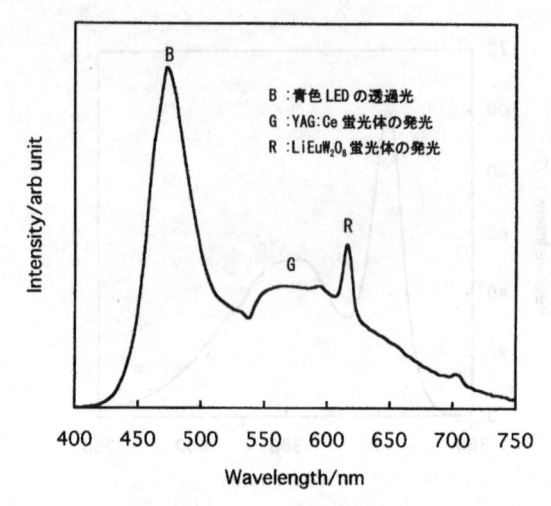

図7 青色LEDによって励起されたYAG：Ce蛍光体とLiEuW$_2$O$_8$蛍光体の発光スペクトル[16]

劣るという問題点もある。演色性とは照明光で照明した種々の物体に対する色の見えに及ぼす効果で，試料光源で照明したある物体の色刺激値（心理物理色）が基準光源で照明した同じ物体の心理物理色と一致する度合いであり，平均演色評価数（Ra）を用いて評価する。平均演色評価数Raが90以上（最大値は100である）になると演色性が高いといわれている。筆者らの研究グループでは青色LEDとYAG：Ce蛍光体との組み合わせによる発光色の演色性改善のために，新たに赤色蛍光体LiEuW$_2$O$_8$を合成し，その発光特性を報告している[16]。LiEuW$_2$O$_8$は362，381，395，416，465，536nmをピークとするシャープな励起帯と，593nmにEu^{3+}イオンの$^5D_0 \rightarrow {}^7F_1$遷移による発光ピーク，614nmに$^5D_0 \rightarrow {}^7F_2$遷移による発光ピークをもつ。これらはEu^{3+}イオンによる4f-4f型遷移であるため，その発光スペクトルはシャープなものとなっている。LiEuW$_2$O$_8$蛍光体の場合には465nmの励起波長を青色LEDの発光波長で励起し赤色発光を得る。筆者らは，所定量のLiEuW$_2$O$_8$蛍光体とYAG：Ce蛍光体とをシリコンラバーに配合し，LEDのキャップ形状に成形したものを青色LEDにかぶせて評価すると，より自然な発色特性を持つ演色性の高い白色光が得られている（図7）。これはラバー層にある粉体（蛍光体）による拡散光の発生と赤色光の効果によるものと考えている。このように演色性を高める方法に，青色LEDの発光と緑色および赤色蛍光体の発光を併せる方式と，青色LEDの発光と緑色蛍光体のほかに赤色を補う方法として橙色や黄色の蛍光体を用いるものも開発されている[17]。

一方，近紫外LEDと3つのRGB蛍光体とで得られる白色光は，RGB蛍光体の混合比によって色

第5章　LEDと発光材料

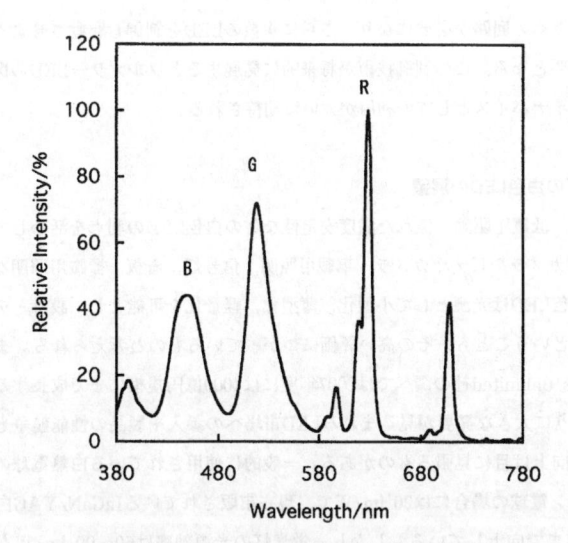

図8　近紫外LEDによって励起されたRGB蛍光体の発光スペクトル[14]
赤色蛍光体：$Y_2O_2S:Eu^{3+}$　緑色蛍光体：$BaMg_2Al_{16}O_{27}:Eu^{2+},Mn^{2+}$
青色蛍光体：$Sr_5(PO_4)_3Cl:Eu^{2+}$

調が微妙に変えられるという特長をもつ。図8に近紫外LED（発光波長380nm）と3つのRGB蛍光体とで得られた発光スペクトルを示した[14]。青色蛍光体には$Sr_5(PO_4)_3Cl:Eu^{2+}$，緑色蛍光体には$BaMg_2Al_{16}O_{27}:Eu^{2+},Mn^{2+}$，赤色蛍光体には$Y_2O_2S:Eu^{3+}$を用いている。これらのRGB蛍光体を任意の割合で混合し，それぞれの蛍光体からの発光量が等しくなると，その発光色は白色となる。しかし，図からわかるように青色や緑色の蛍光体に比べると赤色蛍光体の発光強度は低い（発光ピークがシャープであることからピーク面積が少なくなり，比視感の光の量が少なくなる）。現状では紫外LEDとRGB蛍光体とで得られる白色光を高輝度化するためには赤色蛍光体の発光量を増加させる必要があり，この改善が求められている。また，近紫外LEDの発光波長が限られているので利用できる蛍光体の種類は少ないが，今後，紫外LEDの発光波長を所望の発光波長を得るような制御ができようになると利用できるRGB蛍光体の種類も増えてくる。

最後にRGBのLEDチップを1つのパッケージにして白色を得るマルチ・チップ型LEDについて説明する。図5に示したようにパッケージ内にR（赤），G（緑），B（青）の3色のLEDチップを配置し，各発色をバランスよく発色させて白色光を得る。また，これらの補色関係にあるLEDチップを配置しても白色光は得られる。マルチ・チップ型方式の特長は大光量の白色光を得ることができ，えられた白色光の純度も高い。しかし，精密に白色光を制御するには3色の発光量のバ

ランスを制御するための回路が必要になり，さらに複数のLEDを制御し駆動させようとすると複雑な回路設計が必要となる。この制御技術が将来的に発展するとフルカラーLEDの開発も可能となり，ディスプレイデバイスとしての利用が大いに期待される。

1.5 光源としての白色LEDの展望

長寿命，省電力，低電圧駆動，優れた温度安定性などの白色LEDの利点を活かして，携帯電話やPDA，デジタルカメラやビデオカメラ，車載用照明，信号灯，看板・標識用照明などへの応用が進んでいる。白色LEDは光源として小型化，薄型化，軽量化を可能とし，設計・デザインの自由度を増加させるということも，その高い評価につがっているものと考えられる。また，LEDの市場は米strategies unlimited社の調べでは2007年度には4000億円規模にまで成長すると推定されている[3]。このように大きな発展が見込まれるLED市場への参入や製品の性能競争も激化し，光源としての効率の向上は目に見張るものがある。一般的に使用されている白熱電球の光源効率は15 lm/W，ハロゲン電球の場合には20 lm/Wで，現在市販されているInGaN/YAG白色LEDのそれは20〜40 lm/Wまで向上している。しかし，蛍光灯の光源効率は60〜90 lm/Wもあり，白色LEDの光源としての効率はこのあたりを目標としなければならない。このように白色LEDの明るさを向上させるには，(1) LEDの効率を高める，(2) チップ上の外部での光の取り出し効率を高める，(3) 蛍光体の光変換効率を高める，(4) LEDチップの大出力化をはかる，などが考えられ，効率アップの余地は十分に残されている。白色LEDを一般照明として使用する場合，最終的には現在の2倍以上の発光効率をもつ100 lm/Wの光が必要となるだろう。

また，このほかに照明用途に向けての白色LEDの課題には発色光のばらつき，演色性，コストなどがあげられる。色のばらつきについては，基板材料の開発および転位のない良質な結晶成長法の確立，製造プロセスの改善によって達成でき，コスト面については大量生産プロセスを経ることにより解決できる。また，演色性については白色LED用の新たな蛍光体の開発が望まれ，各種LEDの発光波長を有効に利用できる蛍光体，耐候性や耐熱性に優れて劣化しない蛍光体の開発が急務となる。

1.6 おわりに

LEDの技術開発はここ10年くらいで急速に発展した。そのブレークスルーはInGaNに代表される窒化物半導体の開発である。今後もこれをベースとして各色のLEDの発光効率の向上と，より短波長を発光する紫外LEDの開発が継続され，さらには白色LEDに関しては蛍光灯の光源効率をめざした高輝度な白色LEDが開発されるには，現在までの開発スピードを考えるとそんなに長い時間はかからないのかもしれない。まだまだ窒化物半導体には改善される余地があり，半導体結

第5章　LEDと発光材料

晶の製造プロセス，パッケージ，基板および蛍光体を含めた材料開発，実装上の工夫やその制御回路など，あらゆる角度からのアプローチが必要である。これらが解決されたときに，LEDは21世紀のあかりとしてわれわれの生活の多くの場面に登場することだろう。一方で，単に白色電球や蛍光灯の代替光源としての利用だけでなく，LEDの特長を活かした用途の開発も今後の課題として残る。

文　献

1) 酒井士郎，電子技術，**45**（9），2003-7,42（2003）
2) A.Bergh, *et al.*, "Light-emitting diodes", Charendon Press（1976）
3) 板東完治，月刊ディスプレイ，**04**（1），13（2004）
4) 田口常正，照明学会誌，**87**（1），42（2003）
5) 田口常正，OPTNICS, **2000**（12），112（2000）
6) 柴田直樹，平成15年度応用物理学会関西支部シンポジウム "次世代を照らす白色LED"（2003.11.20，島津製作所関西支社マルチホール），p.35（2003）
7) 佐藤壽朗，和田直樹，月刊ディスプレイ，**04**（1），22（2004）
8) H.Li, *et al.*, *Jpn.J.Appl.Phys*, **41**, 1332（2002）
9) T.Nishida, *et al.*, *Appl. Phys. Lett.*, **79**（6），711（2001）
10) 西田，他，"第63回応用物理学会学術講演予稿集"（2000.9.24-27，新潟大学），No.1,27a-YH-4
11) 一ノ瀬昇，月刊ディスプレイ，**04**（1），8（2004）
12) S.Chichibu, *et al.*, "Introduction to Nitrode Semiconductor Blue Laser and Light Emitting Diodes", Chapt. 5（Taylor and Francis, 2000）
13) "蛍光体ハンドブック" 蛍光体同学会編，オーム社（1987），p.116
14) 小田喜勉，他，色材協会誌，**76**（11），439（2003）
15) J.M.Robertson, *Philips J. Res.*, **36**, 15（1981）
16) 小田喜勉，他，色材協会誌，**74**（1），495（2001）
17) 田口常正，日経先端技術，2002. 05. 27, No.14, 12（2002）

2 LED用蛍光材料

小田喜　勉*

2.1　はじめに

　LEDの白色化方法は様々な方法が考案されている。青，近紫外LEDの発光波長を蛍光体で白色へ変換するワン・チップ型，光の3原色であるR（赤），G（緑），B（青）のLEDチップを1つのパッケージにして白色を得るマルチ・チップ型[1]，ZnSe系LEDのようにLEDからの480～490nmの発光と，その発光で励起した基板の585nmをピークとするブロードな発光とを混色することによって白色が得られる方法などである[2]。蛍光体を用いる白色化方法としては，青色LEDと黄色蛍光体とを組み合わせる方法と，近紫外LEDにRGB蛍光体とを組み合わせる方法とが知られているが，現在，携帯電話用液晶のバックライトや車載用電装部品のバックライトとして多く使用されている白色LEDは，青色LEDの発光の一部を黄色蛍光体で変換したものである。青色から黄色への変換であるためストークスシフトが小さくエネルギーロスが少ないこと，青色LEDからの透過光が青色成分として利用できることから効率的であるといえる。一方，近紫外LED＋RGB蛍光体で得られる白色は演色性が高い，RGB蛍光体の混合比によって色調の自由度が高いといった特徴を持っている。このように，蛍光体はLEDの色調変換に関し重要な役割を担っており，蛍光体の発光特性が得られる色調に大きな影響を与える。

　ここでは，青色LED用蛍光体として使用されている$Y_3Al_5O_{12}:Ce^{3+}$（以下YAG：Ce（セリウム付活イットリウム・アルミニウム・ガーネット）と標記）の発光特性および青色LED＋YAG：Ceで得られる白色の問題点について説明する。また，報告されているYAG：Ce以外の蛍光体について紹介する。また，近紫外LED用蛍光体の現状を整理し，改善が求められている赤色蛍光体の開発状況について述べる。

2.2　青色LED用蛍光体

2.2.1　YAG：Ceの発光特性

　YAG：Ceは水銀ランプやフライングスポット管用の蛍光体として古くから実用化されている蛍光体であるが，現在，LED用の蛍光体として最も使用されている。YAG：Ceの励起，発光スペクトルを図1に示す。342および462nmをピークとする励起波長と529nmをピークとする発光波長が観測される。YAG：Ceのこれらのブロードな励起スペクトル，発光スペクトルは，Ce^{3+}イオンの4f-5d遷移によるものであるといわれている[3]。YAG：Ce における462nmの励起波長と青色LEDの発光波長とが重なるために，青色LEDの発光波長は529nmをピークとする黄緑色に変

＊　Tsutomu Odaki　㈱ファインラバー研究所　研究員

第5章　LEDと発光材料

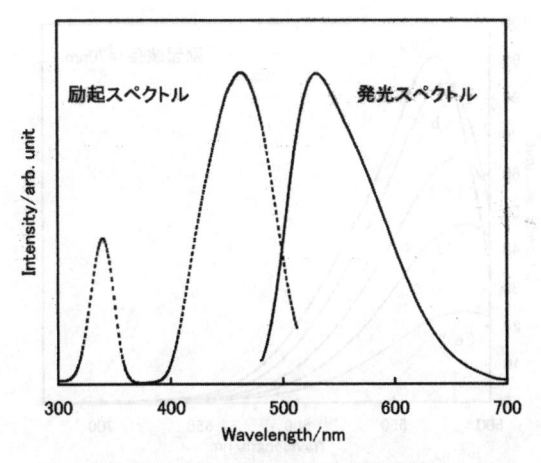

図1　$Y_3Al_5O_{12}$：Ce^{3+}の励起スペクトルおよび発光スペクトル

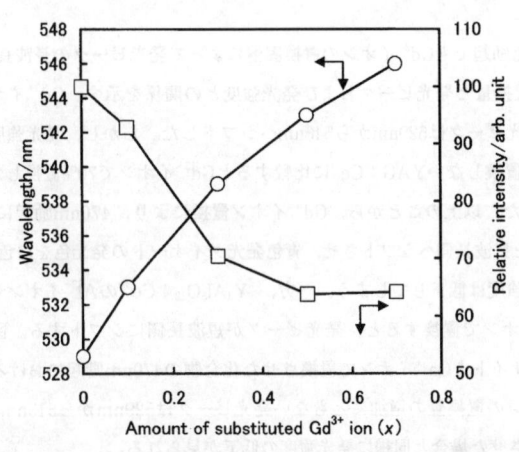

図2　$Y_{3(1-x)}Gd_{3x}Al_5O_{12}$：$Ce^{3+}$のGd置換量とピーク波長，発光強度との関係（励起波長：470nm）

換できる。しかし，529nmの発光は緑みが強く，青色LEDとYAG：Ceとを組み合わせた発光色は緑みの白になってしまう。白色発光を得るためにはYAG：Ceの発光ピークを長波長側へシフトさせる必要がある。YAG：CeはY^{3+}イオンのイオン半径より大きなイオン半径のGd^{3+}イオンが置換固溶すると，紫外線励起での発光ピークが長波長側へシフトすることが報告されている[4]。

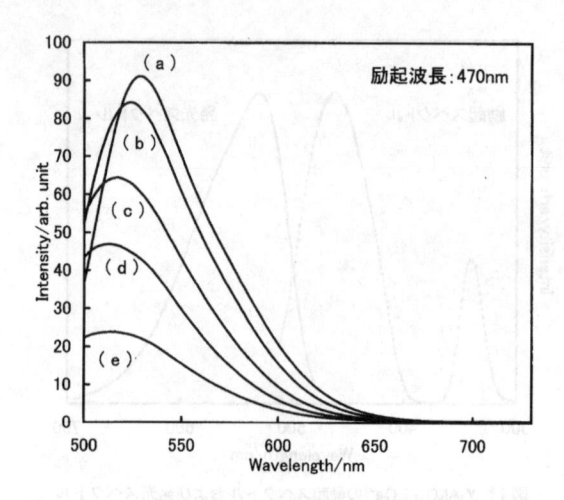

図3　$Y_3Al_{5(1-y)}Ga_{5y}O_{12}$：$Ce^{3+}$のGa置換量と発光スペクトルの関係
(a)：$y=0$，(b)：$y=0.2$，(c)：$y=0.4$，(d)：$y=0.6$，(e)：$y=0.8$（励起波長：470nm）

また，470nmの青色励起でもGd^{3+}イオンの置換固溶によって発光ピークの長波長シフトがおこる。図2にGd^{3+}イオン置換量と発光ピークおよび発光強度との関係を示す。Gd^{3+}イオンの置換量の増加にともなって発光ピークは529nmから546nmへシフトした。しかし，発光強度の減少が確認され，Gd^{3+}イオンを置換しないYAG：Ceに比較するとGd^{3+}イオンで70%置換した化合物では36%発光強度が低下した。以上のことから，Gd^{3+}イオン置換により，470nm励起において，YAG：Ceの発光ピークを長波長側へシフトさせ，青色発光ダイオードの発光色を白色に変換できるが，YAG：Ceの発光強度は低下してしまう。一方，$Y_3Al_5O_{12}$：Ce^{3+}のAl^{3+}イオンサイトをイオン半径の小さな金属イオンで置換すると，発光ピークが短波長側にシフトする。図3に$Y_3Al_5O_{12}$：Ce^{3+}のAl^{3+}イオンサイトをGa^{3+}イオンで置換させた化合物の470nm励起における発光スペクトルを示す。Ga^{3+}イオンの置換量の増加にともない発光ピークは529nmから513nmへシフトするが，Gd^{3+}イオンを置換させた場合と同様に発光強度の低下が見られる。

2.2.2　白色LED（Blue+YAG）の問題点

青色LEDと黄色蛍光体（YAG：Ce）とで得られる白色LEDは，携帯電話における小型液晶や車載用電装部品のバックライト，フットライトや照明スタンドなどに利用されている。また，白色LEDはその低消費電力や長寿命といった特徴を生かし，今までLEDが使用されなかった分野でも利用され，その用途は広がりつつある。しかし，青色LEDと黄色蛍光体とを組み合わせた白色は青と黄の補色関係を利用した擬似白色であるため，緑，赤領域の波長が不足し，高い演色性

（Ra>90）が得られない。演色性は照明光で照明した種々の物体に対する色の見えに及ぼす効果であり，平均演色評価数（Ra）とは試料光源で照明したある物体の色刺激値（心理物理色）が基準光源で照明した同じ物体の心理物理色と一致する度合いを示す数値である。一般に自然光に近い光源において演色性は高くなることが知られている。また，演色性以外の問題点としては高電流時で色ずれが生じる，温度特性が良くないなどの問題点が指摘され，その改善が求められている[5]。また，発光色のばらつきが問題となることも多い。白色LEDはYAG:Ceの黄色発光と蛍光体層を透過した青色LEDの透過光で構成されている。この黄色と青色のバランスで白色発光を得ているが，この2色のバランスが少しでも崩れると発光色に大きな影響を与えてしまう。

2.2.3 その他の蛍光体

BenalloulらはYAG以外の黄色蛍光体として$CaGa_2S_4:Eu^{2+}$を報告している[6]。この蛍光体は480nmまで効率的に励起するため，青色LEDの波長がシフトした場合でも蛍光体の発光効率の低下が少ないとされている。しかし，YAGと比べて発光バンドが狭いため，演色性に影響を与えるとしている。

また，黄色蛍光体としてはEu^{2+}イオンで付活したSr_2SiO_4の報告もある[7]。これはYAG:Ceと同様な幅広い発光スペクトルを持ち，高い発光効率を示すと報告されている。発光スペクトルは発光イオンであるEu^{2+}イオン濃度の増加により，520nm付近の発光ピークが長波長側へシフトする。また，SiO_2配合量の増加によっても発光ピークが長波長側へシフトすると報告している。例えばSr/Siを2/0.5から2/1.3へ変化させた場合，発光ピークは523nmから555nmへシフトすると報告している。Sr/Si=2/0.5の場合，励起スペクトルは332，382nmにピークが存在するが，幅広い単一のバンドのように見える。発光ピークが400nmのLEDと$Sr_2SiO_4:Eu^{2+}$とで得られる白色（$x=0.39$, $y=0.41$）の演色性は68であり，Blue+YAGで得られる演色性と比較すると低い。しかし，黄色発光のピーク発光を効果的に利用することによって演色性を改善できる可能性があるとしている。

新しい酸窒化物蛍光体としてα-サイアロン蛍光体が報告されている[8]。α-サイアロンはα型窒化ケイ素の固溶体で一般式$M_x(Si,Al)_{12}(N,O)_{16}$（M：Li,Mg,Ca,YまたはLa，Ceを除くランタニド金属）で表される。α-サイアロンの格子間に固溶する金属の一部をEu，Pr，Ceなどの金属で置換すると，紫外から可視光で励起される蛍光体になる。とくに，Euで活性化したα-サイアロンは420nmから470nmに励起スペクトルのピークがあり，青色LEDで効率よく550nmから590nmの黄色発光が得られるため，白色LED用の蛍光体への応用が期待されている。また，種々の金属組成，N/O比をもつ物質が合成可能であり，LEDの発光ピークに合わせ励起スペクトルを調整できると報告している。

2.3 近紫外LED用蛍光体
2.3.1 近紫外LED用蛍光体

近年,青色より波長の短い紫色や紫外の光を放射するLEDとRGB蛍光体とを用いた白色LEDが検討されている。GaN系LEDは活性層に含まれるInの量の増加にともない発光ピークが長波長側へシフトすることが知られており,発光ピークが380～410nmの紫外LEDがおもに研究されているようである。また, GaN系LEDの外部量子効率の最大値は400nm付近に存在すると推測され,「21世紀のあかりプロジェクト」が開発した紫外LEDは,サファイア基板に凹凸を設けることで,世界最高の外部量子効率43%を達成している[9]。このように,紫外LEDの効率は著しく改善されており,同時に380～410nmの励起で発光する蛍光体が求められている。

蛍光体を用いた照明装置として蛍光ランプがあるが,蛍光ランプには広帯域発光形と狭帯域発光形とがある。広帯域形蛍光ランプにはブロードな連続スペクトルをもつ蛍光体や各種の発光をもつ蛍光体を組み合わせ,その発光をできるだけ自然光のスペクトルにあわせる努力がされてきた。この考え方によると演色性を改善しようとすれば,光のエネルギーを視感度の低い波長域にも分配することになり,ランプ効率は低下する。しかし,1970年以降に色覚に関する研究が進み,明るさと同様に人間の目は色彩を見分ける色覚も特定の波長に大きく左右され,450,540および610nm付近の三つの波長をピークとする比較的狭い波長域に強い色覚反応があることがわかった。この波長域のエネルギーだけを組み合わせた光で照明すると,あらゆる色彩がすべて見えると報告されている[10]。近紫外LED用蛍光体も同様に,高効率と高演色性を両立するためには,これらの波長域に発光ピークをもった蛍光体が必要になるものと思われる。

図4に380nm励起における市販蛍光体の発光スペクトルを示す。また,これらのピーク波長と発光強度を表1に示す。青色の蛍光体として$Sr_5(PO_4)_3Cl:Eu^{2+}$, $ZnS:Ag$, 緑の蛍光体として$BaMg_2Al_{16}O_{27}:Eu^{2+}$や$ZnS:Cu,Al,Au$, また,赤色の蛍光体として$Y_2O_2S:Eu^{3+}$や$3.5MgO・0.5MgF_2・GeO_2:Mn^{4+}$などが知られている。励起波長が380nmになると市販されている蛍光体はLED用として利用できるものもある。しかし,この図からわかるように青や緑の蛍光体と比べると赤色蛍光体の発光強度はいちじるしく低い。RGB蛍光体を任意の割合で混合し,それぞれの蛍光体からの発光量が等しくなると,その発光色は白色となるが,現状では赤色蛍光体の発光強度が低いので,白色を得るには赤色蛍光体の配合量をいちじるしく増加しなければならない。紫外LEDとRGB蛍光体とで得られる白色光を高輝度化するためには赤色蛍光体の発光量を増加させる必要があり,この改善が求められている。

2.3.2 赤色蛍光体の開発状況

発光イオンにEu^{3+}イオンを用いた赤色蛍光体は,シャープなスペクトルを持つことから蛍光ランプやカラーテレビなど広く使用されている。これは,同一色調を示すスペクトルの中では,ス

第5章 LEDと発光材料

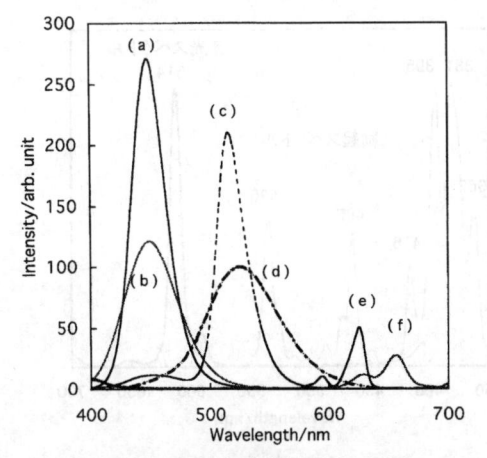

図4 市販の各種蛍光体の発光スペクトル
(a)：$Sr_5(PO_4)_3Cl:Eu^{2+}$ (b)：$ZnS:Ag$ (c)：$BaMg_2Al_{16}O_{27}:Eu^{2+}, Mn^{2+}$ (d)：$ZnS:Cu, Al, Au$
(e)：$Y_2O_2S:Eu^{3+}$ (f)：$3.5MgO\cdot 0.5MgF_2\cdot GeO_2:Mn^{4+}$ （励起波長：380nm）

表1 市販の各種蛍光体のピーク波長と発光強度

	ピーク波長（nm）	発光強度（任意尺度）
$Sr_5(PO_4)_3Cl:Eu^{2+}$	448	271
$ZnS:Ag$	451	121
$BaMg_2Al_{16}O_{27}:Eu^{2+}, Mn^{2+}$	517	210
$ZnS:Cu, Al, Au$	526	101
$Y_2O_2S:Eu^{3+}$	626	50
$3.5MgO\cdot 0.5MgF_2\cdot GeO_2:Mn^{4+}$	657	27

（励起波長：380nm）

ペクトル幅の狭いほうが明るいためである[11]。紫外LED用の赤色蛍光体も同じ理由でEu^{3+}イオンを発光イオンとした蛍光体が良いと考えている。

著者らは赤色蛍光体として$LiEuW_2O_8$を合成し，その発光特性を報告した[12]。図5に$LiEuW_2O_8$の励起・発光スペクトルを示す。362，381，395，416，465，536nmをピークとするシャープな励起帯が確認できる。また，発光スペクトルとして593nmにEu^{3+}イオンの$^5D_0\rightarrow{}^7F_1$遷移によるピーク，614nmに$^5D_0\rightarrow{}^7F_2$遷移による発光ピークを観測した。これらはEu^{3+}イオンによる4f-4f型遷移であるため，その発光スペクトルはシャープなものとなっている。図6に$LiEuW_2O_8$の発光過程としてEu^{3+}イオンのエネルギー準位図および$LiEuW_2O_8$の励起スペクトルを相当するエネルギ

177

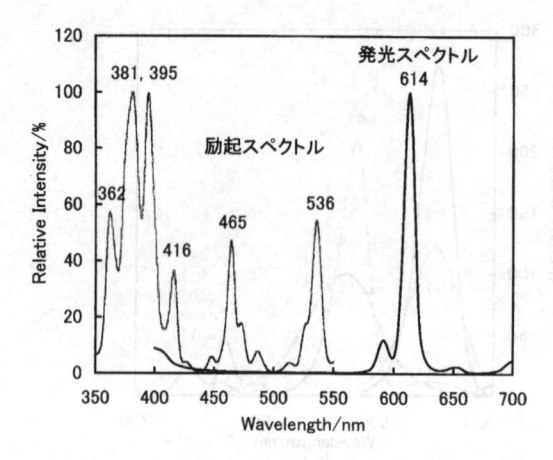

図5 LiEuW$_2$O$_8$の励起スペクトルおよび発光スペクトル

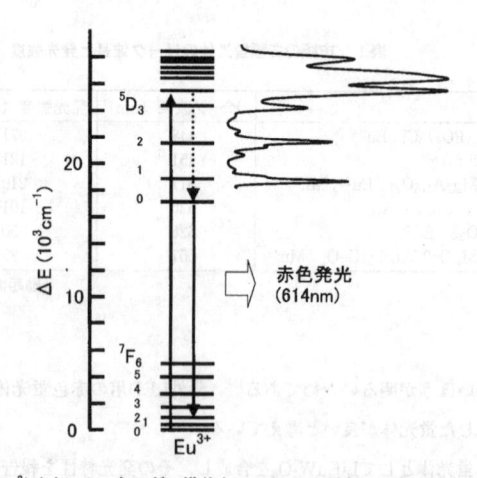

図6 Eu^{3+}イオンのエネルギー準位とLiEuW$_2$O$_8$の励起スペクトル

ーの位置に表示した。励起光を395nmとした場合,発光は以下の過程を経ると考えられる。まず,①Eu^{3+}イオンの395nmに相当するエネルギー準位によって励起光が吸収される。②熱や格子振動によってエネルギーの一部を放出しながらエネルギーの低い安定な励起状態(^{5}D$_0$)に移る。③発光準位から光を放出する(^{5}D$_0$→^{7}F$_2$)。④基底状態(^{7}F$_0$)へ戻る。このような発光過程を繰り

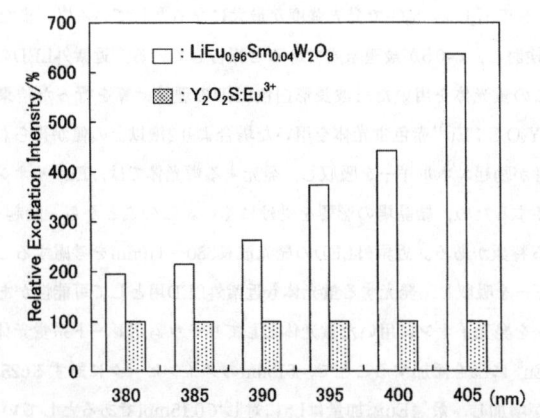

図7 各波長におけるLiEu$_{0.96}$Sm$_{0.04}$W$_2$O$_8$とY$_2$O$_2$S：Eu^{3+}との励起強度の比較

返しLiEuW$_2$O$_8$は614nmの赤色を発光している。LiEuW$_2$O$_8$の励起スペクトルをみると，励起帯とEu^{3+}イオンのエネルギー準位の位置とが一致している。LiEuW$_2$O$_8$の励起スペクトルがシャープになるのはEu^{3+}イオンのエネルギー準位がとびとびの値をとるためであり，Eu^{3+}イオン自身が励起光を吸収し，赤色を発光していることを裏付けている。しかし，395nmから410nmにかけて励起強度が急激に低下している。このことから395～410nmの範囲においてLiEuW$_2$O$_8$の赤色発光はLEDの発光ピークに大きく依存することがわかる。たとえば，励起光源であるLEDの発光ピークが395nmから410nmに変化した場合，LiEuW$_2$O$_8$の発光強度は著しく低下してしまう。そこで，400nm前後での励起特性を改善するため，増感剤としてSm^{3+}イオンを置換固溶させたLiEu$_x$Sm$_{(1-x)}$W$_2$O$_8$を報告した[13]。Sm^{3+}イオンを置換固溶させることで403nm付近に新しい励起帯が出現することから，Sm^{3+}イオンからEu^{3+}イオンへエネルギー伝達が起こると考えた。図7に380～405nmの各波長におけるY$_2$O$_2$S：Eu^{3+}の励起強度を100とした場合のLiEu$_{0.96}$Sm$_{0.04}$W$_2$O$_8$の相対励起強度を示す。波長が長波長側へシフトするにしたがいLiEu$_{0.96}$Sm$_{0.04}$W$_2$O$_8$の相対励起強度は向上し，405nmではY$_2$O$_2$S：Eu^{3+}より6.4倍の励起強度を得た。これは励起光源の波長が長くなるとLiEu$_{0.96}$Sm$_{0.04}$W$_2$O$_8$とY$_2$O$_2$S：Eu^{3+}との発光強度差が大きくなることを示し，GaN系紫外LED素子における外部量子効率の最大値が得られた400nm付近ではLiEu$_{0.96}$Sm$_{0.04}$W$_2$O$_8$の発光の方が強いことを意味する。

一般に蛍光体では発光イオン濃度が高くなると，逆に発光強度が低下する濃度消光と呼ばれる現象がおこる。しかし，Eu^{3+}イオンの配列によってはLiEuW$_2$O$_8$のように明らかな濃度消光をおこさない蛍光体もある。窪田らはSrLaGa$_3$O$_7$にEu^{3+}，Tb^{3+}，Tm^{3+}イオンを固溶させ，その発光特

性を報告しており，$SrEu_{0.8}La_{0.2}Ga_3O_7$で発光強度が最大になるとしている[14]。また，山田らはCa$(Eu_{1-x}La_x)_4Si_3O_{13}$を検討し，$x=0.5$が最適組成であると報告している。近紫外LEDの外部量子効率を0.40と仮定し，この蛍光体を用いた三波長形白色LEDの理論計算を行った結果，発光効率は21.6lm/Wとなり，Y_2O_2S：Eu^{3+}赤色蛍光体を用いた場合より2倍以上の値が得られている[15]。これらEu^{3+}イオン自身が励起エネルギーを吸収し，発光する蛍光体では，Eu^{3+}イオンの内殻にある4f軌道の電子が関与するため，結晶場の影響を受けにくい。このことから，励起・発光スペクトルが似た形状となる特徴がある。近紫外LEDの発光波長380〜410nmを考慮すると，Eu^{3+}イオン自身が励起エネルギーを吸収し，発光する蛍光体も近紫外LED用として可能性があると思う。

一方，Eu^{3+}イオンを発光イオンに用いた蛍光体としてリチウムボレート系蛍光体が報告されている[16]。Li-B-O：Eu^{3+}にLaを添加することで，615nmのメインピークに対する625nmのサブピークの相対発光強度が増加し，最適Eu添加量はLaに対して0.15molであるとしている。Li-La-B-O：Eu^{3+}の励起強度はY_2O_2S：Eu^{3+}と比較して同程度であるが，サブピークの強度比が高いため，その輝度は2.6倍になる。励起スペクトルおよび発光スペクトルの変化は，希土類元素が添加されたことで結晶構造が変化したためであると考察している。しかし，Li-La-B-O：Eu^{3+}の結晶構造は既存のデータベースに一致するものが見られないため，現在，結晶構造解析が進められている。

また，Y_2O_2S：Eu^{3+}と比較して2倍明るいLa_2O_2S：Eu^{3+}の報告もある[17]。

このように，近紫外LED用の赤色蛍光体について，研究が盛んに行われている。LED用の蛍光体は，励起波長が近紫外から可視光といった比較的弱いエネルギーを吸収し，発光しなければならない。このことから，蛍光体にLEDの波長を吸収する機能をもたせることが重要なポイントになっている。$LiEuW_2O_8$などはEu^{3+}イオンの不対電子によってLEDの発光波長を吸収しているが，La_2O_2S：Eu^{3+}などは隣接した陰イオンからEu^{3+}イオンの4f軌道に1個の電子が移動した電荷移動状態（CTS：charge transfer state）を利用している。どちらがLED用蛍光体に適しているか，明らかなことはわからないが，今後も新しい組成の蛍光体が多く報告され，最適化されていくと思われる。

2.4 おわりに

最近の報告をもとに，青色および近紫外LED用蛍光材料について紹介した。蛍光体はLEDからの発光波長を変換し，白色をはじめとする様々な色調へ変換することができる。とくに蛍光体はLEDの白色化に大きな影響を与え，色度，明るさ，演色性といった白色光の性質を左右する重要なファクターになっている。蛍光ランプ，水銀ランプまたはブラウン管用蛍光体と比べ，LED用蛍光体の研究は始まったばかりである。今後，新しい蛍光体が開発され，更にLEDの可能性が広がると思われる。

第5章 LEDと発光材料

文献

1) 一ノ瀬昇,月刊ディスプレイ,**10**, No.1, 8 (2004)
2) 武部敏彦,中村孝夫,白色LED照明システム技術の応用と将来展望,p.163,シーエムシー出版 (2003)
3) E. N. Ipatova, R. F. Klevtsova, and L. P. Solov'eva, *Sov. Phys. Crystallogr.*, **21**, 648 (1976)
4) R. F. Klevtsova, L. P. Kozeeva, and P. V. Klevtsov, *Sov. Phys. Crystallogr.*, **19**, 50 (1974)
5) 田口正常,照学誌,**87**, 42 (2003)
6) P.Benalloul, C. Barthou, C.Fouassier, A. N. Georgobiani, L.S.Lepnev, Y.N.Emirov, A.N.Gruzintsev, B.G.Tagiev, O.B.Tagiev, R.B.Jabbarov, *J. Electrochem. Soc.*, **150**, G62 (2003)
7) J.K.Park, M.A.Lim, C.H.Kim, H.D.Park, J.T.Park, S.Y. Choi, *Appl. Phys. Lett.*, **85**, 683 (2003)
8) 広崎尚登,解 栄軍,三友 護,第298回蛍光体同学会講演予稿,p.1 (2003)
9) 白倉資大,大久保 聡,日経エレクトロニクス,No.844, 105 (2003)
10) "蛍光体ハンドブック",蛍光体同学会編,p.78,オーム社 (1987)
11) "蛍光体ハンドブック",蛍光体同学会編,p.119,オーム社 (1987)
12) 小田喜 勉,高木和久,橋本和明,戸田善朝,色材,**74**, 495 (2001)
13) 小田喜 勉,橋本和明,吉田克己,戸田善朝,色材,**77**, 163 (2004)
14) S.Kubota, M.Izumi, H.Yamane, M.Shimada, *J. Alloys Comp.*, **283**, 95 (1999)
15) 山田健一,大田正人,田口正常,照学誌,**88**, 297 (2004)
16) 吉松 良,吉田尚史,第301回蛍光体同学会講演予稿,p.19 (2004)
17) 鈴木尚生,白色LED照明システム技術の応用と将来展望,p.141,シーエムシー出版 (2003)

3 白色LEDとその応用

杉本武巳*

3.1 急増する白色LED

LEDの世界市場が急増している。その主な要因は携帯電話市場の拡大に起因するところが大きい。特に液晶ディスプレイがモノクロからカラーに切り替わった2000年秋以降，そのバックライト光源に白色LEDが使用されたことにより，白色LEDの需要拡大が一気に加速度を増した。白色LEDの世界市場は年々倍々の勢いで拡大し，2003年でその規模は50億個に達した模様である。

図1に白色LEDの需要分野構成比を示す。図に示すように，白色LEDの需要先としては携帯電話用が圧倒的に多く全体の60％を占める構成となっている。その他，車載用が8％，小型電子機器向けが6％，照明機器向けが同じく6％，表示機器向けが5％，その他が15％といった構成となっている。

携帯電話ではメインの液晶ディスプレイのバックライト用に電話機1台あたり3～4個の白色LEDが採用されている。車載向けでは現在白色LEDが採用されているカ所はインスツルメントパネル周りが中心で，車1台あたり30～40個の白色LEDが使用されている。また最近では車室内の間接照明などでの採用も始まっている。小型電子機器としてはデジタルカメラやデジタルビデオカメラ，PDAの液晶バックライト用途が中心となる。パネルの大きさから，デジタルカメラでは1台あたり3個程度，デジタルビデオカメラやPDAでは6個程度，それぞれ白色LEDが使用されている。

現時点で照明機器用途で白色LEDが採用されるケースとしては，LEDの長寿命化などによるメリットが生かせる演色照明やアクセント照明などが中心となる。今後の照明用光源としての期待

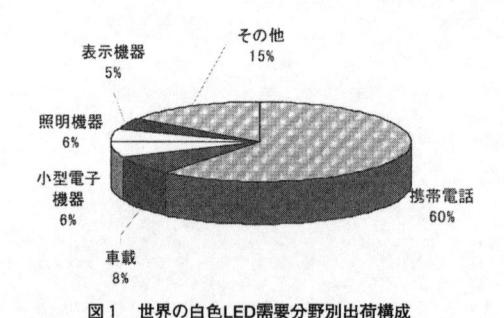

図1 世界の白色LED需要分野別出荷構成
注）2002年度数量ベース
資料：㈱矢野経済研究所，「拡大するLED市場の現状と将来展望 2003年版」

---

* Takemi Sugimoto　㈱矢野経済研究所　インダストリー・テクノロジー本部　執行役員

第5章 LEDと発光材料

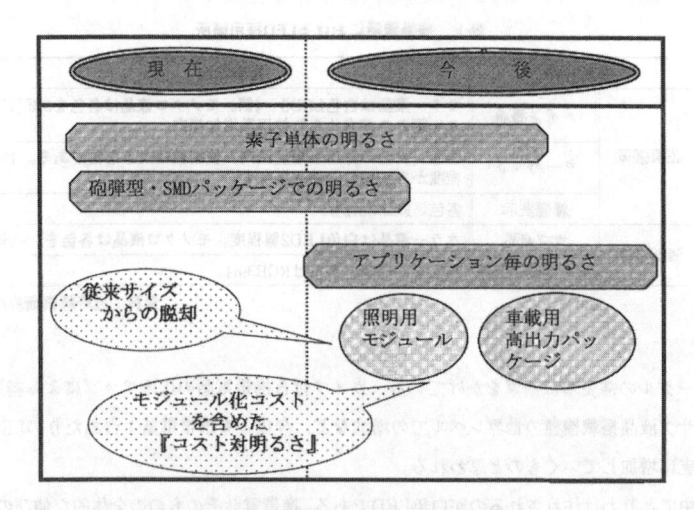

図2 白色LEDで求められる明るさの今後の方向
資料：㈱矢野経済研究所、「拡大するLED市場の現状と将来展望 2003年版」

は非常に大きく、産学官あげて現在積極的に研究開発が行われている。その他、白色LEDが登場したことにより、各種表示機器用途においても従来色との組み合わせで表現の多様化が可能になり、各種サインボードへの採用が進んでいる。従来は赤色やオレンジ、緑色による表示機器が中心であったが、高輝度白色LEDによる見やすい文字表現が可能となってきている。

3.2 携帯電話における白色LEDの採用状況と今後の展望
3.2.1 携帯電話におけるLED採用状況

携帯電話は白色LEDのみならず、あらゆる色のLEDにとっても非常に重要なアプリケーションであり、逆に携帯電話側から見てもこれらLEDは必要不可欠なデバイスであり、今日なくてはならない存在となっている。

LEDは液晶バックライトを始めとして、着信表示部、キーパット等に多用されている（表1参照）。カラー液晶のバックライトには白色LEDが、モノクロ液晶のバックライトにはグリーンやオレンジ、黄色などの多色LEDが多用されている。着信表示部は従来単色での採用が多かったが、光分け機能の導入もあり、複数のLEDを搭載する場合や、RGB3チップ品の搭載も増えてきている。キーパッドにも同じく多色LEDが採用され、なかには白色LEDを20個も使用する機種もある。

携帯電話の世界市場は2003年度に5億台を越え、今後とも中国市場を中心にさらなる拡大が予想される。これら携帯電話1台あたりにおけるLEDの使用数量は増加傾向を見せており、それが

183

ディスプレイと機能性色素

表1 携帯電話におけるLED採用箇所

搭載箇所		搭載状況
必須搭載	メイン液晶	カラー液晶は白色LED3～4個。モノクロ液晶は各色を3個程度。より明るさが求められ使用数増加傾向。
	キーパット	各色。白色の採用も増加傾向。使用数は大きな幅がある。10個程度から20個以上使う場合も。
	着信表示	各色。RGB3in1も。
個別搭載	サブ液晶	カラー液晶は白色LED2個程度。モノクロ液晶は各色を1～2個。
	カメラ補助光源	白色を2～4個。またはRGB3in1。

資料：矢野経済研究所

LEDトータルの需要増に拍車をかけている。カメラ付き携帯電話の比率アップによる補助光源向けや，サブ液晶搭載機種の世界レベルでの増加など，今後とも携帯電話1台あたりのLED使用数量は確実に増加していくものと思われる。

その中でとりわけ注目されるのが白色LEDである。携帯電話そのものの全体的な伸びのなかで，最近の世界レベルでのカラー液晶搭載機の拡大やカメラ付き携帯電話機の普及拡大に伴い，これら用途向けの白色LEDの需要は急増しており，今後もその傾向は強まっていくであろう。白色LEDはメイン液晶に3～4個，サブ液晶にも2個程度使用され，カメラ付き携帯電話の補助光源用には1～4個の白色LEDが使用されている。また，従来グリーンやオレンジ色などが多かったモノクロ液晶のバックライトや，数字ボタン下にも白色LEDが使用されるケースも増えてきている。特に欧州ではデザイン重視の指向が強く，16個の白色LEDをボタン下に配する機種もある。さらには携帯電話の多機能化に伴う新たなLEDニーズの出現など，携帯電話における白色LEDの重要度は益々増していくことが予想される。

3.2.2 携帯電話における今後のLEDニーズ

LEDはこのように携帯電話においてすでに全てのニーズに対し対応し，全ての必要なカ所に対して採用が進んでいる。そのため，今後の技術的な対応としては，LEDの各特性向上に係わるテーマが中心になっている（表2参照）。カラー液晶バックライト用の白色LEDに対しては，さらなる明るさの向上や色合いの向上が求められている。

カメラ付き携帯電話用補助光源に関しては，カメラの搭載が始まったのが比較的まだ新しいということもあって，今のところ補助光源は大きく二つの方式に分かれている。一つは白色LEDを2～4個使いモジュール化するケースと，RGB3in1品を採用する場合がある。補助光源として求められる特性としては，他の用途と同様にさらなる高輝度化があげられる。携帯電話に搭載されるCCDはスタート時の30万画素程度のものが，現在では100万画素を越え，いまやデジタルカメラと同様のスペックである300万画素に迫ろうとしている。このようにCCDの画素数が増えればよ

第5章　LEDと発光材料

表2　携帯電話用LEDの開発課題

採用箇所	要求事項	
メイン液晶・サブ液晶 ・キーパッド・着信表示	低価格化	
	明るさUP・色合い	多色化など
カメラ補助光源	光出力	色再現性

資料：矢野経済研究所

り高い照度が必要になる。これはバッテリー駆動の携帯電話においては低消費電力と明るさの向上の両立を意味するものであり，開発課題としては非常に厳しい要求であるといえる。さらにこの高画素化によりフラッシュ撮影時においても色再現性の高い画像が求められており，それに対応する白色LEDやRGB3in1の開発が急がれている。

3.3　車載用における白色LEDの採用状況と今後の展望
3.3.1　様々な箇所で活躍するLED

　表3に示すように，低電圧で発光効率に優れたLEDは，低発熱で設計の自由度も高いことから車載用途として急速に需要が拡大している。現在車載用でLEDが採用されているカ所は，内装用光源の操作ボタン，メーターパネル照明，インジケーターの他に，最近では室内灯にも採用が始まっている。また，外装光源としてはハイマウントストップランプやリアコンビネーションランプなどがあり，自動車メーカーによりそれぞれ使用する色や使用数量が違ってくる。

　操作ボタンの場合，通常チップLEDが使用され，その使用数量は操作ボタンと同数の20個～40個と，車種によってかなり幅がある。操作ボタンにおいては文字を認識するわけではなく，ボタンの場所の認識がメイン用途であるため，発光効率は10 lm/W程度のものでクリアすることができる。

　メーター照明パネルの場合は，同じくチップタイプのLEDが基板上に直接実装される。使用数量は10個～40個と，メーターパネルの種類によって大きな幅がある。メーターパネル全体の明るさは8cd前後であり，自動車メーカーからのパネルメーカーへの仕様提示はこのスペックのみで

ある場合が多い。ここで使用されるLEDは最も高輝度なLEDが主体であり、メーターパネルによってはパネル透過率が悪いものもあり、より高輝度なLEDが求められている。インジケーターに関してもチップタイプのLEDが基板上に直接実装されている。インジケーターの数は概ね1台あたり20個前後あり、一つの表示に一つのLEDが使用されていることから、LEDの数も車1台あたり20個前後になる。明るさについては、操作ボタンと同様に10 lm/W程度のもので十分である。

ハイマウントストップランプには砲弾型のLEDランプを線状に並べ、モジュール化してランプが構成されている。以前はハイマウントストップランプ一列に30個～40個のLEDが使用されていた時期もあったが、現在では長さ30cmに対して3個程度と、高輝度化に伴い使用個数は大幅に減少している。ハイマウントストップランプは国内では装着義務はないが、ドライバーの安全性を向上させるために装着していることから、最高輝度のLEDが使用されている。リアコンビネーションランプも最高輝度の砲弾型LEDランプが使用される。車載機器メーカーはパネルと同様に、より高輝度なLEDを使用することで、使用数量を減らしたいと考えている。以前は片側40個程のLEDを使用していた時期もあったが、現在は少ないケースで10個程度で対応する場合もある。リアコンビネーションランプは意匠性が重要視される部分であり、実装面でハイマウントストップランプのように複数車種での部品の共通化を図ることは難しい。

3.3.2 車載用LEDの使い分け

車載用LEDの色は表3に示すように様々で、その採用カ所や車種によって異なっている。メーターパネル照明の場合は自動車メーカーや車種によって大きく異なる部分である。たとえばトヨタ自動車ではLED採用車種の約80%が白色LEDであるのに対して、日産自動車では企業イメージの統一性からメーターパネル照明にはオレンジ色を採用していく方向にある。メーターパネル照明には多くて40個ものLEDが使用される。このため車載機器メーカーではパネル内での色のばらつきを押さえるために、色温度と輝度を一定条件で絞った状態で購入している。

メーターパネル照明と同様に内装光源である操作ボタンでは、車種によって色の違いがあるが、一般的には黄緑色とオレンジ色が多くなっている。

外装光源のハイマウントストップランプでは装着義務が無いこともあり、色についての規制はない。しかし、ストップランプの一種であることから、通常赤色のLEDが一般的に使用されている。一方、リアコンビネーションランプは規格でその色が決まっている。ストップランプは赤色、ターンシグナルランプは白もしくは淡黄色となっている。

そして、現在自動車メーカーを始めとして、多くの車載機器メーカーにより積極的に開発が進められているヘッドランプに関しては、白色または淡黄色と規格上はっきり決められている。よって、その開発は基本的には白色LEDによる検討となる。また、白色LEDの色味についてはまだ真剣に検討されている段階ではないが、方向性としては現時点で先進的なヘッドランプである

186

第5章　LEDと発光材料

表3　車載用LEDの採用箇所と色特徴

LED採用箇所		LED光源の色特徴	今後の傾向
内装光源	操作ボタン	多用されているのは黄緑色とオレンジ色。メーターパネル色と統一を取る場合もある。	モデルチェンジのタイミングで大部分がLED化の方向に進む。課題はさらなる高輝度化と低価格化。
	メーター照明パネル	自動車メーカーごと採用色は異なる。	
	インジケーター	赤，オレンジ，緑，青といった色味が主体。メーター照明との組み合わせにもよる。	
外装光源	ハイマウントストップランプ	装着義務がないため色に対する決まりはない。通常，ストップランプとして使用されるため赤色が採用される。	一時的に電球に戻ったが，また順次LED化の方向に進んでいる。
	リアコンビネーションランプ	規格で決められている。ストップランプは赤色，ターンシグナルランプは白，淡黄色。	過半数がLED化の方向に進んでいる。省エネ効果と薄型化メリットで採用拡大。
	ヘッドランプ	白色か淡黄色と決められているが，基本的には白色。白色の色味についてはHIDランプのように青みがかった白が好まれる方向と，自然光色に近い白色が必要といった考え方がある。	量産車への採用はなく，現在研究開発中。絶対的光束のアップ，LEDの配光システムの構築，車載条件でのLED特性と信頼性の確保。

資料：矢野経済研究所

HIDランプに見られるような青みがかった白色光であり，もう一つは自然光に近い白色光である。

3.3.3　今後の車載用LEDの動向と白色LEDの市場性

　車載用途においてまだすべての光源がLED化されたわけではないが，流れは確実にLED化の方向で動いてきている。すでにLEDが採用されているケースにおいては，今後はコスト低減が最重要視されることになる。また，まだ採用されていないケースにおいては，その使用カ所に応じた特性を満たすことが必要になってくる。

　すでにLED化が進んでいるメーターパネル照明やインジケーター，操作ボタンなどは，今後も積極的に採用が拡大していく状況である。LEDは他のデバイスと同時に実装することが可能で，従来の電球を使用するケースと比べてパネルとしての組み付けが簡素化されることから，パネルメーカーにとっても大幅な生産性の向上が可能となる。また，メーターパネル自身も小型化の方向性にあり，LED化はその流れに合致している。

　ハイマウントストップランプに関しても，一時期コスト面で電球に再び戻った時期もあったが，近年のLEDの高輝度化により使用個数の削減や，LED価格の低下などにより再びLED化の方向で採用は進んでいる。

　リアコンビネーションランプでもLED化は進んでいる。LED化のメリットとして大きなものは

省エネルギー効果があげられる。そしてもう一つのメリットとしてはユニットの薄型化がある。最近はこれらのメリットとコスト面が徐々に釣り合うようになってきており，2003年を境目としてLED化は大きな前進を見せ始めた。

　車載用LEDの最終目標といえるのがヘッドランプである。このLEDヘッドランプの開発では，LEDメーカーから自動車メーカーに至るまで，多くのメーカーらにより実用化に向けての開発が活発に行われている。このヘッドランプのLED化では数年前から各展示会のショーモデルにLEDヘッドランプが搭載されてきているが，実際にはハロゲンランプやHIDランプの特性の向上により，2010年でも実現は難しいとされてきた。しかし，最近の白色LEDの発光効率の改善スピードは注目に値するもので，それに対応する形で自動車メーカー側もLEDヘッドランプ化に対する課題解決に向けて積極的な開発を進めている。

　LEDヘッドランプの実用化に際しての大きな課題の一つに配光システムがある。白色LEDの輝度がいくら高くなったとしても一つの白色LED素子で現在のハロゲンランプ並の光束を得ることは難しく，そのため実際の実用化においては複数のLED素子を使用することになる。現行のヘッドランプは1.5mm×7.0mmのフィラメントコイルからなる"点光源"をベースにパラボラ反射させて配光している。

　このLED化では複数の白色LED素子を組み合わせた"面光源"となるため，現時点ではこの面光源による配光システムは理論上でも厳しい状況下に置かれている。これを解決するアイデアとしては，面からでた光を何らかの形でいったん集約して点光源にすることがあげられている。加えて，現在のフィラメントコイルの面積で分割して，その一つ一つの部分を各LEDが分担して受け持つ配光設計を一つのシステムとし，これを複数組み合わせた配光システムなどが検討されている。

3.4　照明用白色LED
3.4.1　照明用光源としての白色LEDの特徴

　照明機器への白色LEDの応用を考えた場合，白色LEDには既存の光源にはない多くのメリットがあげられる（表4参照）。その多くのメリットのなかで最も大きいのが長寿命化である。既存光源の代表であるふつう電球の寿命は1,000〜2,000時間であるが，使い方によっては数百時間で切れてしまう場合もある。これに対して白色LEDは一般的に40,000時間程度の寿命があり，製品によっては10万時間をクリアするものもある。また，水銀などを含むことの多い既存光源は，廃棄物処理の段階で有害物質を排出するが，白色LEDの場合有害物質は含まれていない。

　消費電力においても同じ明るさの白熱電球の1/10，蛍光灯に対しても1/2程度と少ない。既存光源では光源を明るくする方法として大電流を投入する必要があるが，これに比べて白色LEDは

第 5 章　LEDと発光材料

表 4　白色LED光源の特徴

	LEDメリット	既存光源
長寿命	一般的には寿命30,000時間～40,000時間。商品によっては100,000時間も。	普通電球で寿命1,000時間～2,000時間。使用方法により数百時間の場合もある（長寿命タイプもある）。
環境対策	有害物質を含んでいない。	水銀などを含む場合が多く，廃棄処理時に有害物質を排出。
小型化	ランプタイプでφ3やφ5，表面実装が可能なSMDタイプもあり薄型化も可能でデザイン自由度が高い。	ランプ自体が各種部品によりアセンブリーされていて大きくなっており，デザイン上の制約にもなっている。
低消費電力	明るさ同等の白熱電球比1/10，蛍光灯比1/2程度の消費電力。	省エネルギータイプの商品化もされているが，明るさアップには電流量を増やす必要がある。
低発熱量	LED自体は60℃以下の発熱。さらに照明器具工夫も可能。	白熱電球のフィラメント部は1,200℃まで上昇。照明器具の工夫を施しても長時間使用で100℃近くまで上昇。
指向性	所定角度の範囲で発光するので光の有効活用が可能。	光源自体は360度の配光になり，反射鏡などで指向性を付ける。

資料：矢野経済研究所

大幅な省エネルギー効果をもたらす。また，電球のフィラメント部分は1,200℃近くまで上昇するが，これに対して白色LEDの場合発熱温度は60℃以下であり，結果として室内空調に対して大幅な省エネルギー効果をもたらすことができる。加えて，既存光源自体は360度の方向に配光を行い，無駄な方向にも光を発しているので，必要に応じて反射鏡などを使って指向性をつけているが，白色LEDの場合所定角度の範囲で発光するため光の有効活用が可能である。

その他，白色LEDの場合形状的に自由度が大きい。小型軽量化や器具形状のデザインが自在といった大きなメリットがある。建築物へのビルドインやRGB発色の展開，調光が可能といったメリットもあげられる。

3.4.2　白色LED光源の普及展望

このように照明器具としてメリットの多い白色LEDであるが，実際の製品化においては価格の高さが大きな障害となっている（表5参照）。現在の白色LED1個あたりの光束は概ね1 lm～2 lmであり，価格を60円として設定すると1 lmあたりの価格は30円～60円とすることができる。一方，40Wの白熱灯の場合，光束500 lm程度で，価格が50円～100円であることから1 lmあたりの価格は0.1円～0.2円。電球ソケット型蛍光灯の場合，光束は700 lm程度で，価格は1,000円～1,400円であることから，1 lmあたりの価格は1.4円～2.0円ということになる。現状の白色LEDの価格は白熱灯と比べてその価格差は実に600倍，比較的市場価格の高い電球型蛍光灯に比べてもその価格差は42倍と非常に大きい。

白色LEDの今後の普及を考えた場合，このように価格の問題が最重要課題となってくる。現行

表5　各種光源の価格比較

	40W 白熱灯	蛍光灯 (電球型)	LED
円/lm	0.1〜0.2	1.4〜2.0	30〜60

資料：矢野経済研究所

　の明るさで価格が一桁安くなったとしても一般照明用への普及は厳しく，その需要先は白色LEDの特徴がトータルコストを含めて受け入れられる限定分野での採用を見込むことができる程度である。しかし，白色LEDの特徴のなかにはコストを超えた魅力も数多く，現在照明器具メーカーや光源メーカー各社においては，将来光源としての期待の表れから積極的なLED化が進められている。

　白色LEDによるLED照明実用化のアプローチは，白色LED素子そのものの改善と照明器具の新たな設計の両面がある。白色LED素子の改善では，照明用途に向けての発光効率の改善の他に，幅の広い白色の色バリエーションや演色性の向上を目指した開発の方向性がある。具体的には，青色LEDに従来からのYAG蛍光体だけでなく，赤色蛍光体を加えることで従来難しかった電球色領域の色あわせを可能にしている。また，紫色LEDにRGB蛍光体，さらにはそれに新たな工夫を施すことで明るさと演色性の両立を目指した開発が行われている。

　照明器具の開発では，既存のSMDパッケージを実装するのではなく，白色LED素子を基板に直接実装することで大幅な明るさの向上が図られてきており，そのための新たな放熱設計技術と光学設計技術の開発が，照明器具メーカー各社により積極的に行われている。

第6章　FED

1　FED技術と今後の展開

中本正幸*

1.1　はじめに

　マイクロ波管の高速化のため，MITで，Field Emitter Array (FEA) がデザイン[1]されて以来，新たに誕生した半導体デバイス技術を取り込みつつ，真空マイクロエレクトロニクスは，発展してきた。近年では，高度情報化社会を支える基本的なデバイスである，フラットパネルディスプレイの一つ，Field Emission Display (FED)[2~6]を，重要な応用分野として，活発に研究されている。FEDは，FEAを電子源とし，CRTと同じく電子線励起蛍光体発光を利用している。CRTの優れた特性を維持しながら，更に高精細で，画像のひずみが無く，小～大画面まで作製可能で，消費電力の低い平面型ディスプレイを実現できる次世代平面ディスプレイとして期待されている。特に，1993年にLETIより，世界初のフルカラー動画FEDがデモされ，関心が一層高まった。近年では，LETIの製造会社PixTechだけでなく，米国，日本，韓国等を中心として，活発な研究開発が行われている。ここでは，真空マイクロエレクトロニクスの最近の研究開発状況及びFEDを中心とした応用等について述べる。

1.2　FEDの概要と基本原理

　FEDでは，熱陰極の代わりに，サブミクロン～ミクロンサイズの多数の先鋭な陰極アレイ (FEA) に高真空中で高電界を印加して，量子力学的なトンネル効果により電子を引き出す電界電子放出陰極を用いるのが一般的である。電界電子放出陰極の基本構造を図1に示す。電界電子放出は，先端曲率半径の小さなエミッタ先端に，負電圧を印加しエミッタ先端の電界強度が10^6～10^7V/cm程度になると，図2に示すように表面のポテンシャル障壁層が約10nm以下と薄くなり，エミッタ内の電子がこの障壁層を，FowlerとNordheimにより定式化された量子力学的トンネル効果により透過し，真空中に放出される現象である。

　この場合，電界電子放出電流密度J（A/cm^2）と電界強度F（V/cm）との間に，Fowler-Nordheimの式と呼ばれる次式の関係が成立する[22, 23]。

＊　Masayuki Nakamoto　静岡大学　電子工学研究所　ナノビジョン研究推進センター　教授

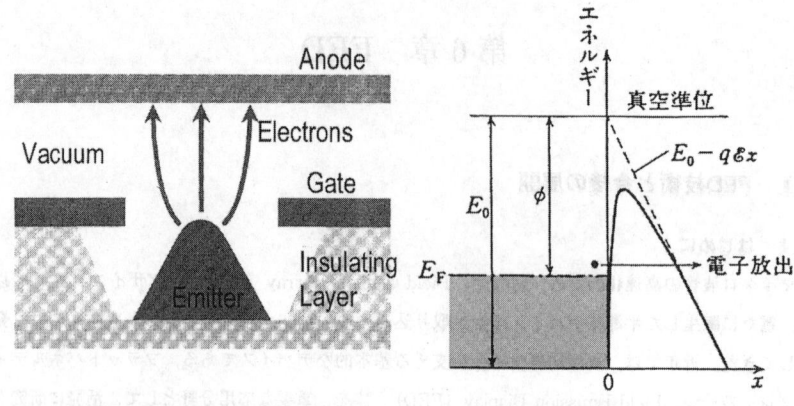

図1　電界放出陰極アレイ（FEA）の基本構造　　　図2　電界電子放出のエネルギーバンド図

$$J = [e^3/16\pi^2 h][F^2/\phi t^2(y)]\exp([-4(2m)^{1/2}/(3eh)]\phi^{3/2}V(y)/F)$$
$$= (1.541 \times 10^{-6})F^2/\phi t^2(y)\exp((-6.826 \times 10^7)\phi^{2/3}V(y)/F) \quad (1)$$

ここで，ϕは仕事関数（eV），hはプランク定数，eは素電荷，$t^2(y)$，$V(y)$，$y=3.79\times 10^{-4}F^{1/2}\phi$は鏡像効果による補正係数であり，近似として$t^2=1$，$V(y)=0.95-y^2$で表される。エミッタ先端の先鋭度で決まる電界集中係数をβ，放出面積をaとすると，電界強度及び放出電流は次式で表される。

$$F = \beta V \quad (2)$$
$$I = Ja \quad (3)$$

(2) 及び (3) を (1) 式に代入すると，下記の関係式が得られる。

$$\mathrm{Log}\,(I/V^2) = m/V + k \quad (4)$$

これがFowler-Nordheimプロットと呼ばれるもので，$\mathrm{Log}\,(I/V^2)$と$1/V$の間には直線関係があり，逆にこの直線関係より電子放出が電界放出であることが分かる。

FEDでは，この電界放出された電子を陽極―陰極間に印加した電圧で加速し，陽極上に形成したRGB蛍光体画素を逐次発光させて画像を表示する。代表的なFEDの構成図を図3に示す。CRTでは熱陰極からの放出電子を走査して画像を表示するのに対して，FEDではFEAで構成される面状のマトリックス電子源を各画素ごとに対向して配置する。このため，FEDは，表示面内の像ひずみが少ない，並列走査が可能であるなど，CRTに比べて高精細性，高輝度性の点でも優れると期待される。FEDの作製は，FEA基板とRGB蛍光体を塗布したフェースプレートを対向配置し，筐体内部を真空排気した後，FEA基板とフェースプレートを封着するのが一般的である。

第6章　FED

ゲート付きのFEAを用いた3極管構成の場合は，FEAをカソードライン上に形成し，これと直交するゲートラインが交差する点のFEAブロックから電子を放出させ，対向する蛍光体画素を発光させる。FEAとアノード（蛍光体フェースプレート）のみの2極管構成の場合は，アノードラインをカソードラインに直交するように配置して，交差する蛍光体画素を発光させる。

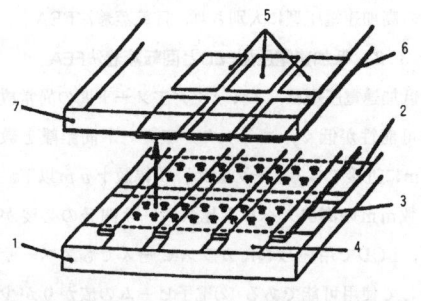

1：ガラス基板　2：カソードライン　3：絶縁層　4：ゲートライン
5：蛍光体（RGB）　6：透明アノード　7：前面ガラス基板

図3　FEDの基本構成

FEDの特長は，①蛍光体による自発光型であるため，広視野角（原理的には180°）②高速応答が可能（μsec台）で，残像の無い滑らかな動画像が得られる ③耐環境性に優れる（極低温から110℃前後までの広い温度領域で動作が可能，動作温度はむしろ蛍光体及び電子回路で制限される。LCDの動作温度は0～50℃，プラズマディスプレイでは5～35℃と推定される）④並列走査が可能等潜在的に高輝度，高精細性に優れる ⑤面状の電子源を用いるため，薄型のディスプレイが作製でき，画像歪みが少ない ⑥電界放出（ヒータ電力不要）を用いるため，低消費電力である（消費電力を決める主要因は蛍光体の励起効率）　等が挙げられる。

1.3　FEAの研究開発動向

1.3.1　回転蒸着法（Spindt法）FEAとFEDへの応用

第2次対戦直後のFEAは電界研磨で尖らせた棒状のカソードを並べる稚拙なものであった。FEAには，大きく分けて，縦型構造と横型構造の2種類あるが，米国SRI（Stanford Research Institute）のSpindtらは，縦型FEAの一種である回転蒸着法（いわゆるSpindt法）FEAを開発し，現在の真空マイクロエレクトロニクス開発の基礎を築いた[7]。フランスのLETIは，1985年，回転蒸着法FEAを用いて，真空チャンバー内ではあったが，世界初のモノクロFEDの試作に成功した[2]。これは，他の代表的縦型構造FEA，Naval Research Lab.のGrayらが開発したSi異方性エッチング法（Gray法）FEAが発表され広がり始めた頃[8,9]であり，当時としては，群を抜いたレベルの高さであった。その後，製造会社米国PixTechが，国際的なアライアンスを，米国Raytheon, Motorola, 双葉電子等と結び，FED開発の先頭を走ってきたため，様々な研究機関で開発が行われ，最も用いられているFEA作製法となった。現在まで，試作された大部分のFEDは回転蒸着法FEAである。

FEDは蛍光体加速電圧によって，初期の数百Vオーダーの低加速電圧型から，近年の数KV以

193

上の高加速電圧型に大別され，回転蒸着法FEAも，FED構造とともに発展してきた。

1.3.2　低加速電圧型FEDと回転蒸着法FEA

低加速電圧型は，エミッタ／アノード間の異常放電の可能性が低く，エミッタ／アノード間距離を数百μmに近接できる。そのため，①幅数十μm以下，高さ数mmの高アスペクト比スペーサ開発の必要が無く，LCDで用いられたガラスビーズでもスペーサとして使用可能である　②電子ビームの広がりが少なく，収束電極が不要であるという利点を持つ。LETIを始め，初期のFEDはすべて低加速電圧型である。

図4に，代表的な低加速電圧型FEDの構成断面図[5]を示す。様々なエミッタ材料が検討されたが，初期の頃より現在まで，高融点金属のモリブデンが，最も使用されている。エミッタ基底部長さは0.12～数μmの

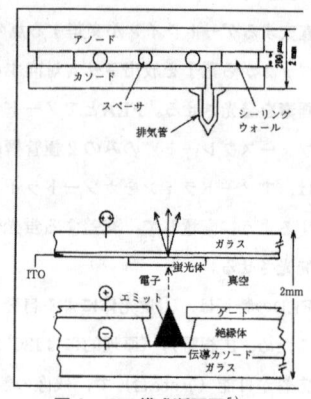

図4　FED構成断面図[5]

ものが多い。基板にはガラス，カソードラインには金属またはITO層を使用，カソードとゲートはμmオーダーの厚さのSiO_2層で絶縁されている。駆動法は単純マトリックスであり，各画素はカソードラインとゲートラインの交点となる。蛍光フェースプレートの構成は2種類あり，RGB 3色の蛍光体層をガラス板上のアノードとなる一様なITO層上に塗布したUnswitched Anodeと，RGB 3色蛍光体毎にITO電極層を分離形成し，シーケンシャルに選択した蛍光体層を発光させるようにしたSwitched Anode[5,6]とがある。Switched Anodeの場合は，RGB 3色の画素毎にカソードを形成する必要はなく共通のカソードを用いることができるため，カソードのドライバー数を1／3にすることができ，アノードとカソードの位置あわせが容易などの利点がある。エミッタ／アノード間はガラス等のスペーサーにより200μm～数mmの間隔に保たれる。蛍光体フェースプレートとカソードのガラス基板は，排気管を通して真空排気，数時間ベーキングして脱ガスした後ガラスフリットシールされる。

低加速電圧型FEDでは，高効率・高輝度の励起発光蛍光体が，青白色発光のZnO：Zn以外に少ない。文字表示等の特殊用途を除いて，家庭用表示装置としては，フルカラー化に難点がある。米国政府援助の蛍光体コンソーシアム中心に，高効率低加速電圧蛍光体の研究開発が開始された。しかし，現在に至るまで，高効率実用蛍光体が開発されていない。初期のLETIのFEDは，加速電圧260V，モノクロ発光（蛍光体ZnO：Zn），輝度は60Cd/mm^2，効率は1lm/W，コントラスト60：1以上であった。現在，モノクロで通常240Cd/m^2，最大1200Cd/m^2（アノード電圧600V），フルカラーで通常136Cd/m^2，最大300Cd/m^2（アノード電圧500V）のものを試作したとしてい

第6章　FED

る[10〜12]。双葉電子は，1999年，7インチワイド画面低電圧フルカラーFED（画素480×RGB×240）を試作[13]し，アノード電圧を従来の400Vから800Vに上げ，また，緑色蛍光体をZnGa$_2$O$_4$：MnからYAG：Tbに変更し，ゲート電圧77V，デューティ1/260，輝度300Cd/m^2，64階調，消費電力（全点灯）9.6Wを得ている。

1.3.3　高加速電圧型FEDと回転蒸着法FEA

低加速電圧の高効率・高輝度フルカラー蛍光体が，なかなか，開発されない為，高加速電圧型FED及びFEAの開発が，盛んになってきた。高加速電圧型は，高アスペクト比スペーサ及び収束電極の開発という課題があるが，20〜30KV加速のCRT用蛍光体，例えばP22を用いることが可能で，高輝度化が容易である。また，CRTと同様に蛍光フェースプレートのメタルバック処理を行うことも可能であり，輝度向上だけでなく，蛍光体の剥離によるFEAの信頼性低下を防止する効果も得られる。PixTechは，SID'99にて，図5に示すように世界初の15インチ大型FEDを回転蒸着法FEAを用いて6KVの高加速型（アノード電圧4KV，画素276×368）で試作し，500Cd/m^{2}を得た[14]。また，電子線によるスペーサ表面のチャージアップと画像劣化（歪み）や放電の発生，また，スペーサ材料の導電性変更による画像劣化改善の考察等の，スペーサについての初の報告がPixTechからあった[14]。表面に適当な処理（詳細未発表）を施したガラススペーサでは，アノード電圧6KVまでは画像歪みをなくすことが可能で，Siスペーサでは歪みは50μm以下，未処理ガラススペーサでは−80〜＋150μm，MgOでは＋30〜200μmの画像歪みが発生する。画像に影響を及ぼさないスペーサの開発が，今後の高加速電圧FEDの大きな課題である。一方，CandescentはソニーとアライアンスでFEDを組み，6KV高加速型で，図6に示すような5.3インチフルカラーFED（1/4VGA）を試作し，デモした[15,16]。エミッタ／アノード間距離1.25mm，Wall

図5　高加速電圧15インチフルカラーFED[14]

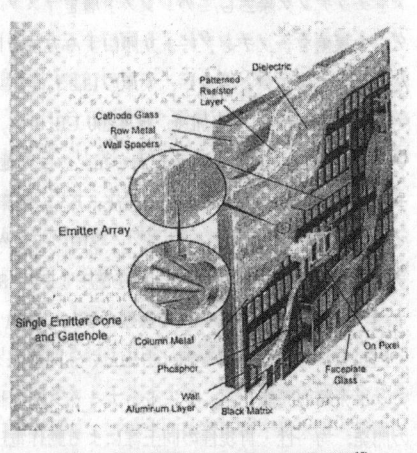

図6　高加速電圧5.3インチFED構成図[15]

195

Spacer, メタルバック, BM付きで輝度約250Cd/m², コントラスト200:1, 消費電力2Wを得ている。

FEA構造としては, エミッタ／アノード間の距離が, 1～2mmと離れているため, 電子ビーム収束技術が必要となる。PixTechは平板の収束グリッドを用いたが, Candescentは, 従来の収束グリッドや個別エミッター体形成された収束レンズではなく, 図7に示すようなWaffle構造と名付けた, 矩形の孔を井戸のように厚さ40μmの導電性厚膜に開け, その中にFEAを入れ込んだ構造[16]を採用している。また, 通常のFEAのゲート開口径1～3μmと比較し, 図8に示すようにCandescentの回転蒸着法FEAのゲート開口径は0.15μmと小さく[17], MITの0.14μmと並び, 現在, 最も小さなFEAのひとつである。そのため, 動作電圧が30V, スイッチング電圧が10Vと低く, 電子ビームの広がりが小さいことが, この収束方法が有効な理由としている。MITは, このような小さな開口径をレーザーリソグラフィーにより達成したが, Candescentは, イオンビームをレジストに照射し, ダメージを受けたレジストをエッチング除去し,このレジスト層をマスクとしてゲート電極をエッチングにより開口する方法を開発した[16]。SID'00では, さらに, 大型の13.2インチSVGA, 800×3×600画素, 5KV加速, 輝度200 Cd/m², コント

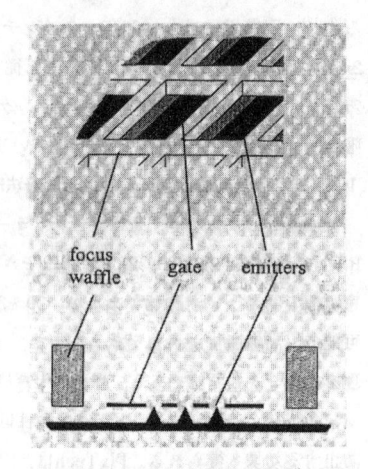

図7 Waffle構造収束電極[14]

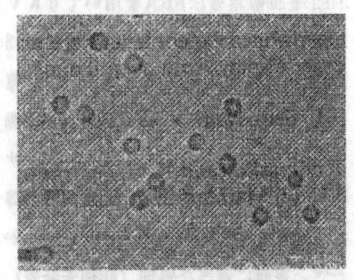

図8 ゲート開口径0.15μmのFEA[17]
(Plain View)

ラスト230:1の試作, 展示があった[1]。この他, Motorolaが図9に示すような5.6インチフルカラーFED (1/4VGA, アノード電圧5KV, 画素320×240, 50%NDフィルター付き350Cd/m², フィルター無し1000Cd/m²) を[18], 韓国の三星が, 金属メッシュの収束電極付き5.2インチフルカラーFED (画素192×160×3, 加速電圧4KV, 300Cd/m²) を試作している[19]。

1.3.4 FEA及びFEDの技術課題と新しいFEA

FEAは, 破壊, 電流変動, 劣化という問題点を完全に解決できていない。実用化のためにはエミッタ先端の先鋭化や, ゲートとエミッタ間の近接化, 安定な長寿命な低仕事関数エミッタ材料の開発, 均一性・再現性の向上等による動作電圧の低減等により, 上記の技術課題を解決する必要がある。FEDの技術課題としては ①高効率で安定動作するFEAの実現 ②高効率・長寿命蛍光

体の開発 ③スペーサ，収束電極等のFED構造 ④FEAが劣化しない真空封止プロセス・真空筐体開発等が挙げられる。最大の技術課題は，現在も，①高効率で安定動作するFEAの実現であり，研究開発の大部分が集中されてきた。近年，ようやく，FED試作レベルには到達したが，回転蒸着法（Spindt法）FEAの場合には，エミッタの先鋭性，均一性の更なる向上，大面積化技術，真空蒸着装置の巨大化対策，スループットの向上，設備投資額の低減が課題である。長い歴史を持ち，FED応用への完成度は現在のところ最も高いが，今後，実用化へ向けてブレークスルー技術が必要である。回転蒸着法と並ぶ代表的な縦型構造エミッタであるSi異方性エッチング法（Gray法）FEAの場合には，Si半導体微細加工プロセスを十分に駆使できる利点があるが，エミッタ材料として仕事関数が5.0eVとMoの4.3～4.5eVよりも高いSiしか用いることができず，Siウエー

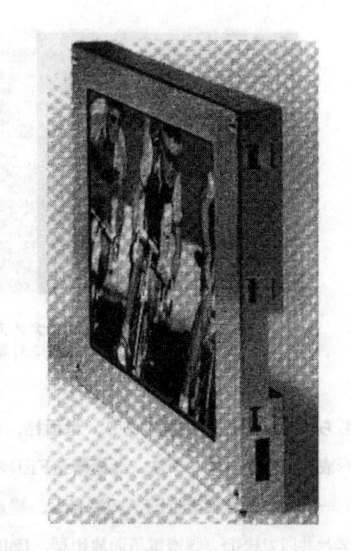

図9　高加速電圧5.6インチフルカラーFED[18]

ハサイズに規制されて大面積化が困難である。近年では，均一性・再現性に優れた低電圧駆動の先鋭エミッタが得られ，大面積化も可能な転写モールド法FEA及び，それを発展させ，真空プロセス不要，大面積で，ナノメーターオーダーの先鋭度が得られる金型転写モールド法ナノテクノロジー技術が発表された[20～25]。

また，エミッタ材料の観点からの研究も検討され始め，電子親和力が負になる可能性があるダイヤモンド薄膜やダイヤモンドライクカーボン（DLC）を用いた研究が活発である[26]。化学的に安定で，雰囲気依存性が少なく，低真空動作が期待されるカーボン系では，1998年頃より，カーボンナノチューブ（CNT）を用いたFEA，及びFED試作が相次ぎ，研究ブームの状況を呈している[27～29]。長さが10μmを越え，直径が，Single Wall Nanotube（SWNT，単層ナノチューブ）で，0.7～2nm，Multiwall Nanotube（MWNT，多層ナノチューブ）で，5～50nmと小さく，高アスペクト比，高先鋭性のため，低電圧駆動が期待され，しかも，mA/cm^{2}オーダーの大電流密度が得られている。MWNTを用いた高電圧蛍光電子管の試作報告[27]に続き，図10に示すようなSWNTを用いた4.5インチのダイオード構造FEDの試作が報告された[28]。ZnS；Cu, Al緑色発光蛍光体電着膜を用いて輝度450Cd/m^{2}at. 3.7V/μmを得た。ガラス上に，400μm幅，250μmピッチでパターニングしたナノチューブ／メタル膜を形成し，200μmスペーサを用いている。2000年に入り，3極化が開始され，15インチ3極CNTFEDが発表された[29, 30]。発光が不均一で，

図10　カーボンナノチューブFEAを用いた4.5インチFED[28]
(左図：外観図　右図：蛍光発光画像)

ちらつき，CNTの破壊もあり，低価格，高収率，大面積，低温度のCNT作製法，CNTエミッタ形成法，パターニング法，3極構造FEDの開発等が，今後の課題である。

一方，平形薄膜構造FEAの開発も，盛んになってきた。縦型構造では，松下電工が東京農工大学と共同でBSD（弾道電子面放出型，Ballistic Electron Surface-emitting Display）と名付けた2.6インチFEDを試作（画素53×40，電流密度最大約$1mA/cm^2$）した[31]。Pt/SiO_2/多結晶ポーラスSi薄膜/Siの両端に電圧を印加すると，電界放出された電子がSiO_2膜を通過する際加速され，Pt薄膜を突き抜けて，対向するアノードの蛍光フェースプレートに衝突し発光する。ほぼ垂直にPt薄膜を電子が飛び出すため，電子ビームの広がりが少なく，収束電極が不要である。駆動電圧が20Vと低いうえ，FEA表面をPt膜が覆っているため低真空でも劣化が少ない，構造がシンプルで，均一薄膜形成が可能ならば，大面積化が容易等の利点を持つ。電子放出効率は約1％であり，従来のMIM型の0.001〜0.01％よりは非常に高いが，凸形の電子放出部を持つ縦構造FEAの約100％に比較して低いのが課題である。横型構造では，Surface-Conduction Electron Emitter（SCE,表面伝導エミッタ）を用いた平面型ディスプレイをキヤノンが発表した[32]。粒径5〜10nmと小さな超微粒子の酸化パラジウムからなる薄膜に，通電により酸化パラジウムの溶融に起因すると考えられる裂け目（ギャップ：nmオーダー，幅100μm）を生じさせ，2つに分離した酸化パラジウム薄膜をエミッタ及びゲートとして用い，ナノメーターオーダーのエミッタ/ゲート間距離により，低電圧駆動14Vで電子を引き出し，高加速電圧6KVをアノードに印加して，アノード電流1.6μA，ゲート電流0.9mAを得ている。アノード/カソード間距離2〜5mm，240×240×3ピクセル，256階調，10インチのディスプレイを試作し，6KVの高加速電圧によりブラウン管用P22蛍光体を用いて，690Cd/m^2の高輝度を得ている。印刷法で形成できるため，大画面FED形成に向き，低コスト等様々な利点を持っている。

第6章 FED

1.4 おわりに

　自発光で広視野角，エネルギー変換効率が高く低消費電力で，高精細，小～大画面まで作製可能，また，広い動作温度領域を持ち，アウトドア等の過酷な条件でも使用可能なFEDは，次世代平面ディスプレイとして高いポテンシャルを持っている。FEAに集中していた研究も，スペーサー，収束電極，真空封止プロセスへと拡大し始めた。解決すべき技術課題は数多くあるが，真空マイクロ素子の初の応用デバイスとして，21世紀の情報化社会を担う，高品質ディスプレイの実現が期待される。

文　献

1) A. D. Haeff and L. S. Negarrd, Proc. IRE **28**, (1940) 126
2) R. Meyer *et.al.*, Japan Display 86 Tech. Digest, (1986) 513
3) R. Meyer, Tech. Digest of 4th International Vacuum Microelectronics Conference, (1991) 6
4) A.Ghis *et.al*, IEEE transaction , ED.38, (1991) 2320
5) P. Vaudaine *et.al.*, IEDM Tech. Digest, (1991) 197
6) F.Levy *et.al*, IDRC Tech. Digest, (1991) 20
7) C. A. Spindt *et.al.*, *J. Appl. Phys.*, (1976) 5348
8) H. F. Gray, Proc.29th Int. Field Emission Stmp. (1982) 111
9) H. F. Gray *et.al.*, IEDM Tech. Digest, (1986) 777
10) *Electronic Design*, Jan. 9, (1995) 95
11) F. Courreges, SID'96 Tech.Digest, (1996) 45
12) Information Display,11, (1996) 10
13) M.Tanaka *et.al.*, SID'99 Tech.Digest, (1999) 818
14) N. Tirard-Gatel *et.al.* , SID'99 Tech.Digest, (1999) 1138
15) T.S. Fahren, SID'99 Tech. Digest, (1999) 830
16) T.S. Fahren, IVMC'99 Tech. Digest, (1999) 56
17) C. J. Curtin and Y. Iguchi, SID'00 Tech. Digest, (2000) 1263
18) P.Shineda, IDW'98 Tech. Digest, (1998) 11
19) J. M. Kim *et.al.*, IVMC'99 Tech. Digest, (1999) 54
20) M. Nakamoto *et.al.*, IVMC'93, Late News#28 (1993)
21) M. Nakamoto *et.al.*, IVMC'95Tech. Digest, (1995) 186
22) M. Nakamoto *et.al.*, IEDM'96 Tech. Digest, (1996) 297
23) M. Nakamoto *et.al.*, IEDM'97 Tech. Digest, (1997) 717
24) M. Nakamoto *et.al.*, IVMC'99 Tech. Digest, (1999) 330
25) M. Nakamoto *et.al.*, IEDM'00 Tech. Digest, (2000)

26) Z. L. Tolt *et.al.*, IVMC'99 Tech. Digest, (1999) 160
27) S. Uemura *et.al.*, SID'98 Tech. Digest, (1998) 1052
28) W. B. Coi *et.al.*, IVMC'99 Tech Digest, (1999) 311
29) S. Uemura *et.al.*, IDRC'00 Tech. Digest, (2000) 398
30) J. M. Kim *et.al.*, IDW'00 Tech. Digest, (2000)
31) T. Komoda *et.al.*, IDW'99 Tech Digest, (1999) 939
32) I. Nomura *et.al.*, IDW'96 Tech Digest, (1996) 523

2 カーボンナノチューブを用いたFED

潘　路軍[*1], 田中博由[*2], 中山喜萬[*3]

2.1 はじめに

FEDのエミッタ材料及びその構造や形状などはディスプレイの特性，例えば，動作電圧，画像の均一性，安定性などに極めて大きな影響を与える。そこで近年カーボンナノチューブ（CNT）をFEDエミッタの新材料として応用しようという研究が盛んに行われ，注目が集まっている。

1991年飯島氏により発見されたCNT[1]は，その特異な形状とそれに由来する特異な性質から，情報科学，生命科学，エネルギー環境科学など広範囲のナノテクノロジーに貢献できる素材であると期待されてきた。CNTが発見されて以来，その構造，特性，合成方法などに関する研究が多くの研究者によって精力的に行われ，基礎と応用両面の情報が大量に蓄積されて来ている。その様な中にあって，電子放出エミッタとしての応用に関する主な特徴を以下に列挙する。

① アスペクト比（縦横比）が大きく，先端が鋭い（先端曲率半径はナノメートルオーダー）。
② 良好な電気伝導性がある。最大電流密度は$1GA/cm^2$に達し，銅線の千倍程度の通電が可能である。
③ 表面が化学的に安定で不活性であるため，耐スパッタリング性と対腐食性に優れている。
④ 機械特性が優れており，そのヤング率は1TPaとダイヤモンドと同レベルである。
⑤ 高い耐熱性を持ち，真空中では2400℃以上の高温に耐える。
⑥ 電界電子放出（以下電界放出）の閾値電圧が低い（$1 \sim $数$V/\mu m$）。

このようにCNTは鋭い先端，化学的安定性，機械的強靱性，良好な電気伝導性等があり，これまでで最も優れたエミッタ材料であると言える。本節はCNTの電界放出特性及び実際のFEDのエミッタへの応用について述べる。

1995年RingzlerとDe HeerらはCNTが低い閾値電圧と高電流密度で放出できるという論文を発表し，ディスプレイ用エミッタへの応用を提案した[2]。1998年に斉藤氏と伊勢電子の共同研究によるCNTエミッタを用いた発光ディスプレイが初めて試作され，CNTのFEDへの応用が一躍注目されるようになった。その後，各方法で作製したCNTの電界放出特性に関する研究とFEDへ応用の可能性に関する検討が盛んに行われ，特に日本や韓国の多くのディスプレイメーカがCNT-FEDの開発を行っている。

[*1]　Lujun Pan　大阪府立大学　大学院工学研究科　電子物理工学分野　助手
[*2]　Hiroyoshi Tanaka　大阪府立大学　大学院工学研究科　電子物理工学分野　特別研究員
[*3]　Yoshikazu Nakayama　大阪府立大学　大学院工学研究科　電子物理工学分野　教授

2.2 CNTの電界放出特性

　CNTは細く，先端が鋭いため，電界が先端に強く集中し，低い電圧でもCNT表面からトンネル効果によって電子を引き出すことができる。このため，表示デバイスに応用する場合には，低い電圧でも駆動が可能になり，消費電力を低下させることができるようになる。一般にFEDは多数の束になったCNTを電子放出源（陰極）として用いるが，束としての電子放出特性を知るために，各々1本のCNTがどの様な特性を持つのかを知る必要がある。図1はタングステン先端に一本のCNTを取り付けることにより作製したCNTチップの走査型電子顕微鏡（SEM）像である。CNTの外径は約10nmである。このCNTチップを10^{-10}Torrの超高真空チャンバーに入れて，陰極として用い，また，蛍光体を塗布したITOガラス基板を陽極として用いてCNTの電界放出測定を行った。両電極間の距離は28mmに設置した。図2はその電圧―電流特性を示したものである。CNTの合成時，或いはCNTチップを作製する際にCNT表面に非晶質カーボン層が付着する。この非晶質カーボン層は真空中での加熱処理により除去することができるが，加熱処理前には非晶質カーボンの絶縁バリアがあるため，CNT電界放出の立ち上がり電圧は

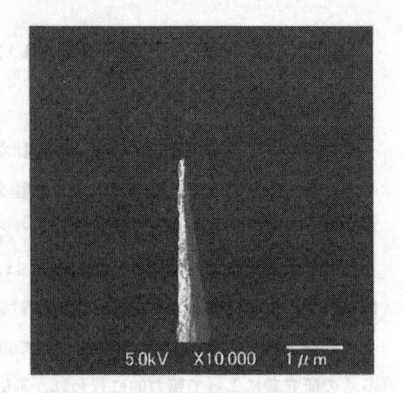

図1　タングステン針先端に接続した一本のCNTのSEM写真

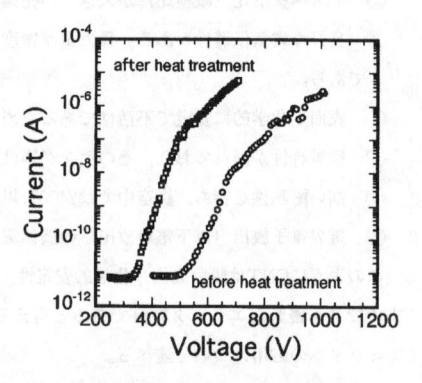

図2　加熱処理前後のCNTの電界電子放出特性の変化

CNTそのものより高くなる。実際の測定では，閾値電圧500VのCNTチップが，加熱処理後には320Vにまで，180Vも低下することが分かった[3]。電圧に対する電流の立ち上がりも急峻になる。また，非晶質カーボン層を除去したCNTは700Vでは10μAに近い大電流が得られ，CNTがエミッタとして高輝度を実現できる優れた特性を有していることが分かる。つまり，CNT表面に付着する非晶質カーボンの除去はCNTのエミッタ機能を改善するための重要な一手段であることが分かる。また一方，非晶質カーボンを除去するためには，熱酸化も有効な方法である。ガラス基板上に作製したCNTエミッタの活性化処理として，ガラスの歪点温度以下の400～500℃前後での熱酸化が効果的な方法であると考えられる。しかしこの様な熱酸化は非晶質カーボンを除去すると

第6章　FED

同時に，CNTにもある程度の損傷を与えるという欠点があり，実際にCNTエミッタを作製するときには，CNT表面に非晶質カーボンが堆積しない対策を講じることの方がより実用的だと考えられる。

　電界放出顕微鏡（FEM）を用いたCNTの電子放出パターンの研究[4]により，CNTの電界放出は先端にある6つの五員環から優先的に行われると考えるのが一般的になってきている。しかしながら放出サイトにはガスの吸着と脱離が発生し，放出電流がそれに対応し階段状に増減する[5]。放出電流は，吸着がないと概して安定であると思われ，電流密度が非常に大きいと考えられるμA以上に放出電流を増加させても，比較的安定な特性を示すことが分かった[6]。

　先端が閉じたCNTは主に先端にある五員環から電子放出を行うが，先端が開いたCNTでは，電子放出は主にCNTの開口部のグラフェンシートの円周[7,8]あるいはそこから飛び出した炭素原子ワイヤから行うことが報告されている[2]。開口したCNTの電子放出が炭素原子ワイヤから行うという報告では，放出電流は閉止したCNTよりも，大幅に増大したと報告されているが，その後の研究によると，開口したCNTも閉止したCNTとほとんど同じような電子放出特性を持つ場合が存在するということが分かっている[7]。

　CNTをエミッタとして使用する場合，先端の構造は放出電流の大きさ及び安定性に強く影響すると考えられるので，CNTのカイラリティー，直径，先端形状と構造等の電子放出特性に及ぼす因子の系統的な研究とデータの蓄積は，今後に残された課題である。

2.3　CNTの作製法

　CNTの成長方法は，物理気相成長法（Physical Vapor Deposition: PVD）と化学気相成長法（Chemical Vapor Deposition: CVD）の2つに大きく分類される。典型的なPVDによる作製法はHe雰囲気下における炭素電極の直流アーク放電法である[9]。500Torr程度の圧力下で放電を行うと陰極上に炭素堆積物が生成し，その中心付近にCNTが存在する。しかし，この方法で合成したCNTはカーボンパーティクル等の不純物が多く混在する状態であり，エミッタとして使用する場合には，これらの不純物を除去しCNTを精製する必要がある。また，その他のPVDによる成長方法として，レーザアブレーション法も単層CNTを合成するのによく用いられる。この方法では基板に対向して置かれたグラファイトターゲットにレーザ光を集光照射することにより生成したグラファイトの蒸気が気相中あるいは基板上に凝集しCNTを成長させる。これらのPVDによるCNT成長法は，今のところ堆積量がそれほど多くないため，大量生産には向かないが，炭素のみを高温で蒸発させて成長させるため結晶性が高いCNTを得ることができる。もう一方のCVDによる成長方法は，触媒金属と炭化水素系ガスを用いて行うもので，以前にはカーボンファイバーの成長が類似の方法で行われてきた。ガス状の原料を加熱した基板表面に供給し，熱分解反応に

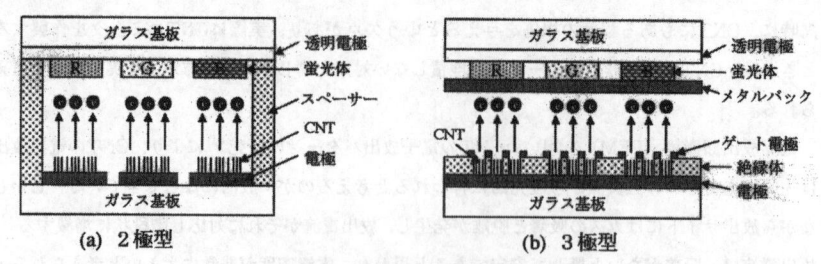

図3 2極および3極型CNT-FEDの基本構造

より薄膜堆積を行うものである。この基本的な方法（以後熱CVDと略す）をもとにして，原料ガスの分解効率を高めるために，原料ガスを予熱して供給する方式や，プラズマを利用する方式，ホットフィラメントにより触媒効率を高める方式など多様な方法がある。

2.4　FED用CNTエミッタの作製法と特徴

図3にCNTをエミッタとして用いた場合のFEDの基本構造図を示す。(a) には2極型CNT-FED，(b) には3極型のCNT-FEDを示す。下半分はCNTを用いた電子エミッタであり，上半分はRGB蛍光体で構成した発光セルである。2極型は最もシンプルな構造をもっており，パネル作製も簡単であるが，スイッチング電圧が高いという欠点がある。3極型の場合，ゲート電極を挿入することで，スイッチング電圧を低減することができる。また，電子ビームの広がりとビーム間のクロストークを防止するため，ゲート電極と陽極の間に，収束電極を挿入する4極型のFEDも考案されている。当然，パネル構造が複雑になるため，製作に高度の技術が必要となる。いずれの構造に関しても，CNTエミッタは塗布による方法か，直接的な成長による方法のいずれかで作られ，塗布による方法としては今のところ印刷法が一般的である。

2.4.1　塗布法

上述した各種の方法で作製したCNTを導電性支持材に混ぜてペースト化し，スクリーン印刷法[10]或いはインクジェット法[11]等によりエミッタを作製することができる。この方法では，一般的に熱処理により有機バインダーを熱分解させることにより除去し，CNTを露出させる。さらにレーザ光或いはイオンビーム照射[12]等の表面処理法により，CNTの電界放出特性を改善させる。例えば，伊勢電子の高輝度ランプやサムスンのフルカラーFEDの試作品はこのスクリーン印刷法を用いてCNTエミッタを作製している。この方法はCNT分散の均一化，膜厚の均一化等が必要であるが，簡便であり，焼成も400℃から500℃程度で行うことができるという特徴があるので，CNTエミッタの重要な作製法として，研究が進められている。

第6章 FED

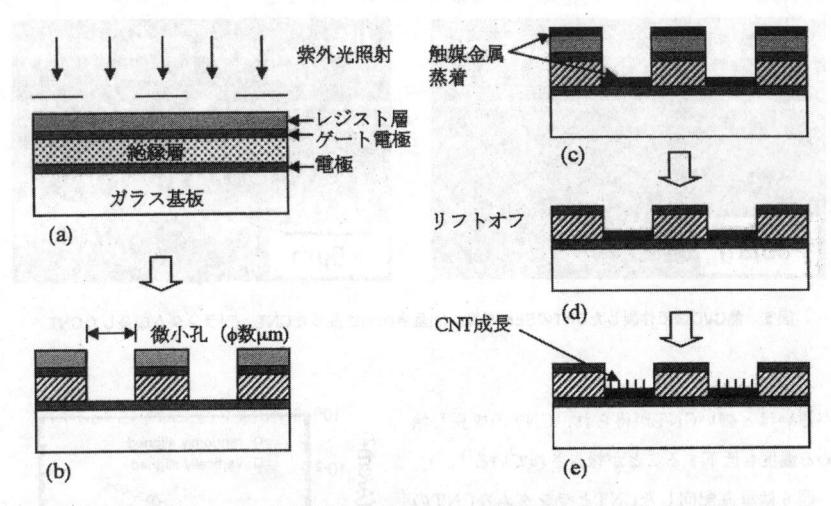

図4 典型的なCNTエミッタの作製プロセス

2.4.2 直接成長法

CVD法はCNTエミッタを作製するもう一つ重要な方法である。その成膜方法は炭化水素ガスを分解し，直接ガラス基板上にCNTを成長させるというものであり，比較的低温で，基板の特定位置に選択的に反応ガスを高効率で分解させるために，金属触媒を使用する。三極型のCNTエミッタ作製の典型的なプロセスを図4に示す。マイクロ加工により陰極，絶縁層，ゲート電極のサンドイッチ構造になった膜上にミクロンオーダーの穴を作製する。その後，穴以外にレジストを塗布し，全面に触媒金属を蒸着させ，リフトオフすることにより，ゲート電極上の触媒金属を除去して，穴の底にのみ触媒金属を残す。最後にCVD法により穴の底にある触媒金属からCNTを成長させる。触媒金属は一般的にFe，Ni，Co及びそれらの合金が使用されている。具体的な方法としては，熱CVD法，プラズマCVD法とホットフィラメント法等がある。

(1) 熱CVD法

熱CVD法は，FED用CNTの合成に最も一般的に用いられている方法である。図5は，4nmと10nmの膜厚をもつFe薄膜を触媒として，原料ガスにアセチレンを用いて大気圧下700℃で成長させたCNTのSEM写真である。Fe薄膜が4nmの場合には，基板に垂直配向した高密度のCNTが成長し，Fe薄膜が10nmの場合には，配向性がなくなりランダムな方位の湾曲したCNTが成長する。触媒の膜厚が厚い場合に配向性がなくなる理由としては，加熱によって微粒化した触媒の粒子径が大きくなり，単位面積あたりの粒子密度が低くなる理由が上げられる[13]。また，Fe触媒の膜厚

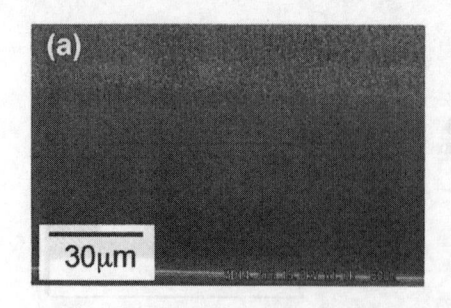

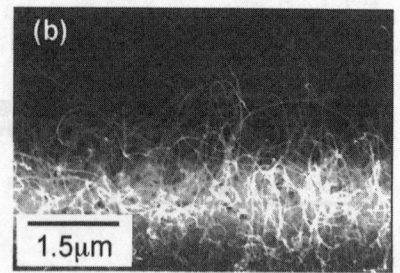

図5 熱CVD法で作製したCNTのSEM写真。(a)垂直配向成長したCNT (b)ランダム成長したCNT

が薄いほど細いCNTが得られ，CNTの成長し始める温度も低下することが報告されている[13]。

図6は垂直配向したCNTとランダムなCNTの電界放出特性を比較したものである。図からランダム配向の場合の方が，垂直配向の場合より立ち上がり電圧が低く，同じ電圧で得られた放出電流密度が高いことが分かった。これはCNTアレイ全面に分布している突出したCNTに電界が強く集中することによると考えられる。垂直配向した高密度のCNTアレイでは，高密度のために起きる電界遮蔽効果により，電界がエッジ部分に集中するため，電子放出はほとんどエッジのみに起こる。配向した全てのCNT先端に効率良く電界を集中させるためには，隣り合うCNTの間隔をCNTの長さの2倍にとる必要のあることが指摘されており[14]，これを実現するため，ナノチューブの長さと密度を制御する成膜技術が必要である。

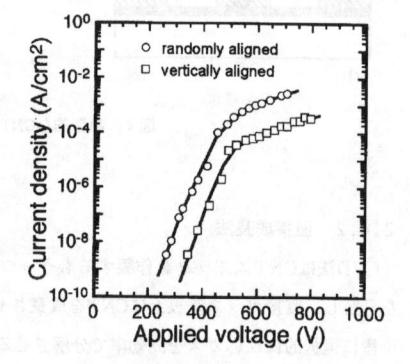

図6 垂直配向したCNTとランダム成長したCNTからの電界放出特性

熱CVDによるCNTをFEDに適用する場合に，垂直配向したCNTが良いのかランダム配向のCNTがよいのかについては，実用的な観点からの研究がまだ十分でないために，未だ明確になっていない。つまり，電界放出の閾値電圧は両者とも同程度であるが，現状では，前述のように垂直配向CNTは，CNTの密度が高いので内部のCNTにかかる電界強度が低下し，端のCNTだけが動作する。したがって，できるだけ端部を有効に活用するためには小さな束にして使う方が有利であるが，その束のサイズや束間の均一性等の最適化はまだ十分ではない。一方ランダム配向CNTの場合，突出したCNTはまばらであるので，比較的均一な電界放出が得られるが，より高

第6章 FED

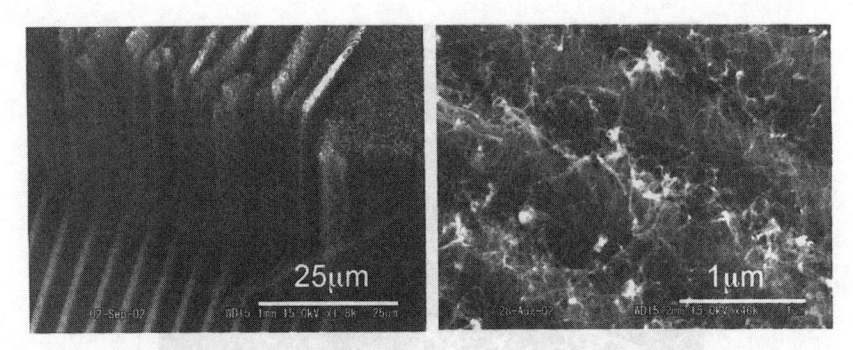

(a)幅1μmのパターン　　　　　　(b)幅500nmのパターン
図7　幅が異なるFe薄膜パターン上に成長したCNTのSEM写真

い均一性および高い電流密度と低い閾値電圧を得るためには，CNTの突出長さと密度の最適化を行わなければならない[15, 16]。

　FEDのエミッタとしてCNTを用いる場合，ミクロンオーダーの微細パターン上にCNTを成長させねばならない。このような微細領域でのCNTの成長状態がどの様になるかを調べる必要がある。図7にそれぞれ（a）幅1μmのパターンと（b）幅500nmのFe薄膜パターン上に成長したCNTのSEM写真を示す。写真から分かるように，成長条件が全く同じであるにもかかわらず，幅1μmのパターンにはCNTが垂直成長させることができたが，幅500nmのパターン上には，CNTが垂直成長させることができなかった[17]。これはCNTを形成するFe薄膜の応力緩和及び凝集過程でのFe微粒子がパターン中心へ移動したことに関係すると考えられる。この結果から，垂直配向CNTを得るためには，微細パターンのサイズが少なくとも500nm以上が必要であることが分かる。

　大画面FEDを製造する場合，ディスプレイガラスの変形を避けるため，ガラスの歪点以下の温度でCNTを成長させる必要がある。この問題への取り組みとして触媒の工夫，例えば，Co/Ti等二元触媒の採用[18, 19]や原料ガスの予熱[20]などが行われており，既にガラス基板が使用できる550℃以下でも垂直配向成長したCNTを作製することが可能になってきた。以上のように熱CVD法では，CNTの密度と長さの制御，結晶性の向上，さらに低温成長など，技術上の最適化すべき課題がまだ多く残っているが，基板上の微細な触媒金属パターン上に選択的にCNTを配向成長させてエミッタを作製できるので，製造工程が簡便になると考えられている。このため，熱CVD法によるFEDへの応用研究が精力的に行われている。

　最近，螺旋状になったカーボンナノコイルが発見され，エミッタ材料としての応用が期待され

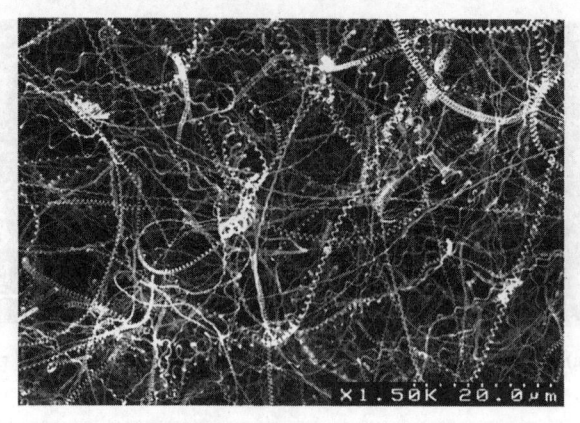

図8 熱CVD法で合成したカーボンナノコイルのSEM写真

ている。熱CVD法において，Feの代わりに，Fe-In-Sn-Oを触媒として用いた場合，カーボンナノコイルを合成することができる。Fe-In-Sn-Oを触媒として合成したカーボンナノコイルのSEM写真を図8に示した。コイルが95%以上の生成率で平均的には基板に垂直方向に向かって成長している[21, 22]。このナノコイルは数百S/cmの導電率を持ち比較的良好な導電性がある[23]。最近，ナノコイルの電界放出特性がCNTより優れていることが見いだされた[24]。その理由として，その特異な螺旋形状から電界放出サイトが先端だけではなく側面にも存在すること，ナノコイルの上部とCNT先端にかかる電界強度はほぼ等しいこと，さらに，ナノコイルは垂直配向CNTより密集度が小さく，各々のナノコイルに電界がかかりやすいことなどが上げられる。今後，カーボンナノコイルのピッチ，長さ及び密度の制御という問題が残っているが，FEDのエミッタ材料として有望だと考えられる。

(2) プラズマCVD法

プロセスの低温化とCNTの密度制御という観点から期待されているのがプラズマCVD法である。原料ガスが弱電離したプラズマは，原料ガス分子の分解により生成したイオンや活性種（ラジカル）が高エネルギーの励起状態にある。そのため，熱CVDと比較して，比較的低温においても化学反応を起こすことができる。またプラズマが触媒を活性にする効果もあると考えられており，プロセス温度を大きく低減することが可能である。さらに外部から印加した電界やプラズマがもつシースポテンシャルにより成長方向を規定できることも特徴となっており，配向したナノチューブを容易に得ることができる。このプラズマCVDを用いて，触媒の微細パターン基板に，密度が高度に制御されたCNTアレイの作製に成功したことが報告されている[25]。しかしながら，

第6章 FED

現段階では，まだ合成したCNTは外径が太く，結晶性も良くない。今後，プラズマCVD法を用いてFED用のエミッタを作成する場合には，プラズマ形成に伴う大面積化の問題と共にまだ多くの課題が残っている。

2.5 開発現状と今後の展望

　CNT-FEDは高い発光効率による大幅な消費電力の低減，製作コストの低減等が見込まれるため，高輝度ランプや，高精細の高輝度平板型ディスプレイとしての期待が高まっている。ノリタケ伊勢電子が開発したCNT光源管は10,000cd/m^2の高輝度で点灯し，15,000時間を経過しても素子劣化が少ない。このことは，CNTが高信頼の電子源として使用可能であることを示している[26]。平板型ディスプレイへの応用では，韓国のサムスンが1999年のカーボンナノチューブを用いた2極型の4.5インチのディスプレイから，2002年の3極型5インチフルカラーディスプレイ，32インチフルカラーディスプレイ，さらに2003年の38インチフルカラーディスプレイと次々と新モデルの試作品を出した。この開発によって，高安定性と消費電力の低減が可能であることが示された。日本でも，三菱電機，ULVAC，双葉電子等のメーカもCNT-FEDを実現するための研究開発を精力的に行っている。図9に最近双葉電子が試作した2極型のCNT-FEDを示す。100Vで作動でき，明るくて安定な表示ができることが示された[27]。しかしながら，今までに試作されたFEDは安定性やコスト等の問題でまだ商品化には至っていない。CNT-FEDの高品位な画像を実現するためにCNTエミッタを製作する技術の確立に向けてはさらなる研究が必要である。現在，CNTエミッタの最も大きな課題としては，発光の均一性が上げられる。他の平板型ディスプレイと競合するためには，FEDについても，発光の時間的揺らぎと画素間のばらつきを数%程度にまで抑えることが必要になる。また，高品質で均一性のあるCNTエミッタを作製することだけではなく，FED全体の構造と駆動方式の最適化や，低温封着技術の改善，さらに高効率で長寿命の蛍光体の開発等多くの課題が残っている。これらの課題を克服することによって初めて，現在先行している液晶やPDPといったフラットパネルディスプレイと画質的に対等に競合し，輝度と効率で凌駕するというストーリを描くことができる。今後国内外のメーカや研究機関の活発な研究開発によ

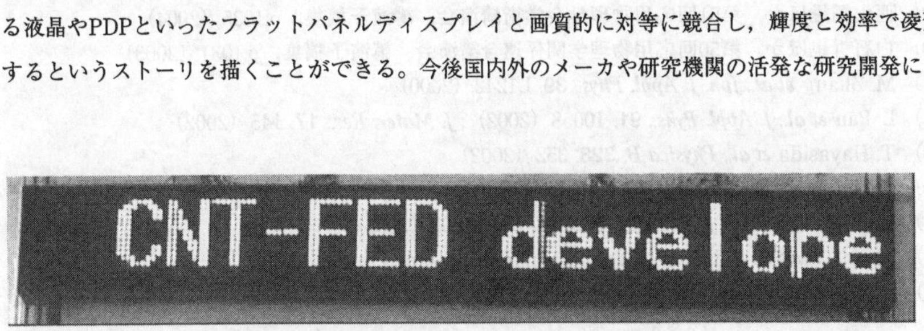

図9　双葉電子工業㈱が試作した2極型CNT-FED[27]

り，次世代のディスプレイと言われるCNT-FEDは近い将来フラットパネルディスプレイの重要な一員として実用化されることが期待されている。

文　献

1) S. Iijima, *Nature*, **354**, 56 (1991)
2) A.G. Ringzler *et al.*, *Science*, **269**, 1550 (1995) ; W. A. de Heer *et al.*, *Science*, **270**, 1179 (1995)
3) Tanaka *et al.*, *Jpn. J. Appl. Phys.* **43**, 864 (2004)
4) Y. Saito *et al.*, *Jpa. J. Appl. Phys.* **39**, L271 (2000)
5) K. Hata *et al.*, *Surface Sci.*, **490**, 296 (2001)
6) J. M. Bonard *et al.*, Ultramicroscopy, **73**, 7 (1998)
7) Tanaka *et al.*, *Jpn. J. Appl. Phys.*, **43**, L197 (2004)
8) Y. Saito *et al.*, *Nature*, **389**, 555 (1997)
9) T. W. Ebbesen *et al.*, *Nature*, **358**, 220 (1992)
10) W. B. Choi *et al.*, Science and Application of Nanotubes, edited by Tomanek and Enbody, p.355 (2000)
11) H. Ago *et al.*, *Appl. Phys. Lett.*, **82**, 811 (2003)
12) A. Sawada *et at.*, *J. Vac. Sci. Technol. B*, **21**, 362 (2003)
13) Y. Y. Wei *et al.*, *Appl. Phys. Lett.*, **78**, 1394 (2001)
14) L. Nilsson *et al.*, *Appl. Phys. Lett.*, **76**, 2071 (2000)
15) Y. J. Yoon *et al.*, *J. Vac. Sci. Technol. B*, **19**, 27 (2001)
16) L. Pan *et al.*, Proc. of the 4th Inter. Conf. on Imaging Science and Hardcopy, p. 53, Kunming (2001)
17) L. Pan *et al.*, *J. Mater. Res.*, **19**, 1803 (2004)
18) 西山拓雄ほか，第64回応用物理学会学術講演会，講演予稿集，p.843 (2003)
19) 西山拓雄ほか，第51回応用物理学会学術講演会，講演予稿集，p.1035 (2004)
20) 白石哲也ほか，第50回応用物理学関係連合講演会，講演予稿集，p.1031 (2003)
21) M. Zhang *et al.*, *Jpn. J. Appl. Phys.*, **39**, L1242 (2000)
22) L. Pan *et al.*, *J. Appl. Pyhs.*, **91**, 10058 (2002) ; *J. Mater. Res.*, **17**, 145 (2002)
23) T. Hayasida *et al.*, *Physica B*, **323**, 352 (2002)
24) L. Pan *et al.*, *Jpn. J. Appl. Phys.*, **40**, L235 (2001)
25) K. B. K. Teo *et al.*, *J. Vac. Sci. Technol. B*, **21**, 693 (2003)
26) http://www.itron-ise.co.jp/japanese/nanotube/index.htm
27) S. Itoh *et al.*, *J. Vac. Sci. Technol. B*, **22**, 1362 (2004)

3 電子線励起用蛍光体

中西洋一郎*

3.1 はじめに

本章で紹介されているように，近年，様々なタイプの電界放射型電子源の進展に伴って，ブラウン管（CRT）同様，高品質画像，高速応答，広視野角，広い使用温度範囲が可能であり，その上軽量・薄型，低消費電力等の特徴を有する電界放射型ディスプレイ（FED）への期待が高まっている。FED実現のためのキーテクノロジーの一つは，電子源の開発とともに，蛍光体の開発である。FEDはCRTと同じく電子線励起による蛍光体の発光現象を利用しているが，励起エネルギーはCRTより低くする必要がある。この場合，蛍光体に対する条件は，電子線の加速電圧（励起電圧）によってかなり変わってくる。5 kV程度以上の高電圧領域では電子の蛍光体への侵入深さが数100nm以上となるので，蛍光体にメタルバック（通常Al）を施すことができる。そのことによって，蛍光体表面での帯電や蛍光体の分解を抑制することができる。また，蛍光体を励起するエミッション電流密度を低くすることができる。このことは，高電圧タイプのFEDでは，CRT用蛍光体を使用することができることを意味している。従って，CRT用蛍光体の特性を概ねそのまま発揮できることになる。しかし，陽極と陰極との間の電極間隔を一定に保つためのスペーサの寸法が大きくなり，視覚上の障害となる可能性があり，かつスペーサ表面の帯電が生じる可能性もある。一方，低電圧励起では，電子の侵入深さが浅くなるためにメタルバックを施すことができないので，高抵抗であるCRT用蛍光体を用いることができない[1]。以上のことから，低電圧タイプのFEDでは，帯電が生じないように低抵抗となるような方策を施すこと，高電流密度の照射に対して，安定でなければならないということがいえる。

そこで，本章では，電子線照射した場合の，蛍光体の固有の諸特性について解説する。

3.2 電子線励起による発光機構[2]

3.2.1 励起過程の概要

真空中で電子線が蛍光体に照射されて発光が生じるまでの過程は，以下のように4つの素過程に分解して考えることができる。

① 蛍光体に照射された電子の一部は表面で散乱される。蛍光体にエネルギーを与えることなく（または数eVしか与えずに）背面に散乱される電子は発光に寄与しない。入射電子数に対するこれらの電子数の比は，12kVの入射電子に対して，ZnS：Ag粉末で0.14±0.02，YVO$_4$：Eu粉末で0.14±0.01との報告がある[3]。

＊ Yoichiro Nakanishi　静岡大学　電子工学研究所　教授

② 蛍光体内に侵入した高速電子は，蛍光体構成原子の内殻電子を伝導体まで励起したり，プラズモンを発生させてエネルギーを失っていく。これに加えてフォノンを発生される過程も生じる。バンド間遷移も起こるが，その確率は相対的に低い[4]。内殻電子励起やプラズモン生成が1回起こるごとに，高速電子と正孔が1個ずつ生成される。これらの素励起過程のエネルギーは10〜30eV程度なので，入射電子のエネルギーが仮に1keVの場合，1個の入射電子が最終的に数十対の電子と正孔を生み出すことになる。こうして生成させた電子，正孔はなおかなり高い運動エネルギーを持っており，更に数個の低速の電子，正孔対を形成する可能性がある。このようにして蛍光体中に2次電子発生のなだれ現象が生じる。

③ もはや新たに2次電子を形成する余力のなくなった低速の電子と正孔は，順次発光中心に到達し再結合する。このとき放出されたエネルギーが発光中心に伝達される。この過程と競合して，不純物や格子欠陥における非放射再結合も起こる。

④ 最後に，励起状態の発光中心内部で発光が生じる。発光中心内部においても非放射再結合が起こり得るので，発光中心内部の量子効率も必ずしも1ではない。

3.2.2 発光効率に影響する電子線励起特有の現象

(1) 電子の侵入深さ

電子が物質中で到達できる深さは入射時のエネルギーの増加に伴い，加速度的に増加する。CRTの陽極電圧30kVにおいては侵入深さは3〜4μmに達するが，1kVでは後述するように100nm前後と考えられる。従って，FEDにおいては粒子のごく表面近くのみが励起されるに過ぎない。ところが，蛍光体の表面およびその近傍では内部に比べて発光効率が低いことを示唆する事実がいろいろと知られている。このため，電子線の蛍光体への侵入深さは一般的に蛍光体の発光効率に大きく影響する。以下にこの点について述べる。

物質に入射した高速電子は，前項②の素励起を起こすたびに失速していく。電子の運動エネルギーEが物質へ侵入するとともに減衰する様子は，いろいろな式により表されているが，例えば，簡単なThomson-Whiddingtonの式では

$$E = E_0 \{1 - (x/R)\}^{1/2} \qquad (1)$$

ここでE_0は1次電子の表面入射時のエネルギー，Rは$E=0$となる深さで飛程（range）と呼ばれる[5]。(1)式によれば，飛程以遠へはエネルギーが届かないことになるが，物質に侵入した電子のエネルギーが指数関数的に減衰するとした式もある。その一つは，下記のMakhovの実験式である[6]。入射電子の個数に対する深さxにおける電子の個数の比を$\eta(E_0, x)$とすると，

$$\eta(E_0, x) = \exp[-(x/C E_0^n)^p] \qquad (2)$$

ただし，C, n, pは物質定数である。この形の式では，飛程は電子の個数（ないしエネルギー）が初期値の1/eに低下するところで定義されるので，(1)式の場合とはかなり異なる。

第6章 FED

飛程については，Feldmanの実験結果がよく知られている[7]。Feldmanは上記のような定義の相違を認識した上で（8種類の飛程の式が文献8）に挙げられている），「実験的に電子の侵入が検出可能な深さ"The maximum practical range"」をいくつかの物質について測定し，以下の式で表した。

$$R = 25(A/\rho)(E_0/Z^{1/2})^n = bE_0^n \quad \text{（nm単位で）} \tag{3}$$

ここで，nとbは実験により求められるパラメータであるが，次の関係によりお互いに結ばれている。

$$b = 25A/\rho Z^{n/2} \tag{4}$$

$$n = 1.2/(1-0.29\log Z) \tag{5}$$

Aは物質の分子量，ρは密度(g/cm^3)，Zは平均の原子番号である。ただし，(3)式は$E_0=1\sim 10keV$の範囲で得られたものである。この実験式によりZnSとAlについて計算した結果を図1に示す。この図には筆者らの実測値およびモンテカルロシミュレーションの結果も示されている。蛍光膜上にアルミバックを施す場合，均一なアルミ膜を蒸着するには厚さ100nm程度は必要であると思われるので，このアルミ膜を通過して蛍光体を十分に励起するためには4から5kVの陽極電圧が必要ということになる。このことから，高電圧型と低電圧型の境界は概ね5kVあたりと考えられる。

(2) 2次電子放出能

上記②の過程で物質内に形成された2次電子の一部は真空中に放出される。これらの2次電子の入射電子に対する数の比は，2次電子放出能（secondary yield, δ）と呼ばれる。1次電子のエネルギーが低く2次電子を創れない場合は，$\delta<1$となる。また1次電子のエネルギーが十分高く物質の奥深く侵入する場合は，2次電子が表面に到達する前に再結合により消滅し，やはり

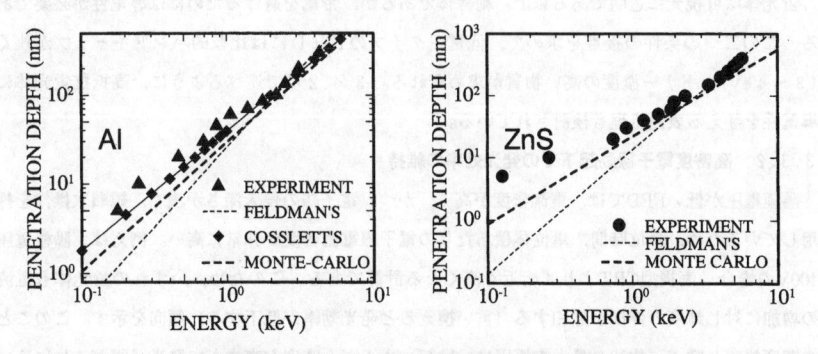

図1 陽極電圧の関数としてのAlおよびZnS中の電子の侵入深さ

$\delta<1$ となる。$\delta<1$ であれば物質の表面は負に帯電し，電子線が定常的に表面に到達できず，発光強度の低減，変動が生じる。$\delta=1$ となる電圧は，低い方（V_I）で50～200V，高い方（V_{II}）で6～9kVである[8]。この結果によれば，FEDの駆動条件は $\delta>1$ となる電圧領域にあり，正の帯電が生じることになる。しかし，この状況は不安定で，電子線照射により V_I または V_{II} まで表面電位が変化してしまう。

電子線の加速電圧を例えば30 kVから下げていくと，しだいに発光効率は低下し，あるしきい値電圧（通常 10^1～10^2V）以下では発光が認められなくなる。しきい値電圧が存在する原因の一つは表面層での低い発光効率の影響が出てきた結果と考えられるが，それだけでなく蛍光体表面の帯電とも深い関係がある。CRTでは負の帯電の対策としてアルミバックの技術を使っている。しかし，図1に示したように，1kV以下の低電圧領域では薄い（約100nm）アルミ膜といえども電子は透過できず，アルミバックは使えない。このため蛍光膜自身に導電性を付与しなければならない。一方高電圧タイプのFEDでは，CRTの条件に近づくので，アルミバックを施すことにより導電性の少ない蛍光体を使うことができる。

3.3 FED用蛍光体に必要な性質

前項に記したように，帯電と表面層の抵抗率が原因で，陽極電圧を低くすると蛍光体の発光効率は低下していく。また，低電圧で一定の輝度を示すためには高い電流密度が必要となるので，これに伴う信頼性などの問題が生じる。従って，蛍光体が低電圧でも高い発光効率を保つことが何より必要である。このために，色調など当然必要な性質に加え，FED用には以下の性質が要求される。

3.3.1 導電性

蛍光体は可視光に透明である以上，絶縁体であるが，帯電を避けるためには導電性が必要である。この二つの条件の接点を求めて，低電圧タイプのFEDには比較的バンドギャップが狭く（3～4eV），ドナー濃度の高い物質が求められる。3.4.2項で述べるように，高抵抗蛍光体に導電性を与える表面処理も検討されている。

3.3.2 高密度電子線励起下での発光効率の維持

陽極電圧が低いFEDでは，電流密度が高く，かつ，電子線の侵入深さが浅く，線順次操作を採用しているため，単位時間，単位体積あたりの電子線電流密度が非常に高い。例えば，陽極電圧400Vの場合，直視型CRTより4桁近く高くなる計算である。このため，いずれの蛍光体も電流の増加に対し輝度の伸びが飽和する（言い換えると発光効率が低下する）傾向を示す。このことを輝度飽和と呼ぶ。飽和の最大の原因は，励起エネルギー密度が高すぎて発光過程がこれに追いつかないことにある。従って，発光中心の励起状態の寿命が短く，濃度が高いほど飽和は起こり

にくい。発光中心イオンを減衰時定数（1/10減衰時間）で比較すると，10^1nsのCe^{3+}や10^2nsのEu^{2+}は飽和を起こしにくく，10^1～10^2msのMn^{2+}は非常に飽和を起こしやすい。即ち，輝度飽和の点ではCe^{3+}やEu^{2+}を発光中心イオンとする蛍光体が適している。

ZnS：Ag,ClおよびZnS：Cu,Alは，電子線電流の低い領域では非常に効率が高く，直視型CRTの青色および緑色蛍光体として使われている。しかし，高電流域ではいずれも著しい効率低下を示す。

非常に高い電流密度はまた，蛍光面の温度を上昇させる。従って，高温で発光効率が大きく低下する蛍光体はFEDには不向きである。赤色蛍光体Y$_2$O$_2$S：Eu^{3+}および緑色蛍光体Gd$_2$O$_2$S：Tb^{3+}はこのような蛍光体の例である。

これらの問題は，陽極電圧の増加とともに急速に軽減される。

3.3.3 高密度電子線照射による劣化の防止

電子線照射による発光効率の劣化は，単純な場合には，蓄積電荷量N(Coulomb)のみで決まる。初期の発光強度をI_0，劣化後の強度を$I(N)$とすると，

$$I(N) = I_0 / (I + CN) \tag{6}$$

ここでCはburn parameterと呼ばれる定数である[9]。

3.3.2項で述べたように，陽極電圧が低いと単位時間，単位体積あたりの電流密度が高くなり，特に劣化が起こりやすい状況にある。

CRTおよびFEDの陽極電圧では，蛍光体構成原子を直接動かせるほど入射電子の運動エネルギーは大きくない。電子が原子に比べてはるかに軽いからである。劣化の原因は，CRTでは，電子エネルギーの緩和，放出により格子欠陥が形成されるためと考えられている。これに対し，FEDでは表面反応がより大きな比重を占めることが明らかになった。ZnS蛍光体については，H$_2$OやCO$_2$などの酸素を含む残留ガスが電子線により活性な酸素原子を生成し，これがZnS表面のS^{2-}と反応して表面に低効率のZnOを形成する，とのモデルが提案されている[10]。CRTと異なり，FEDでは陰極と陽極の間隔が狭い(0.2～1 mm)ので，蛍光体から飛散した物質が陰極上に堆積しやすい。この意味においても硫化物は問題である。しかし，同じ硫化物でもSrGa$_2$S$_4$：Eu^{2+}（緑色発光）はZnS蛍光体より劣化が少ないとの報告もある[11]。また3.4.3項で述べるように，表面処理によりZnS蛍光体の劣化を抑制しようとする試みもある。高電圧タイプでは，輝度重視で断然効率の高いZnS蛍光体を使いこなすか，寿命重視でより安定な材料を選ぶか，方針の分かれるところである。

酸化物の劣化についても実験事実が蓄積されつつある。2価のユーロピウムのように，発光イオンが原子価変化を起こしやすいもの，母体の結合エネルギーが小さいものは劣化しやすい。また，不純物によって加速されるものもある。

3.3.4 粒 径

ZnS蛍光体をはじめ多くの蛍光体では，粒径が3μm付近を下回ると徐々に効率が低下する。このためCRTに用いられている蛍光体粒子の直径は5～10μm程度である。しかし，FED，特に低電圧タイプでは，陽極・陰極間の距離が1mm以下と短いため，さらに小さい粒径のものが必要となる。現状では粒径3～6μmの蛍光体が使われていると思われるが，1μm以下の，しかも効率低下の少ない微粒子蛍光体に対する要望が高まっている。最近比表面積の小さい球状微粒子蛍光体の様々な合成方法が開発されている。例えば，超高温のプラズマで蛍光体を溶融し，表面張力により球状粒子を形成する方法（プラズマ溶融法）[12]，原料を水溶液のエマルジョンの形にして加熱し球状粒子を形成する方法（aerosol pyrolysis）[13]などである。

3.3.5 薄 膜

蛍光体を数100nmの薄膜にすれば，それが高い抵抗率の材料であっても膜厚方向の抵抗は数10Ω～数100Ωとなるので，電極上に成膜すれば極端に低い励起電圧でない限り帯電は生じない。また，薄膜化することによって，高解像度，高コントラスト，良好な熱伝導性が可能，粉末の場合と異なりバインダーが不要で付着力も大といった長所もあって，近年関心が持たれている[14]。薄膜作製時の基板温度は粉末作製時の焼成温度と比べると非常に低いので，熱的には非平衡状態での成膜となる。従って，ZnS：Ag,ClのようなD-Aペア型の発光中心の場合にはよい結果を得ることが困難である。そこで薄膜蛍光体では今のところ遷移金属イオンや希土類イオンのような局在型発光中心について，非硫化物を母体として研究が行われている。

3.4 FED用蛍光体の現状
3.4.1 高電圧タイプ用蛍光体

3.1項で述べたように，高電圧タイプでは高効率のCRT用蛍光体を使うことができることが大きな魅力である。しかし，図1で示したように5～10kVでのAlの場合の電子の侵入深さは数100nmから1μmである。従って，電子はAlを透過したとしても蛍光体の表面付近しか励起していないことになる。従って，CRT用蛍光体を使えるといっても蛍光体の表面状態はFEDでは極めて重要である。そこで，高圧タイプのFEDでの使用を目的として蛍光体表面の改良が試みられた。その一例を図2に示す[15]。図の(a)は市販のP22B蛍光体の表面領域の高分解TEM像である。多くの欠陥や転移が存在していることがわかる。一方，図の(b)は改良がなされたZnS：Ag,Cl蛍光体の表面領域の高分解TEM像である。蛍光体粒子の表面に至るまで，欠陥や転移の密度が著しく減少し，しかも，明瞭な格子像が観察されていることから，十分な結晶性の改善がなされていることがわかる。また，電子の侵入範囲の欠陥密度の多寡は蛍光体の寿命とも密接に関係しており，少ないほど寿命が長くなるとも報告されている。

FEDは直視型CRTに比べると電流密度が高いので，やはり電流密度の高い投写型ＣＲＴ用蛍光体の方が適している。投写型CRTでは，青色にはZnS：Ag,Al，緑色にはY_2SiO_5：Tb^{3+}や$Y_3(Al,Ga)_5O_{12}$：Tb^{3+}，赤色にはY_2O_3：Eu^{3+}が実用化されている。これらのうちY_2O_3：Eu^{3+}は色飽和度がやや低いものの，もっとも欠点が少ない。緑色には上記の二つの他に効率の高いGd_2O_2S：Tb^{3+}も使われている[16]が，色飽和度，温度特性が不十分，といった欠点がある。$Y_3(Al,Ga)_5O_{12}$：Tb^{3+}は，やや黄色みを帯びた発光色ではあるが，信頼性が高いことが長所である。少量のYb^{3+}やSc^{3+}の添加により，さらに劣化が抑制される[17, 18]。Y_2SiO_5：Tb^{3+}も比較的信頼性が高い。最大の問題は青色である。前述のようにZnS：Ag,AlはFEDに用いたとき，劣化，輝度飽和ともに大きな問題がある。代わってY_2SiO_5：Ce^{3+}が使われている例[19]があるが，これも色飽和度が低く，劣化を起こしやすい欠点がある。低電圧で発光効率が高く，飽和の少ないチオガレート（$SrGa_2S_4$：Ce^{3+}）の劣化が小さければ，大きな前進となる（3.4.3の(3)項参照）。このように，優れた青色蛍光体開発がFEDの要素技術全体の中でも大きな目標である。

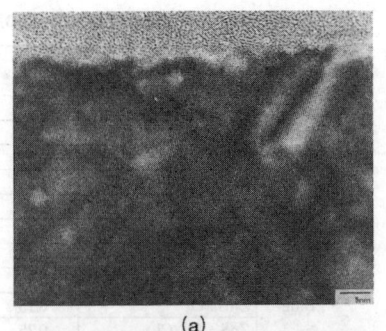

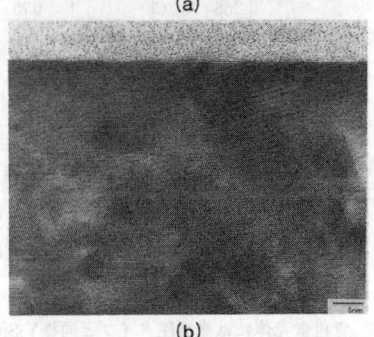

図2 蛍光体表面の高分解能TEM像，(a) P22B蛍光体，(b) 改良したZnS：Ag,Cl蛍光体[15]

3.4.2 低電圧タイプ用蛍光体

この電圧領域では青緑色発光のZnO：Znが断然高い効率を示し，モノクロ・ディスプレイに使われている。また，蛍光表示管（VFD）にも最も多く使われている。しかし，色飽和度が低いためフルカラー・ディスプレイには使えない。ZnO：Znの特徴は，可視部で透明でありながら電気伝導性があることである（3.4.3の(2)項参照）。

表1にフルカラーFED用蛍光体として検討されている材料の発光効率，色度座標およびパルス応答特性を示す[20]。励起の条件は400V，75mA_{p-p}/cm^2，1/240dutyである。蛍光表示管として開発された$ZnGa_2O_4$（青色発光）および$ZnGa_2O_4$：Mn^{2+}（緑色発光）も比較的低抵抗である。$ZnGa_2O_4$：Mn^{2+}や$Y_3(Al,Ga)_5O_{12}$：Tb^{3+}などGaを含有する酸化物蛍光体では，トラップが幅広い深さにわたって分布し，かつ濃度も高いことが熱発光グロー曲線の測定から示された[21]。これら

表1 フルカラーFED用として検討されている蛍光体[20]

Color	Phosphor	η (lm/W)*	CIE color coordinates		Responese time (μs)	
			x	y	Rise time	Decay time
Red	$SrTiO_3 : Pr$	0.4	0.67	0.329	105	200
	$Y_2O_3 : Eu$	0.7	0.603	0.371	273	2000
	$Y_2O_2S : Eu$	0.57	0.616	0.368	—	900
Green	$Zn(Ga, Al)_2O_4 : Mn$	1.2	0.118	0.745	700	9000
	$Y_3(Al, Ga)_5O_{12} : Tb$	0.7	0.354	0.553	650	6500
	$Y_2SiO_5 : Tb$	1.1	0.333	0.582	400	3900
	$ZnS : Cu, Al$	2.6	0.301	0.614	27	35
Blue	$Y_2SiO_5 : Ce$	0.4	0.159	0.118	2	2
	$ZnGa_2O_4$	0.15	0.175	0.186	800	1200
	$ZnS : Ag, Cl$	0.75	0.145	0.081	28	34

*400V, 75mA$_{P-P}$/cm^2, 1/240 duty

のトラップが電子を補足し,電流のソースとなっている可能性がある。

最近新しい赤色蛍光体として,Alを添加して合成したSrTiO$_3$:Pr^{3+}が報告された[22,23]。陽極電圧400V,duty 1/240で効率は0.4lm/Wで,色飽和度の高い赤色を呈する。Al添加により効率が向上する効果は,SrIn$_2$O$_4$:Pr^{3+}など他の物質においても見出されており[24],有用な新蛍光体発見の糸口になるかもしれない。

青色蛍光体には高電圧タイプと同様Y$_2$SiO$_5$:Ce^{3+}が使われているが,先に述べたように効率,色調,信頼性とも不十分である。先述のSrGa$_2$S$_4$:Ce^{3+}蛍光体の効率は2kVで6.2 lm/W,500Vで1.2lm/Wと報告されており,信頼性を確保できれば大きな救いになるであろう(薄膜蛍光体については3.4.3の(3)項で述べる)。

表1から,ZnS:Cu,AlおよびZnS:Ag,Clは効率,色度点および応答速度いずれにおいてもそれぞれの色の他の蛍光体に比べて優れていることがわかる。しかし,これらの蛍光体は前述のようにFED用としての使用が困難である。緑色および青色のその他の蛍光体は低効率であったり,応答速度に難点がある等により,満足できるものではない。このような状況から,新たなFED用蛍光体の開発が強く求められているのが現状である。

3.4.3 低抵抗蛍光体の形成

前述のように,FEDでは低速電子線で直接蛍光体を励起することから,蛍光体の表面での帯電の発生を抑制するために蛍光体が導電性であることが必要である。そこで,蛍光体に導電性を付与するための方法が検討されている。以下にそのいくつかを紹介する。

(1) 導電性極薄膜被覆蛍光体

CRT用蛍光体は高速電子線(20k〜30keV)励起で非常に優れた輝度・効率を示すので,FEDにおいてもその使用が望まれるが,高抵抗であるためFEDでの陽極電圧範囲では蛍光体表面で帯

第6章　FED

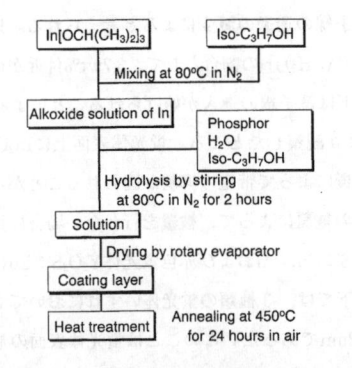

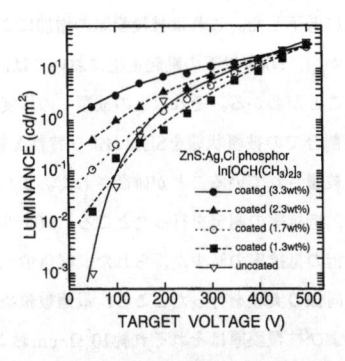

図3　ゾルーゲル法によるIn$_2$O$_3$被覆のフローチャート

図4　ZnS：Ag，Cl蛍光体のCL輝度対陽極電圧特性のIn$_2$O$_3$被覆量依存性

電が生じ，十分な輝度を得ることができない。また，CRT用の蛍光体は硫化物系のものが多く，これらは電子線照射によって分解し，FEAにとって有害なSO$_2$等のガスを放出することが報告されている[20]。従って，CRT用蛍光体をFEDへ転用するためには低電圧領域における帯電および電子線照射時の劣化の抑制が不可欠である。そこで，蛍光体表面を，可視光に対して透明であり，導電性を有しかつ電子線照射に対して安定な物質で被覆することが有効であると考えられる。一つの有効な方法として，ゾルーゲル法により蛍光体粒子表面を導電性In$_2$O$_3$極薄層で被覆することが試みられた[25]。図3にそのフローチャートを示す。In$_2$O$_3$の原料として，イソプロポキシインジウムIn[OCH(CH$_3$)$_2$]$_3$を用い，これをイソプロパノールに溶解させ，インジウムのアルコキシド溶液を作製する。その中にCRT用青色蛍光体ZnS:Ag,Cl，加水分解用のH$_2$O，イソプロパノールを合わせたものを入れて加水分解を行う。その反応過程は以下の通りである。

Hydrolysis　　$2\text{In}[\text{OCH}(\text{CH}_3)_2]_3 + 6\text{H}_2\text{O} \rightarrow 2\text{In}(\text{OH})_3 + 6\text{CH}(\text{CH}_3)_2\text{OH}$

Polymerization　$2\text{In}(\text{OH})_3 \rightarrow \text{In}_2\text{O}_3 + 3\text{H}_2\text{O}$

H$_2$O分子は蛍光体粉末の表面に吸着されるため，上記の化学反応は蛍光体の表面で起き，表面にIn$_2$O$_3$の層が形成される。使用するIn[OCH(CH$_3$)$_2$]$_3$の量を変化させることにより被覆の膜厚が制御される。膜厚が厚いほど導電性は高くなるが，この層によって蛍光体への電子線の進入が妨害されるので，導電性の付与と電子線の進入深さとの兼ね合いから最適膜厚が存在すると考えられる。

図4にIn[OCH(CH$_3$)$_2$]$_3$の割合を0～3.7wt%の間で変化させたときの蛍光体の輝度対励起電圧特性を示す。図から，被覆していない蛍光体は200V付近から急激な輝度の低下を示している。これは蛍光体の表面が帯電したためである。一方，被覆量を徐々に増加させていくと，低い励起電圧領域での帯電が抑制され，輝度が向上することがわかる。被覆量をさらに増加させると，輝

度は逆に低下した。これは被覆膜厚の増加による電子線の透過の減少によると考えられる。以上の結果から，500V以下の励起電圧においてはIn[OCH(CH$_3$)$_2$]$_3$の割合として，3.7wt%付近が最適であることがわかる。それ以上の被覆での輝度の低下は電子線の進入が妨げられることによる。

最適割合での被覆状態をSEMおよび特性X線により観察したところ，蛍光体表面上にIn$_2$O$_3$が均一に被覆されていることが確認された。また，被覆によって帯電の抑制が図られることが示されたが，抵抗率の測定を行ったところ，6.0wt%までの被覆によって，被覆を行わない場合に比べて約4桁の抵抗率の減少が得られた。緑色蛍光体ZnS:Cu,Alおよび赤色蛍光体Y$_2$O$_2$S:Euについても同様の実験を行ったところ，最適被覆条件の下では，3種類の蛍光体いずれにおいても抵抗率および被覆膜厚はそれぞれ約10^{5}Ω-cmおよび12nmであった。このことは蛍光体表面の形状が複雑でなければ蛍光体の種類にかかわらず，上述の方法による被覆が低速電子線励起に対して効果的に機能していることを示している。

(2) 導電性蛍光体

いくつかの酸化物は不純物を添加することなく導電性を示す。この導電性には酸素空孔または格子間位置の金属が寄与しており，欠陥型半導体と呼ばれている。ZnOがその代表例で，その薄膜が透明電極としても利用されるほど低抵抗で，Zn過剰であることから通常ZnO:Znと記される。しかも，ZnO:Znは強い青緑色の発光を示すことから，蛍光表示管（VFD）やFED用蛍光体として既に実用に供されている。しかし，青色は得られないし，緑色，赤色についても色純度の優れた発光は得られていない。

欠陥型半導体に属するものとしてその他にIn$_2$O$_3$やSnO$_2$があるが，In$_2$O$_3$は間接吸収端が約2.6eV付近にあるので[26]，青色発光材料には適していない。一方，SnO$_2$は吸収端が近紫外域にあるので[26]，青色も含めた発光材料として期待される。図5にSnCl$_4$およびEuCl$_3$の水およびエタノール溶液から合成した赤色発光SnO$_2$:Eu^{3+}蛍光体の輝度対励起電圧特性の溶媒依存性を示す。エタノール中で合成した場合には高輝度が得られている。しかも1μm前後の粒径のそろった微粒子が得られることがSEM観察により確認されている。ただ，発光ピークが590〜600nmにあり，赤色としての色純度の改善が今後の課題であ

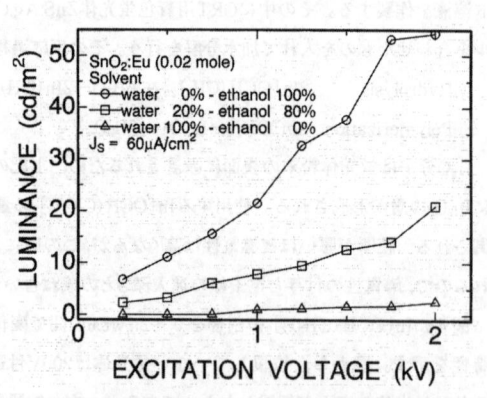

図5 SnO$_2$:Eu蛍光体のCL輝度対陽極電圧特性の溶媒依存性

第6章　FED

図6　SrGa$_2$S$_4$：Ce^{3+}およびSrGa$_2$S$_4$：Eu^{2+}薄膜蛍光体のCL輝度対陽極電圧特性

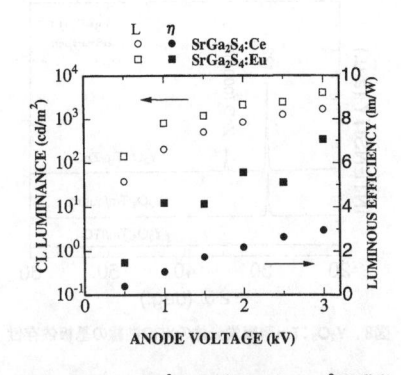

図7　図6に示された薄膜蛍光体のCLスペクトル

(3) 薄膜蛍光体

蛍光体を数100nmの薄膜にすれば，それが高い抵抗率の材料であっても，膜厚方向の抵抗は数10～数100Ωとなるので，電極上に成膜すれば極端に低い励起電圧でない限り帯電は生じない。また，薄膜化することによって，高解像度，高コントラスト，良好な熱伝導も可能となることと，粉末の場合のようにバインダーを必要としないし，付着力も大きくなるといったこともあって，近年関心が持たれている[27]。薄膜作製時の基板温度は粉末作製時の焼成温度と比べると非常に低い温度であるので，熱的には非平衡状態での成膜となる。従って，ZnS：Ag, ClのようなD-Aペア型の発光中心の場合にはよい結果を得ることが困難である。従って薄膜蛍光体では今のところ遷移金属イオンや希土類イオンのような局在型発光中心について，非硫化物蛍光体について研究が行われている。一例を示すと，SrGa$_2$S$_4$を母体とする蛍光体がある。これに発光中心材料としてCe^{3+}またはEu^{2+}イオンを添加すると色純度の優れた高輝度の青色または緑色が得られることが知られている。そこで，これらを薄膜化することが試みられている。図6に多元蒸着法により作製し，H$_2$S中850℃でアニールしたSrGa$_2$S$_4$：Ce^{3+}およびSrGa$_2$S$_4$：Eu^{2+}薄膜蛍光体の輝度対陽極電圧特性を示す[28]。3 kV, 60 μA/cm^{2}の励起でそれぞれ約1700および4000 cd/m^{2}の輝度，約3および7 lm/Wの効率が得られている。またCLスペクトルを図7に示す。色度座標はそれぞれ (0.13, 0.11) および (0.36, 0.60) が得られており，輝度，色純度ともに薄膜としては非常に優れており，今後の展開が期待される。

酸化物蛍光体の母体材料としてしばしば用いられるY$_2$O$_3$にTmを添加した青色発光Y$_2$O$_3$：Tm薄膜の作製が試みられた。図8に電子ビーム蒸着法により作製したY$_2$O$_3$：Tm薄膜のアニール前

221

のXRD曲線を示す。この図にはアモルファス状のITO，石英ガラスおよびc軸配向したZnO薄膜の3種類の基板上に蒸着したY$_2$O$_3$：Tm薄膜の測定結果が示されている。ITO上では，Y$_2$O$_3$の回折線がほとんど認められず，アモルファス状となっていると思われる。これに対して，石英ガラスおよびc軸配向ZnO薄膜上では［111］配向したY$_2$O$_3$となっており，回折強度およびその半値幅から，ZnO上の場合が結晶性が最も優れていることがわかる。図9にこれらの薄膜のAFM像を示す。表面形状の面からも，ITO上では丸みを帯びてアモルファス的であり，ZnO上では柱状構造が顕著であることがわかる。即ち，これらのことから，多結晶薄膜といえども，その結晶性は用いる基板に強く依存することがわかる。図10に石英ガラス基板上に蒸着し，800℃で1時間空気中でアニールしたY$_2$O$_3$：Tm薄膜蛍光体のPLおよびPLEスペクトルを示す。他の基板の場合も得られたスペクトルは同様であった。PLスペクトルから$^1D_2 \rightarrow {}^3H_4$遷移に基づく453nmにピークを持つ青色発光および$^1D_2 \rightarrow {}^3H_6$遷移に基づく360nmにピークを持つ近紫外の発光を示していることがわかる。一方，PLEスペクトルから，励起帯は208nmにピークを持つY$_2$O$_3$母体励起のみであることがわかる。青色発光の色度点は（0.131，0.072）にあって，非常に優れた色純度の青色発光が得られていることがわかる。図11に，これらの薄膜の輝度対陽極電圧特性を示す。エミッション電流密度（図中I$_S$）は60μA/cm^{2}である。図に示された結果から，発光特性においてもc軸配向したZnO薄

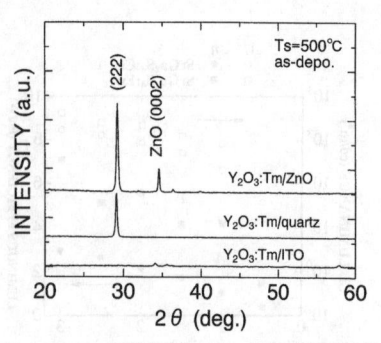

図8 Y$_2$O$_3$：Tm薄膜蛍光体のXRD曲線の基板依存性

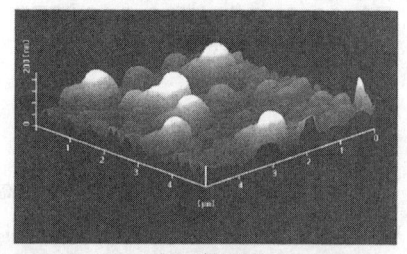

a）ITO基板上

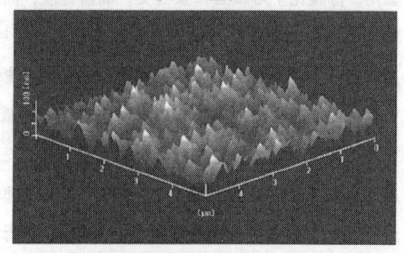

b）石英ガラス基板上

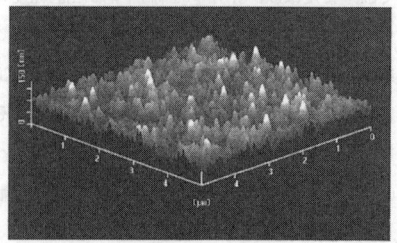

c）c軸配向ZnO薄膜上

図9 Y$_2$O$_3$：Tm薄膜蛍光体のAFM写真

第6章 FED

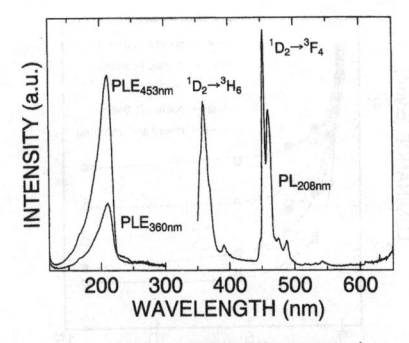

図10 Y$_2$O$_3$：Tm薄膜蛍光体のPLおよびPLEスペクトル

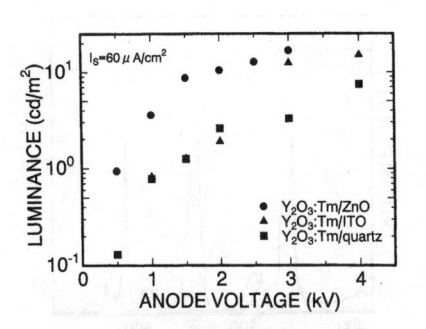

図11 Y$_2$O$_3$：Tm薄膜蛍光体の輝度対陽極電圧特性の基板依存性

膜の場合が三者の中では最も高い輝度を示していることがわかる。これに対して，石英ガラス基板上の輝度がITO上に比べて低輝度であるのは，石英ガラス基板が絶縁体であり，帯電の影響が現れているためと思われる。このように，薄膜では，基板の構造特性のみならず電気特性も，その構造特性並びに発光特性に大きな影響を及ぼすことが示され，基板の選択も重要な要素であることが考えられる。図から，3 kV，60 μA/cm^{2}の励起でZnO薄膜基板上の場合でも約15 cd/m^{2}と低輝度であることがわかる。これは，一つには図10のPLEスペクトルで示されたように，励起が母体励起のみで，Tm発光中心への効率的なエネルギー伝達が行われていない可能性があり，伝達機構の解明，増感中心の導入等によって輝度の向上の可能性が期待される。

Y$_2$O$_3$は各種希土類発光中心用母体材料として用いられている。従って，これらの薄膜化によって，緑色や赤色薄膜蛍光体も可能である。図12に，Tm^{3+}，Tb^{3+}およびEu^{3+}で付活したY$_2$O$_3$薄膜蛍光体のCLスペクトルを示す。これらの発光の色度点はTm (0.131, 0.072)，Tb (0.327, 0.573) およびEu (0.590, 0.343) であり，CRT用R，G，B蛍光体のそれらに近接しており，これらの薄膜の高輝度化，高効率化がはかられれば，FED用蛍光体として大いに期待される。

3.5 電子線照射に対する蛍光体の安定化

前にも述べたように，低速電子線励起では，CRTの場合のようなアルミバックという処理ができないので，電子線は直接蛍光体に照射されることになる。その結果として蛍光体表面が変化し，発光の経時変化や電子源に影響を及ぼすことになる。従って，FEDでは電子線照射に対して安定となるようにするまたは安定な材料を開発することも非常に重要な要素である。

図3および図4で示した酸化物極薄膜被覆は発光の経時変化に対しても効果があることが示されている。一例を図13に示す。ここで，励起電圧および電流密度はそれぞれ400Vおよび150 μ

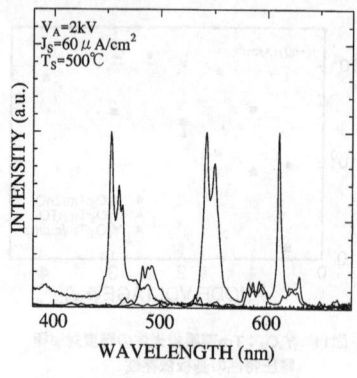

図12 Tm，TbおよびEuで付活したY$_2$O$_3$薄膜蛍光体のCLスペクトル

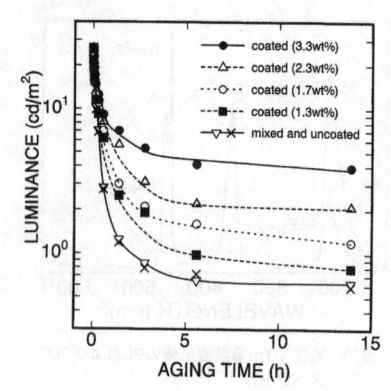

図13 In$_2$O$_3$極薄膜で被覆したZnS：Ag，Cl蛍光体の経時変化の被覆量依存性
この図にはIn$_2$O$_3$微粉末を混合した蛍光体の特性も示されている。

A/cm^{2}である。In$_2$O$_3$被覆を施すことにより，輝度劣化が抑制されていることがわかる[25]。この図には，導電性のIn$_2$O$_3$微粉末をZnS：Ag,Cl蛍光体と混合したものの経時変化も示されている。導電性の微粉末を混合することにより，蛍光体表面の帯電がある程度抑制されることが確認されているが[25]，経時変化に対しては被覆をしない蛍光体の特性と全く同じであり，劣化の抑制には寄与していないことを示す。混合しただけでは蛍光体表面の露出は押さえられていないからであり，逆に，極薄膜であっても，ゾル—ゲル法により粉末の表面を均一にコートし，図9に示されたように劣化の抑制に寄与していることを示している。

これまでに報告されている研究結果によれば，電子線照射に対して安定な材料は酸化物で，中でもZnOが非常に安定で，硫化物が最も変化しやすく，それ以外の材料の安定性は概ねZnOと硫化物の間にあると考えてよい。しかも，酸化物蛍光体では表面近傍での発光効率の低下が小さいと報告されている[29]。従って，ZnOをはじめとする酸化物蛍光体の開発はFEDにとって今後重要な課題となると考えられる。

3.6 おわりに

以上，FED用蛍光体について，必要な性質，現状，開発課題について述べたが，スペーサを小さくしたければ励起電圧を低くしなければならず，そうすると蛍光体には帯電，安定性，電流飽和等の問題に直面することになる。これらの問題を克服すべく，導電性蛍光体，酸化物蛍光体，薄膜蛍光体，発光中心材料といったキーワードの下で研究が進展することを期待したい。

第6章　FED

文　献

1) H.Kominami et al., *Jpn. J. Appl. Phys.*, **35**, L1600 (1996)
2) 中西洋一郎，山元　明，ディスプレイ アンド イメージング，8, 35 (1999)
3) V.D.Meyer, *J. Appl. Phys.*, **41**, 4059 (1970)
4) A.Tonomura, et al., *J. Phys. Soc. Japan*, **45**, 1684 (1978)
5) R.Whiddington, *Proc. Roy. Soc. (London)*, **A86**, 360 (1912)
6) A.F.Makhov, *Sov. Phys. Solid State*, **2**, 1934 (1960)
7) C.Feldman, *Phys. Rev.*, **117**, 455 (1906)
8) B.Kazan et al., Electronic Image Storage, Academic Press, N.Y. (1968)
9) A.Pfahnl, "Aging of Electronic Phosphors in Cathode-ray Tubes", in Advances in Electron Tube Techniques, 204 (1961)
10) P.H.Holloway et al., Extd. Abs. 3rd Int. Conf. on Sci. and Tech. Display Phosphors, Huntington Beach, CA, 7 (1997)
11) J.Penczek et al., Proc. 4th Int. Display Workshops, Nagoya, 625 (1997)
12) A.K.Albessard et al., Proc. 15th Int. Display Res. Conf. '95, Hamamatsu, 643 (1995)
13) R.E.Sievers et al., Extd. Abs. 3rd Int. Conf. on Sci. and Tech. Display Phosphors, Huntington Beach, CA, 303 (1997)
14) V.Bonder et al., Extd. Abs. 4th Int. Conf. on Sci. and Tech. Display Phosphors, Bend, OR, 413 (1998)
15) K.Kajiwara et al., *J. Vac. Sci. Technol.*, **B21**, 515 (2003)
16) C.Bojkov et al., Proc. 15th Int. Display Res. Conf., Hamamatsu, 635 (1995)
17) H.Matsukiyo et al., *J. Electrochem. Soc.*, **145**, 270 (1998)
18) H.Matsukiyo et al., *J. Lum.*, 72–74, 229 (1996)
19) R.Peterson, Proc. 3rd Int. Display Workshops, 2, Kobe, 23 (1996)
20) S.Itoh et al., Proc. 5th Int. Display Workshops, Kobe, 581 (1998)
21) H.Yamamoto et al., *J. SID*, **6**, 177 (1998)
22) H.Toki et al., Proc. 3rd Int. Display Workshops, 2, Kobe, 519 (1996)
23) S.Itoh, et al., Ext. Abs. 3rd Int. Conf. on Sci. and Tech. Display Phosphors, Huntington, CA, 275 (1997)
24) H.Oshima et al., *Rare Earths*, **34**, 260 (1999)
25) H.Kominami et al., *Jpn. J. Appl. Phys.*, **35**, L1600 (1996)
26) 勝部能之，薄膜ハンドブック，オーム社，494 (1983)
27) V.Bonder et al., Extd. Abs. 4th Int. Conf. on Sci. and Tech. Display Phosphors, Bend, OR, 413 (1998)
28) 中島宏佳ら，電子情報通信学会，信学技法，ED2001-173, 1 (2001)
29) C.H.Seager et al., Extd. Abs. 3rd Int. Conf. on Sci. and Tech. Display Phosphors, Huntington, CA, 279 (1997)

第7章　デジタルペーパー

1　光アドレス電子ペーパー

有澤　宏[*]

1.1　はじめに

　光アドレス電子ペーパーは，"電子情報をプリントして得られる紙の使い勝手のよさの実現"を目的としている。そのため通常のディスプレイを薄くするというアプローチではなく，表示部と画像形成部とを切り離すことで駆動ICや微細加工を不用にし，媒体を薄く軽くフレキシブルにした。プリンタと紙のような関係で，書き込み装置と電子ペーパーというシステムになる。電子ペーパーの表示や光アドレスには機能性色素が深くかかわっており，表示の光吸収層として高分子分散した黒色顔料を用い，光アドレスの光感受性材料として有機光導電材料を用いている[1]。

　図1は光アドレス電子ペーパーのシステムイメージの一例である。薄型の書き込み装置に電子ペーパーを差し込み，普段は静止画専用のパソコンの第二画面もしくはドキュメントビュワーとして使うことを想定している。プリントしたい時には画面を取り外すだけで見ているものがそのまま手にとれる。取り外した電子ペーパーは，並べて情報を比較したり，手で持ってじっくり読んだり，そのまま持ち歩いたり，自由にハンドリングできるようになる。

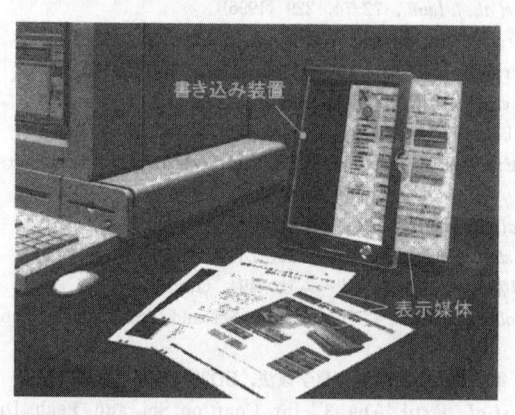

図1　光アドレス電子ペーパーシステムのイメージ

---

　[*]　Hiroshi Arisawa　富士ゼロックス㈱　研究本部　先端デバイス研究所　マネジャー

第7章 デジタルペーパー

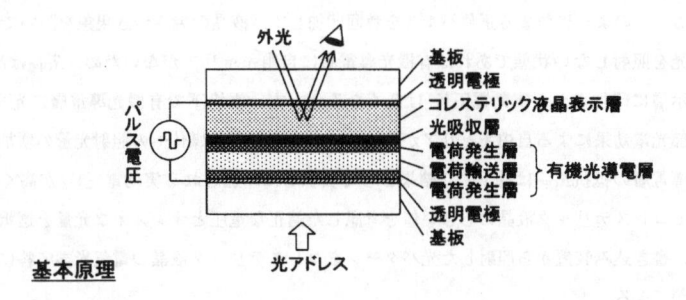

基本原理

図2 表示媒体の構造

1.2 基本原理

図2に表示媒体の基本構造を示す．内面に微細加工しない表示画面サイズの透明電極をもつ2枚の透明なプラスチック基板の間に，有機光導電層，光吸収層，そしてコレステリック液晶カプセル/高分子バインダからなる表示層を順次積層する．有機光導電層は，電荷輸送層の上下に電荷発生層を配置し交流駆動可能にした独自構造を採用している．光吸収層は黒顔料を高分子に分散させたもので，表示の黒状態を規定すると共に，有機光導電層への外光の影響を遮断する役割を持っている．表示層はコレステリック液晶をマイクロカプセル化し高分子バインダと混合することで，塗布することを可能にすると共に，基板変形による画像劣化を防止している．

図3に光アドレスの原理を示す．光吸収層を省略した場合，表示媒体の等価回路は同図（A）のようになる．上下のべた電極間に電圧を印加すると，表示層には有機光導電層とのインピーダンス比で決まる分圧 V_{LC} が印加される．矩形波に対しては，同図（B）に示すように，パルスの立ち上がりにおいて瞬間的な電荷蓄積による容量分圧が起こり，時間経過とともに抵抗分圧へと緩和していく．緩和時定数 τ は表示層と有機光導電層の容量 C_{LC}，C_{OPC} と抵抗 R_{LC}，R_{OPC} によって決

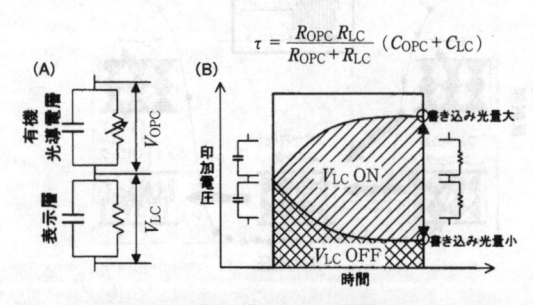

$$\tau = \frac{R_{OPC} R_{LC}}{R_{OPC} + R_{LC}} (C_{OPC} + C_{LC})$$

図3 光アドレスの原理

まる。このように決まる正負パルスを数回印加して、液晶の焼きつき現象を防いでいる。

光を照射しない状態であれば有機光導電層に自由キャリアがないため、R_{OPC}は高抵抗になり、表示層に印加される実効電圧V_{LC}は低くなる。一方、電場下で有機光導電層に光を照射すると、内部光電効果による自由キャリアが発生する。つまり表示媒体への照射光量の増加に応じて有機光導電層の抵抗R_{OPC}は低下し、結果として表示層に印加される実効電圧V_{LC}が高くなる。したがってコレステリック液晶のしきい値を考慮した適正な電圧とオン／オフ光量を選択することにより、書き込み装置から照射した光パターンをコレステリック液晶の電気光学応答に反映させることができる。

1.3　コレステリック液晶の電気光学応答

表示層には正の誘電異方性を持つポジ型のコレステリック液晶を用いる。コレステリック液晶は液晶分子が厚み方向にらせん構造を描くように分子配列している。そのため、電場ベクトルの描く空間軌跡が液晶分子の回転方向と一致し、液晶内部での伝播波長がらせんピッチに等しい円偏光成分を選択的に干渉反射する。われわれはこの選択反射現象を利用して反射型表示を行っている。

図4に基板垂直方向のパルス電圧に対するポジ型コレステリック液晶の電気光学応答を示す。らせん軸が基板垂直になるプレーナを初期配向とすると、電場強度の増加にともなって、らせん軸が基板平行になるフォーカルコニック、らせん構造がほどけて液晶分子が電場方向に揃うホメオトロピックへと配向状態が変化する（図中黒矢印）。ここで各配向状態から印加電場を取り除くと、ホメオトロピックはらせんピッチがイントリンシックな状態よりも伸びた過渡的プレーナを経て初期の安定なプレーナへと遷移し、プレーナとフォーカルコニックはほぼそのままの状態

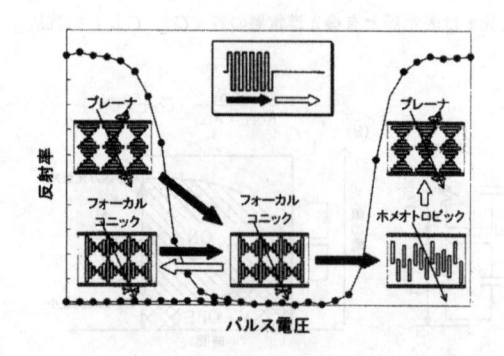

図4　ポジ型コレステリック液晶の配列変化と電気光学応答

第7章 デジタルペーパー

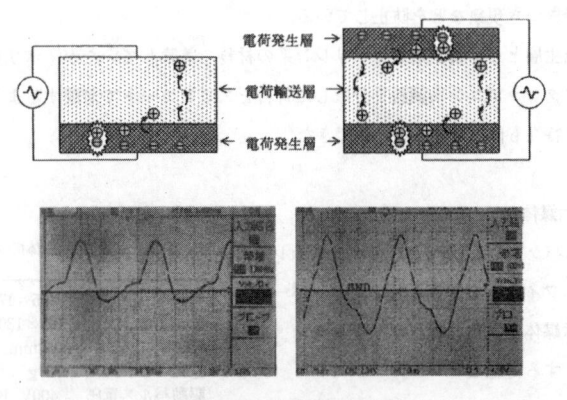

図5 有機光導電層の交流特性
従来型（左） 両側電荷発生層型（右）

を維持する（図中白抜矢印）。このように印加電圧によって状態は異なるが，無電場ではプレーナとフォーカルコニックが双安定に存在することになる。基板面から入射した光はプレーナでは選択反射され，フォーカルコニックではわずかに前方散乱しながら透過する。したがってパルス電圧（※電圧印加後の状態）に対して図のような反射率変化が得られ，プレーナとフォーカルコニックの間のスイッチングによって反射と透過のメモリ性表示を行うことができる。

1.4 両側電荷発生層型有機光導電層

電気特性の優れた光導電物質として，アモルファスシリコンやカドミウムセレンなどの無機材料がよく知られている。しかし無機の光導電体はプラスチック基板のプロセス温度の制約や耐久性から，フレキシブルなデバイスへの適用は難しい。そこでわれわれは，電子写真の感光体技術を応用した有機光導電層を光スイッチング素子に用いている。

図5（左）に示すように，電子写真用感光体は高感度，長寿命を実現するため，電荷発生層と電荷輸送層を積層する機能分離型が主流となっている。電荷発生層の顔料が光を吸収して励起子を生成し，熱緩和した電子-正孔対が電離して自由キャリアとなる。通常電荷輸送層はイオン化ポテンシャルが小さいドナー性物質を高分子に分散した構造を持ち，電荷発生層から注入された正孔が局在化したサイト間をホッピング伝導すると考えられている。したがって電荷輸送層/電荷発生層2層構造の従来型有機光導電には整流性があり，交流駆動を行うことができない。

そこで同図（右）に示すように，電荷発生層を電荷輸送層の上下に配置する3層構造の有機光導電層を考案した。これによって対称なキャリア移動による交流特性を実現し，空間電荷の偏析

229

による表示の焼きつき現象などを防止している。

　当初は電荷発生層として真空蒸着でペリレン系の材料を着膜していたが，ポリビニルブチラールバインダにフタロシアニン系顔料を分散した材料をスピンコートで着膜するようになり，膜の機械強度も電気特性も向上させることができた[2]。

1.5 白黒表示媒体[3]

　透明電極をスパッタした125μm厚のポリエチレンテレフタレートフィルムを基板として，ペーパーライクな白黒表示媒体を試作した。ポリウレタン・ウレアをシェルとする薄緑とピンクのコレステリック液晶マイクロカプセル（平均粒径8μm）を作製し，等量混合し水溶性高分子のバインダとともに約35μm厚に塗布することで，単層で初めて白黒表示を実現した。有機光導電層として，0.2μm厚のフタロシアニン系顔料2層の電荷発生層と，ポリカーボネートバインダにベンジジン系の正孔輸送材料を分散した8μm厚の電荷輸送層を積層した。

表1　白黒表示媒体のスペック

サイズ	105×171mm
表示領域	82×130mm
媒体厚	0.3mm
重量	7.7g
駆動パルス電圧	400V, 10Hz, 0.2sec
反射率	25%
コントラスト	8:1
解像度	>600dpi

　表1，図6に白黒サンプルのスペックとその概観を示す。紙のように薄くフレキシブルな表示媒体を実現できていることがわかる。0.2秒で瞬間的に書き込まれた画像は十分なメモリ性をもち，曲げや圧力に対しても変化しなかった。媒体自体の解像度は1インチ当たり600ドット以上であり，高精細な文字が十分に表現できる。積分球型測色計で測定した，完全拡散板を100%とする反射率（Y値）は約25%で，コントラストは8が得られた。2種類の波長を選択反射するコレステリック液晶をマイクロカプセル化して混ぜることで，反射スペクトルがブロードになり表示は無彩色に近くなった。視野角による明るさや色味の変化もほとんど気にならず，ハードコピーに近い印象を受ける。

1.6 カラー化に向けて[4]

　カラーを表示する一般的な方法として，三原色の画素を表示面内に配置する並置型と，厚み方向に配置する積層型の二つが考えられる。光アドレス電子ペーパーシステムでは，調光パターンを表示媒体に照射して画像を形成する。したがって並置型のように表示媒体上の発色位置が固定された方法では，書き込み装置との位置関係を高い精度（数10μm）で制御しなければならず，実用性に欠ける。そこで，それぞれ赤緑青の色を選択反射するコレステリック液晶層を積層する構造について検討を行っている。

第7章　デジタルペーパー

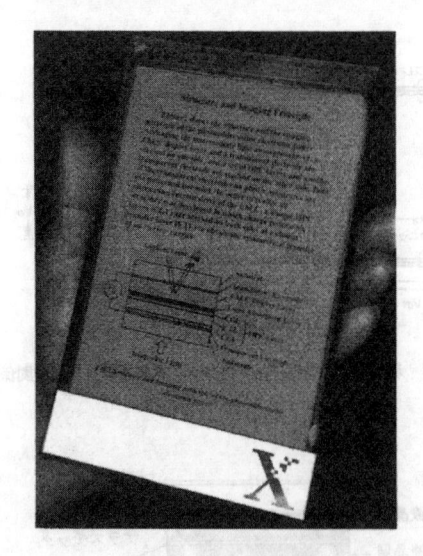

図6　白黒表示媒体の概観

表2　印加電圧と配向状態および表示色の関係

		リセット電圧 V_r		
		V_e	V_f	V_g
セレクト電圧 V_s	V_a	○○● / 赤	○○○ / 黄	○○○ / 白
	V_b	●●● / 黒	●○○ / 緑	●○○ / シアン
	V_c	●●● / 黒	●●● / 黒	●●○ / 青
	V_d	○●● / 赤	○●● / 赤	○●○ / マゼンタ

1st/2nd/3rd ○プレーナ ●フォーカルコニック

　積層型では，表示媒体がべた構造になるため位置合わせの問題がない。また1画素で多色を表示できるため光の利用効率が高く，高精細にできる利点もある。しかし図3に示したように，光アドレス法では表示層全体に印加される電圧しかコントロールできないため，3層へ同時に作用する電圧信号によって各層の反射状態を選択的に制御する手法が必要となる。この課題に対して以下の制御方法を考案した。

　外部から印加されるパルス電圧に対する各コレステリック液晶のしきい値を，図7のようにシフトさせる。このように構成した表示層に対して，リセット電圧V_rとセレクト電圧V_sの2段階の電圧からならパルス信号を印加する。ここでリセット電圧V_rを図7に示したV_e〜V_gのしきい値間電圧，セレクト電圧V_sをV_a〜V_dのしきい値間電圧にセットすると，各コレステリック液晶の配向状態は，表2上段のようになる。これから明らかなように，外部から印加する唯一の駆動信号によって，3つのコレステリック液晶の配向状態を独立に制御し，8種類の配向の組合せをすべ

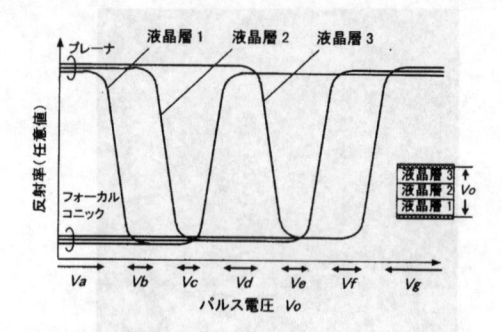

図7 積層した3つのコレステリック液晶層のしきい値関係

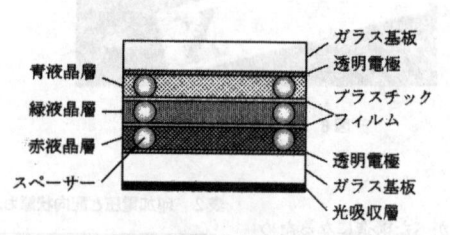

図8 カラー検証サンプルの構造

て選択することができる。たとえば第1層として赤，第2層として緑，第3層として青をそれぞれ反射するコレステリック液晶で構成すると，加法混色の原理に従って表2下段に示す8色が表示される。

特性値設計を行ったコレステリック液晶を用いて積層型のカラーサンプルを作製し，アイデアの検証を行った。図8に検証サンプルの構造を示す。プラスチックフレームで支持した4.5μm厚のポリエチレンテレフタレートフィルムを介して，透明電極を蒸着した1.1mm厚のガラス基板間に，それぞれ赤緑青を選択反射する高分子安定化コレステリック液晶層を積層形成した。液晶層のギャップは，スペーサで5μmに制御している。考案した駆動方法を用いることにより，積層された3つの表示層を外部電圧で個別に制御し，8色のカラー表示が可能であることがわかった。積分球型測色計で測定した，完全拡散板を100％とする反射スペクトルでは，白表示における積分反射率12.1％，白黒コントラスト5.6が得られた。

1.7 おわりに

現在,富士ゼロックスで取り組んでいる光アドレス電子ペーパー技術の概要を紹介した。コレステリック液晶と有機光導電層を組合せた白黒の光アドレス電子ペーパーを試作し,面一括照射による高速な画像書換え,薄くフレキシブルな媒体形状,一覧性の高い反射型メモリ性表示といったユニークな特長が確認できた。今後,フレキシブルなカラー電子ペーパーを実現していくために,有機導電材料の改良やカラー遮光層の導入等の検討を行っていく予定である。

文　献

1) 有澤宏ほか,"コレステリック液晶を用いた電子ペーパー:有機感光体による光画像書き込み", Japan Hardcopy 2000, pp.89-92 (2000)
2) H. Kobayashi, et al., "A Novel Photo-Addressable Electronic Paper Using Organic Photoconductor utilizing Hydroxy Gallium Phthalocyanine as Charge Generation Material", IDW'01 Proceedings, pp.1731-1732 (2001)
3) T. Kakinuma, et al., "Black and White Photo-addressable Electronic Paper using Encapsulated Cholesteric Liquid Crystal and Organic Photoconductor", IDW'02 Proceedings, pp.1345-1348 (2002)
4) 原田陽雄ほか,"コレステリック液晶を用いた電子ペーパー:積層型カラー表示層の外部駆動", Japan Hardcopy 2000, pp.93-96 (2000)

2 トナーディスプレイ

重廣 清[*1], 町田義則[*2]

2.1 はじめに

インターネットの爆発的普及によってデジタル情報の流通量が増加し,電子的な表示媒体上で情報を読む機会が増えている。一方,情報を読むための媒体として紙があり,反射型で読みやすい,一度書かれた表示物を電源なしで保持できる,一覧性がある,読む姿勢を問わない,サイズの制限がない,などのメリットがある。そこで,紙が持つ表示媒体としての良さとデジタル情報を扱う機能を併せ持つ書換え可能な表示媒体というコンセプトが提案され,導電性トナーと電荷輸送層を用いたトナーディスプレイをはじめ[1],各種の方式が報告されている。我々は乾式電子写真の現像工程や転写工程で応用されている「摩擦帯電した粒子が気体中を電界によって移動する現象」に基づいた表示媒体である摩擦帯電型トナーディスプレイを見出した[2~5]。この方式において必要とされる色材の特性をはじめとした技術概要と特長を紹介する。

2.2 基本原理

2.2.1 基本構成

摩擦帯電型のトナーディスプレイの基本構成を図1に示す。本表示媒体は一対の電極基板に挟まれた空間に互いに異なる光学特性と帯電特性を持つ2種類の絶縁性粒子が封入されている。基板間には距離を均一に確保するスペーサが配置され,空気などの気体で満たされている。表面側の基板は透明な電極と基材からなり,基板内面に付着した粒子を外部から基板を通して見ることができる。各基板の電極は外部電源に接続されている。

図1 トナーディスプレイの基本構成

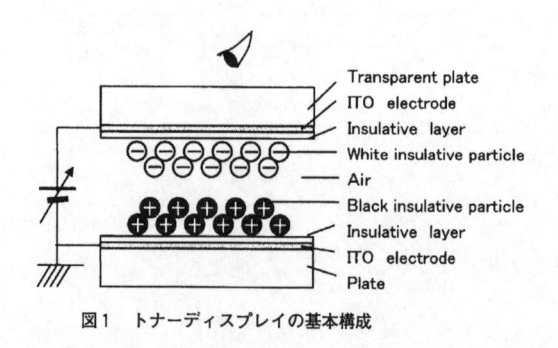

[*1] Kiyoshi Shigehiro 富士ゼロックス㈱ 研究本部 先端デバイス研究所 マネジャー
[*2] Yoshinori Machida 富士ゼロックス㈱ 研究本部 先端デバイス研究所 副主任研究員

第7章　デジタルペーパー

(White)　　　　　　　　(Black)

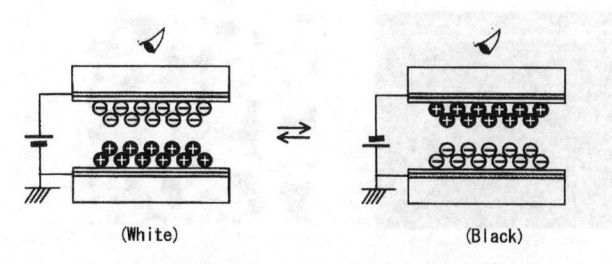

図2　摩擦帯電型トナーディスプレイの表示駆動原理

2.2.2　表示駆動原理

　本表示媒体の表示駆動原理を図2に示す。表面側の電極に負極性，背面側の電極に正極性の電圧を印加して基板間に電界を発生させると，正極性に帯電した黒色粒子はクーロン力により表面側の電極へ移動すると共に，負極性に帯電した白色粒子は背面側の電極へ移動する。それぞれの基板上に到達した粒子は基板面に付着し保持される。表面側から目視すると黒色粒子層が見え，背面側の電極上に付着した白色粒子層は表面の黒色粒子層に遮閉されて見えない。ここで，電源を切断しても粒子は移動先の基板上に，影像力やvan der Walls力などにより保持される　（図2のBlack）。

　次に，印加する電圧の極性を反対に切替えて基板間に発生する電界方向を逆転すると，帯電した絶縁性粒子は電界により基板間をそれぞれ反対方向へ移動し，移動先の基板上に保持される。ここでは白色粒子が表面側へ移動して白色に見える　（図2のWhite）。

2.3　表示特性
2.3.1　表示コントラスト

　基本構成図1の黒／白表示特性を紹介する。評価用表示媒体は300μmのスペーサを介して対向するITOガラス電極基板間に，体積平均粒径約20μmの絶縁性の白色粒子と黒色粒子が体積比6：5で混合攪拌され，約6mg/cm^{2}で一様に封入された表示面積4cm^{2}のテストピースである。ITOガラス電極上にポリカーボネート樹脂からなる厚さ約3μmの絶縁層を塗布している。

　本表示媒体により白黒の高いコントラストと高い反射率の白色表示が得られる。表示基板側からみた基板表面の拡大観察写真を図3に示す。(a)は表示面側を負極性にしたとき，(b)は正極性にしたときである。白色粒子と黒色粒子の混合物は，分離移動して基板内面に比較的密に付着している。

　表面と背面の電極間の印加電圧が−300Vのときの黒表示濃度は1.67，黒反射率2.1%，＋300V

ディスプレイと機能性色素

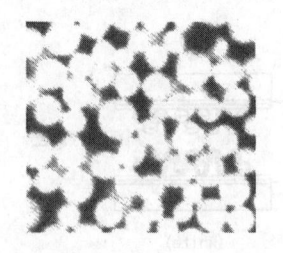

図3　表示基板上の粒子の拡大写真

のとき白表示濃度は0.39，白反射率41%であり，コントラスト比は20と高い値を示している。ここで，反射濃度はX-Rite社製X-Rite®404で測定した。ここで使用した表示面側のITOガラス基板1枚のみの反射濃度は0.21であり，表示濃度に加算されている。

ここで使用した白色粒子は酸化チタン顔料を含有した真球状樹脂粒子を，黒色粒子はカーボンブラック顔料を含有した真球状樹脂粒子を分級して得られた体積平均粒径約20μmの絶縁性粒子である。反射率は白色粒子および黒色粒子そのものの隠ぺい力が高いほど大きくなる。電子写真に使用されるトナーや，印刷や塗装に使用されるインクや塗料と同様に，隠ぺい力を高めるために高い顔料含有率や良好な顔料分散性を持った粒子が望まれる。また，反射率は表示面側へ移動し表示面に付着する粒子の投影面積率が高いほど，あるいは，付着する粒子層が厚くなるほど高くなる。

2.3.2　帯電特性

帯電特性の異なる2種類の粒子が電界中で分離されて互いに反対方向へ移動するか否かは，2種類の粒子の帯電量に大きく依存する。

平均粒径20μmの種々の粒子を組合せて基板間に封入し，基板間の電界に対する分離特性を評価した。基板間を良好に移動可能な組合せの2種類の粒子は約±15fCの帯電特性であった。このとき，基板間に生成された電界により各粒子に働くクーロン力が2粒子間に働く静電引力やvan der Walls力などに勝り，また粒子と基板間に働く影像力やvan der Walls力などに勝り，極性の異なる2粒子を分離移動させることができたと考えられる。一方，電界によって移動せずに基板間に留まった粒子混合物は，粒子の平均帯電量が±30fCより高く凝集体となっていたり，また別な粒子の組合せでは，±2fCより低くほとんど帯電していなかった。

上記のような帯電特性を持った粒子は，電子写真に用いられるトナーのように，粒子表面に帯電制御のための微粉末を添加することや，帯電制御剤を粒子に含有することにより得られる。たとえば，白色粒子にはアルキルシラン系カップリング剤で処理されたチタニアの微粉末を，黒色

第7章　デジタルペーパー

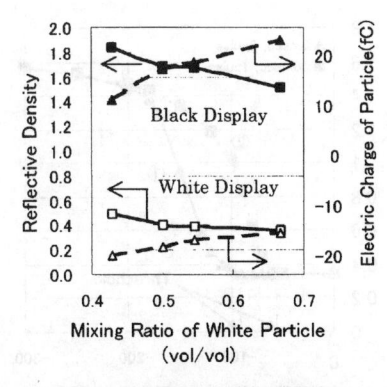

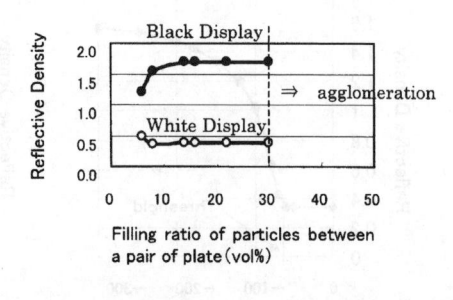

図4　反射濃度および粒子帯電性と
　　　白色粒子の混合率との関係

図5　反射濃度と粒子充填率との関係

粒子にはアミノシラン系カップリング剤で処理されたシリカの微粉末を用いて，白色粒子と黒色粒子を体積比6:5で混合し，タープラーミキサーで撹拌することにより，負極性に帯電した白色粒子と，正極性に帯電した黒色粒子が得られる。

2.3.3　粒子混合率

　表示濃度（表示面の反射濃度）は白色粒子と黒色粒子の混合率によって変化する。2種類の粒子のうち，混合率の大きな方の粒子が形成する表示面の白色性，あるいは黒色性が高くなる。これは混合率の大きな粒子の帯電量が小さくなり，移動し付着する粒子数が多くなるためである。白色粒子と黒色粒子の混合率と表示濃度との関係，および混合率と帯電特性との関係を図4に示す。白色粒子混合率は全粒子の総体積に占める白色粒子の総体積の割合とした。粒子の混合率がほぼ同一のときに2種類の粒子はほぼ同一な平均帯電量の絶対値を持つ。一方，粒子の混合率が異なる場合は2種類の粒子の平均帯電量は異なり，帯電した粒子は基板間の電界を中和するよう移動するため，粒子の帯電量の違いが移動量の違いを生じる。

2.3.4　粒子充填率

　基板間に封入される粒子の体積充填率は粒子が互いに移動するために重要な因子である。体積充填率（％）は封入された粒子の総体積の基板間体積に対する百分率である。平均粒径20μmの粒子を用いて基板間距離0.3mmで実験した粒子の体積充填率に対する表示濃度の関係を図5に示す。この表示媒体にとって帯電極性の異なる2種類の粒子が相互に移動可能であることが重要であるが，粒子充填率30％以上において一部の粒子が基板間に充満して電界をかけても分離できない。また，充填率約6％以下では表示基板面に付着する粒子の投影面積率が低くなるため反射濃度が低下する。充填率約10％以上で表示基板面に付着する粒子の投影面積率は70％以上になり，

237

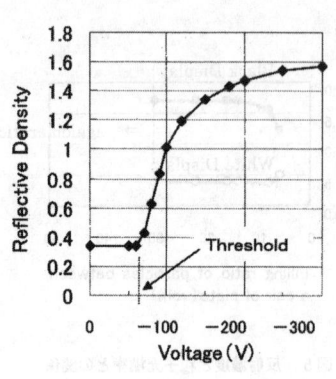

図6　印加電圧に対する表示濃度曲線 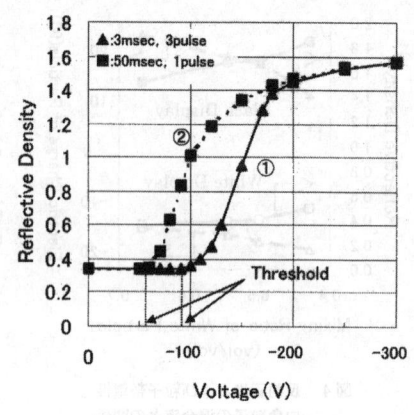　　　図7　電圧印加方法と表示濃度

ほぼ一層以上の粒子層が形成され，十分な反射濃度が得られる。

2.3.5 電圧印加方法

　印加電圧に対する粒子移動現象に閾値が存在する。印加電圧と表示濃度の関係を図6に示す。これは白表示状態から黒表示を行ったときの結果であり，電圧印加時間は50msecで一定とした。この閾値特性により本表示媒体はパッシブマトリクス駆動により表示できる。

　表示の応答時間は電圧に依存し，印加電圧が高いほど応答時間は短く，電圧印加時間が長いほど表示濃度が高くなる領域がみられ，印加電圧や電圧印加時間を変数とした階調表示の可能性がある。さらに，電圧印加の回数が多いほど表示濃度が高くなる領域がみられ，繰返し電圧印加回数を変数とした階調表示の可能性もある。また，電圧印加時間と繰返し電圧印加回数とを選択することにより，表示特性を制御することができる。ここでは一例として電圧印加時間を3msec，繰返し印加回数を3回としたときの表示特性について説明する。このときの印加電圧と表示濃度の関係を図7（図中①）に示す。なお，比較として電圧印加時間が50msec，繰返し回数が1回の結果を図7（図中②）に記した。①は②と比べ閾値電圧が高くなり，表示濃度カーブの傾きが急峻になっている。

　本表示媒体の特徴の一つであるパッシブマトリクス駆動では，非表示部の地汚れを防ぐために，表示部電極に印加できる電圧が閾値電圧の2倍以下に制限される。図7の②では閾値電圧が約－60Vで，その2倍の－120Vでは表示濃度が1.19である。これに対し①は閾値電圧が約－90Vで，その2倍の－180Vでは表示濃度が1.38である。つまり，パッシブマトリクス駆動を実施した場合，②の電圧印加方法では表示コントラストが表示濃度差で0.85，反射率コントラストで7であるの

に対し，①では表示濃度差で1.04，反射率コントラストで11に向上することができた。

次に，パッシブマトリクス駆動を適用した表示デバイスを図8に示す。表示デバイスのサイズはA3判で，画素数は124,320ドット（296×420）である。

2.4 カラー表示
2.4.1 カラー表示の基本構成と表示駆動原理

トナーディスプレイのカラー表示方法として，RGB各色のカラー粒子を用いる方法や，カラーフィルタと白黒粒子とを組合せる方法が可能であるが，ここでは背面着色基板と白黒粒子とを組合せる方法を紹介する。

図8 モノクロ画像のパッシブマトリクス駆動表示例

本カラー表示媒体の基本構成を図9に示す。任意の色に着色されたカラー層を背面基板に持つことが特長である。ここでも前記2.2.2の表示駆動原理と同様にして白色や黒色を表示することができる。本表示媒体のカラー表示の駆動原理を図10に示す。特定の電極に交番パルス電圧を繰返し印加すると，粒子は上下基板間を往復運動すると共に，電圧を印加していない隣接電極部方向へ回り込み電界や粒子間の衝突反発によって水平移動して堆積する。交番パルス電圧を印加した電極上には粒子がほとんど不在状態になり，表面の透明基板を通して背面基板上のカラー層が観察され，カラー表示される。この方法によれば，多色表示を行うために表示基板側にカラーフィルタを設ける必要がなく，白色粒子層を表示基板全面に形成して白表示できるため，高い白反射率を実現できる。

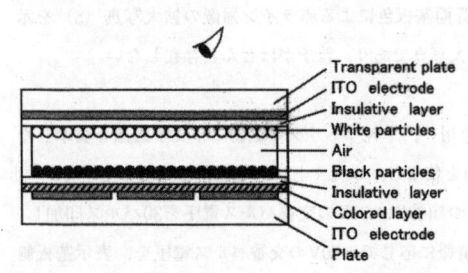

図9 マルチカラー型トナーディスプレイの基本構成

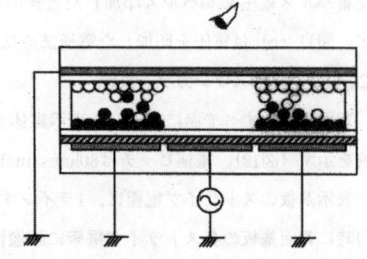

図10 マルチカラー型トナーディスプレイの駆動原理

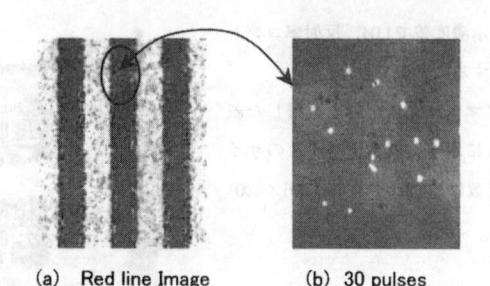

(a) Red line Image　　(b) 30 pulses

図11　赤色背面基板を利用した赤表示の拡大写真

2.4.2　カラー表示特性

次に，マルチカラーの表示特性を紹介する。評価用表示媒体は高さ$200\mu m$のスペーサを介して直交して対向するストライプ状電極基板間に，白色粒子と黒色粒子の混合粒子が約$3\,mg/cm^2$で一様に封入され，背面基板の電極面がすべて赤，あるいは赤，緑，青のストライプ状に着色されている。各基板の粒子と接触する面は絶縁層が塗布されている。

背面基板全面を任意の1色で塗布することにより，白色粒子と黒色粒子による白黒表示にカラーを1色加えて表示すること（プラスワンカラー）が可能となる。また，ストライプ状背面電極に沿って赤，緑，青に着色，あるいはシアン，マゼンタ，イエローに着色することによって，白黒表示に加えてマルチカラーを表示することが可能となる。この着色面は表面側の基板を透過した入射光を高効率で反射できるよう設計する。

この表示基板の電極を接地し，背面基板の特定の電極に±200V，周波数300Hzの交番パルス電圧を印加すると，交番パルス電圧のパルス数に応じて電極上の粒子の個数が減少していき，30パルス程度で電極上の粒子が良好に除去される。図11に電極ピッチ60 lines/inch（lpi）を使用して交番パルス電圧を30パルス印加したときの背面基板色による赤ライン画像の拡大写真（a）を示す。図11（b）は電圧を印加した電極部の拡大写真であり，粒子がほとんど存在しない。

2.4.3　プラスワンカラー表示

背面基板をすべて赤に着色した表示媒体を用い，単純マトリクス駆動で赤文字画像を表示した例を示す（図12）。電極ピッチは80lines/inchを使用し，単純マトリクス駆動を適用している。

表示基板のストライプ電極に，1ラインずつ順番に±70Vの交番パルス電圧を30パルス印加し，同時に背面基板の各ストライプ電極に画像情報に応じて±70Vの交番パルス電圧を，表示基板側と180度位相を変えて30パルス印加した。従って，画像部には±140Vの交番パルス電圧が印加されて粒子が駆動し，非画像部には0Vあるいは±70Vの交番パルス電圧が印加されるが，閾値以下

第7章 デジタルペーパー

図12 パッシブマトリクス駆動による赤色表示の拡大写真（80dpi）

であるので粒子は駆動しない．

2.4.4 マルチカラー表示

マルチカラー表示用媒体は，背面基板を各ストライプ電極に沿って赤，緑，青に規則的に着色し，隣接する3色の組合せでカラー表示の1画素を構成するものである．例えば赤，緑，青のいずれかを表示したい場合は，任意の1電極に交番パルス電圧を印加し，またイエロー，マゼンタ，シアンのいずれかを表示する場合は，任意の2電極に交番パルス電圧を印加して，電極上の粒子を除去して，背面基板色を表示する．なお，白表示と黒表示はそれぞれ白色粒子と黒色粒子で行うため，表示基板側にカラーフィルタを配置する方式に対して白黒解像度を3倍にすることが可能である．

2.5 特　長

トナーディスプレイの特長を列記する．

〇反射型，広視野角表示

染顔料粒子を用いて反射型の高白反射率，高コントラスト比，広視野角な表示を実現することにより，コピーや印刷のような質感で，目に対する刺激が少なく人に優しい紙の読みやすさを再現している．

〇無電力常時表示

画像を書き込む時に電力を消費するが，その後は電力を消費することなく表示された画像を保持することが可能で，省エネルギーである．また，電池による駆動も可能で，設置場所を選ばない．

〇薄型，大画面化

表示媒体の構造がシンプルであり，またパッシブマトリクス駆動が可能で駆動ICが少ないため，

薄型，軽量な大画面表示を実現できる。
○カラー化
　着色粒子や着色基板色を利用することにより，カラー表示が可能である。高い白反射率や黒表示解像度を保ちつつ多色表示することが可能である。
○高耐候性
　トナー粒子に耐熱性樹脂を使用することが可能であり，また，応答速度に温度依存性が少なく，零下から高温まで，耐候性が高い。

2.6 今 後

　今後の技術課題は，カラー化，高精細化，フレキシブル化，低駆動電圧化である。着色背面電極基板の特性向上，粒子の小径化，フィルム電極基板によるフレキシブル化，駆動電圧の低減，などの実現可能性を確認中である。さらに，トナーディスプレイを用いたシステムとしての使用方法，サービス提供方法など，事業性の検討が課題となる。

文　献

1) 趙，菅原，星野，北村，日本画像学会，Japan Hardcopy'99, 249（1999）
2) 重廣，山口，町田，酒巻，松永，日本画像学会，Japan Hardcopy 2001, 135（2001）
3) Y.Yamaguchi, K.Shigehiro, Y.Machida, M.Sakamaki, T.Matsunaga, Asia Display/IDW'01, 1729（2001）
4) 町田，山口，酒巻，松永，諏訪部，重廣，Japan Hardcopy Fall 2001, 48（2001）
5) 町田，諏訪部，山口，酒巻，松永，重廣，Japan Hardcopy 2003, 103（2003）

3 電気泳動ディスプレイ

川居秀幸*

3.1 はじめに

液体中に微粒子を分散させた分散系に電界を印可した場合，粒子はクーロン力により液体中を移動する。この現象は電気泳動（Electrophoresis）と呼ばれ，生理学分野におけるタンパク質の分離，あるいは湿式現象法印刷などに応用されてきた。電気泳動ディスプレイ（Electrophoretic Display，以下EPD）は，この電気泳動現象を利用した非発光型表示デバイスであり，1969年に松下電器産業の太田により考案された[1]。

EPDはその原理上，広視野角性や無電源での長時間表示メモリ性を有し，さらに低消費電力，高コントラストなど，いくつかの好ましい特長を備える。このため，1970年代から80年代半ばまで，主に日本と米国において盛んに研究された。しかし，多くの魅力的な特長を有する一方，クリティカルなしきい値特性を持たないことや，比較的高く両極性の駆動電圧印加が必要なことなどから，マトリクス表示を実現する場合に電極構造や駆動回路が複雑になるという問題点があった。このため，数々の意欲的な取り組みにもかかわらず，結局液晶に対する優位性を確立できずに，80年代半ば以降EPDに関する検討報告はほとんど聞かれなくなった。しかしその後，分散液をマイクロカプセルに封入した構造の考案[2]や，アクティブマトリクス（AM）技術の発展を受けて，最近になって再び脚光を浴びてきた。それは，AMの適用によりしきい値特性の問題が解消され，マイクロカプセル化によってフレキシブルなシート状表示デバイスが可能となったため，EPDがもともと有する上記のような特長が改めて見直され，この表示媒体が電子ペーパー実現のための有力候補であることが認識されてきたからである[3,4]。

本稿では，まずEPDの原理・特徴を説明した後，開発の歴史を簡単に紹介し，さらに最近の技術動向について述べる。

3.2 EPDの原理・特長

EPDは図1(a)に示すように，一対の対向電極間に電気泳動分散液を挟んだ構造をしている。さらに同図(b)のように，この電気泳動分散液を内包したマイクロカプセルをバインダとともに電極間に封入したものがマイクロカプセル型EPDである。分散液をマイクロカプセルに包含することにより，少なくとも次に挙げるような効果が得られる。

(1) 粒子の沈降や凝集を防止する。

---

* Hideyuki Kawai　セイコーエプソン㈱　テクノロジープラットフォーム研究所
第一研究グループ　主任研究員

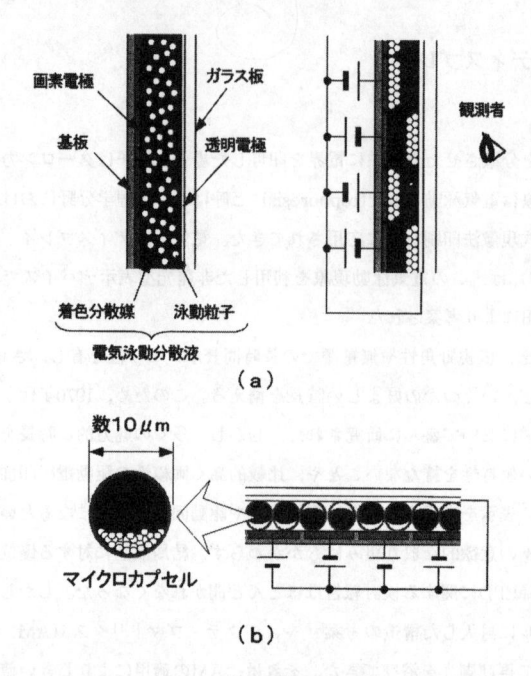

図1 EPDの基本的な構造

(2) 分散液と電極とを電気的に絶縁し，染料の電極反応による変色を防止する。
(3) 分散液の取扱いが容易になり，製造工程を簡略化できる。
(4) 電極材料・形状の選択肢が格段に広がる。
(5) あらゆる形状の面に分散液を塗布可能となる。

また，壁膜による分散液と電極との電気的絶縁は，寿命の向上のみならず消費電流を大幅に低下させることにもつながる。

電気泳動分散液の組成には，表1に示す2つのタイプがあるが，図1では一粒子系の例を示している。対向電極間に電位差を与えるとクーロン力が作用し，電界の方向によって粒子はどちらか一方の電極に引き付けられ，観測者には粒子の色または染料の色が見える。したがって，電極に印加する電圧の極性や大きさ，印加時間などをコントロールすることにより所望の画像を表示することができるのである。

EPDの主な特長を以下に挙げる。
① 染料と顔料による印刷物に近い表示品質

第7章 デジタルペーパー

表1 電気泳動分散液の組成

一粒子系	染色した分散媒＋1種類の顔料粒子
二粒子系	分散媒＋色と帯電特性の異なる2種類以上の顔料粒子

② 無電源での表示メモリ性
③ どの角度からでも良好で均一な視認性
④ 低消費電力
⑤ 高コントラスト
⑥ マイクロカプセル化により，プラスチック基板への表示メディア層形成が容易

このようにEPDが有する特性は，電子ペーパーへの適用に非常に良くマッチングしている。次に，EPDの技術課題について述べる。

粘度ηの分散媒中に分散された半径rで電荷qを有する泳動粒子が電界Eのもとで電気泳動する場合，クーロン力と粘性抵抗との釣り合いから，泳動速度vは次式で表される。

$$v = \frac{qE}{6\pi r\eta}$$

したがって，粒子の電気泳動速度，すなわち表示の応答性を向上するためには，粒子の電荷量qを増加させることが必要である。さらにこの電荷は，温度や分散媒のpHなどの環境条件にかかわらず長期間一定であることが求められる。

泳動粒子としては，無機あるいは有機の顔料粒子が使われる。白色顔料としては酸化チタン，黒色顔料としてはカーボンブラックを用いるケースが多い。粒子に適当なポリマーを吸着することは，粒子の見かけの比重を下げて沈殿を防止するとともに，帯電の安定制御の面でも有効であり，多くの実施例が報告されている[5]。また，粒子径については，散乱／吸収したい光波長や分散性などを考慮して決定する。凝集による二次粒子の形成は，コントラスト，応答性，表示メモリ性，耐久性など，表示デバイスとしての基本的特性を悪化させるため極力防止しなければならない。

分散媒材料には，高絶縁性，高誘電率，低粘度，低融点，高沸点，非揮発性，良好な染料溶解性，無害，耐候性などの特性が要求される。初期のEPD研究では，分散媒としてトルエンやキシレンを使用したり，比重や誘電率調整のためにハロゲン化炭化水素を混合したりするケースが多かったが，安全性の面から避けるべきである。

マイクロカプセル壁およびバインダには「分散液の電気泳動表示特性を保持したまま包含する」といった特殊な条件が要求される。したがって，その材質選定には，電気的（誘電率など），機械的，光学的（透明度，屈折率など），および化学的（分散液との相互作用，調製工程での生成

物など）特性をすべて考慮する必要がある。

　EPDの動作解析には，液体トナーを使用した湿式現像法の解析アプローチの多くを適用できる。しかし液体トナーと異なる点として，EPDにおいては粒子泳動が可逆的であることから，
・表示保持状態では，電極上に堆積した状態で長期安定であること（凝集性）。
・電圧印加時には，速やかに分散し泳動すること（分散性）。
という相反する特性を同時に有することが要求される。このような要求特性を満たすために，適切な分散媒を選択することとともに，粒子の表面処理技術がキーポイントになる。

3.3　開発の歴史

　次に，EPD開発の歴史について過去から時系列的に紹介する。

3.3.1　黎明期・繁栄・衰退

　前述のように，EPDは日本で発明された技術であり，当時湿式現像用の液体トナー開発に携わっていた太田が1968年の末に思い付いたと聞いている[6]。その後すぐに実験を開始して，1969年に基本特許を出願している。興味深いことに，初期の開発は一貫して二粒子系であり，分散媒を着色する発想が出たのは1971年頃とのことである。筆者の知る限り，EPDに関する最初の発表論文は太田らによる文献7）である。

　この発表に触発され，その後，米国Philips社やXEROX社などの有力メーカーが続々と開発に参入し，かなり精力的に論文を発表している。中でも，XEROX社のA.Chiangらによる，シート状媒体への外部からの書き込みの試み[8]は，電子ペーパーのコンセプトの先駆けとして注目に値する。また，EPDの非スレッショルド特性に対応するため，グリッド電極の導入[9]や，グローランプ[10]，バリスタ[11]，などの非線型素子の利用が提案・試作されており，現在から眺めると涙ぐましくもある。

　このように，70年代初めから80年代半ばにかけて，EPDはかなり盛んに研究された。しかし，この帯電粒子の分散という繊細な材料を安定化させるために数々の添加物が加えられ，1986年段階で最大21種類もの成分が使用されるに至ってしまった[12]。このように系があまりにも複雑になったことと，それに伴うコスト上昇のために，EPDの魅力は相対的に薄れ，結局ポストCRTへの道を液晶に譲ることになった。

3.3.2　水面下の開発

　80年代半ばを境に，EPDに関する報告は激減したが，一方，この時期から逆に開発を活発化させた会社があった。フレキシブルサーキット基板最大手の日本メクトロン（以下MEK社）である。MEK社では，1983～4年頃にEPDに注目し始め，一粒子系を中心に研究を進めて，86年までには図2(a)のようなセグメント型パネルの試作を成功させており，さらに，このパネルを用い

第7章 デジタルペーパー

(a) (b)

図2 MEK社のセグメント型EPDパネル

図3 NOKのフレキシブルEPDパネル

247

て同図 (b) のような空手競技用の電子得点盤を製作した。この製品は1993年以降6回の国民体育大会において実際に使用されており，これは，筆者の知る限りEPD応用商品として最初の例である。さらにMEK社では，1987年にはマイクロカプセル化の手法を考案し，基本特許を国内出願している。

その後1994年にEPDの開発は，MEK社から親会社のNOKに移管された（筆者はこの時点から開発に加わった）。NOKではマイクロカプセル化を中心とした開発に主眼が移され，1997年にはフィルム基板を使用したフレキシブルな表示パネルの試作に成功した（図3）。この成果は，1998年に米国SIDにて報告された[13]。

しかしこの期間におけるEPDの開発は，これらMEK，NOK 2 社にほぼ限定されており，ディスプレイ技術としてはまったく注目されない存在であった。しかし，この状況は1997年の米・E-INK社（以下E社）の発足によって大きく変化する。

3.3.3 そして再燃

NOKによるマイクロカプセル型EPDの報告から遡ること1年，1997年のSIDにて，MITメディアラボよりほぼ同じ技術が『Electrophoretic Ink』という名称で紹介され[14]，この技術を商品化すべく開発者4名によりE社が創立された。（ちなみに，NOKとMITとにおける発案・開発はまったく偶然かつ独立になされたものであり，事実，98年のSIDにて両社が初めてお互いの存在を知った時には，筆者を含めて双方かなりの衝撃を受けた。）

このE社の誕生を契機に，再びEPDに対する注目度が再燃することになる。それは，E社の積極的な宣伝活動もさることながら，時を同じくして電子ペーパーに対する期待や興味が世界的に増大してきているという状況も追い風となっている。EPD黎明期には大変苦労していたAM技術も，アモルファスシリコンやポリシリコンTFTの発展によって身近なものになってきており，さらには有機TFTやSi-TFTの剥離技術[15]の出現によりフレキシブル基板上へのAM回路形成も可能となるに至って，これらの技術とEPDとを組み合わせることによって，理想的な電子ペーパーが実現できそうだという期待が膨らみつつあるのである。

3.4 最近の技術動向

ここでは，EPD技術に関する最近のトピックスをいくつか挙げて紹介する。

3.4.1 E-INK社

本技術における先導役は今のところE社であり，同社の登録商標である"e-ink"は，マイクロカプセル型EPDの代名詞となっている。当初はポスターや看板など大型文字のアプリケーションから進出していたが，EPDを用いた電子ペーパーの事業化を目指して，Philips社を始めとしたTFTパネル・メーカー数社と積極的に共同試作を進めている[16,17]。また，凸版印刷との業務提携

第7章 デジタルペーパー

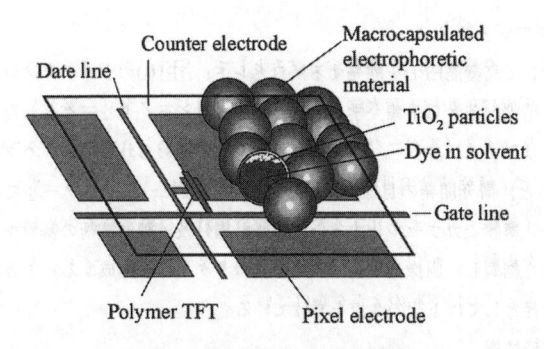

図4 有機TFTを用いたEPDの構造

を行い，カラーフィルターを用いたフルカラー表示への取り組みも進めている[18]。

会社発足当初は，一粒子系，青白表示でコントラスト，動作速度ともに特筆すべきものはなかったが，その後の進歩には目を見張るものがある。白黒の二粒子系でコントラストは格段に向上し，動作速度は動画に対応でき[19]，また駆動電圧波形の工夫により4階調のグレースケールが可能なレベルまで到達している[20]。そして遂に，2004年4月に"e-ink"を搭載した電子書籍読書端末がSONYから発売されるに至り，いよいよEPDも商品段階に突入した。

3.4.2 各社の開発状況

近年，表示パネル・メーカー各社から，電子ペーパー実現を目的としたEPD開発の報告が急増してきている。

セイコーエプソンからは，低温ポリシリコンTFTパネルを用いたQVGAパネルの試作および面積階調法による4段階グレースケール[21]，さらには図4に示すようなインクジェット法で形成された有機TFTとEPDとの組合せ[22]が報告されている。インクジェット技術を適用することにより，大型基板へのTFT形成の容易化が期待できる。

一方キヤノンは，In-Plane型と呼ばれる独自の方式を開発している[23]。これは，粒子を基板に対して平行方向に泳動させて平面内分布を変化させるものである。同社は2004のSIDにおいて，カラー表示のデモンストレーションも行っている。

米・SiPix社では，電気泳動分散媒をマイクロカプセルではなく，フィルム基板上に形成した"Microcup"（同社の登録商標）と呼ばれる微少なセル内に封入する方式を開発している[24]。セル内に分散液を注入した後の上部のシール技術が同社のキーテクノロジーであり，Roll-to-Rollの生産ラインを提唱している。

249

3.4.3 NEDOプロジェクト

ナノ技術を駆使して高機能EPDを開発する試みとして，NEDOのナノテクノロジー・材料技術開発部において，平成14年から千葉大学・北村教授をプロジェクトリーダとした『機能性カプセル活用フルカラーリライタブルペーパープロジェクト』が進められている。本プロジェクトの基本計画書[25]によると，研究開発の目標は，『平成17年度までに，ナノスケールで構造・機能制御された微粒子をナノ薄膜でカプセル化するための設計指針及び製造技術の基盤を確立するとともに，画像表示材料を創製し，画像表示デバイスのプロトタイプを作成する』こととしており，また具体的な検討内容としては下記の3点を挙げている。

① カプセル成形技術
② ナノ機能粒子表面物性制御技術
③ ナノ機能性粒子のカプセル成形技術を用いた画像表示材料の開発と機能評価

前述のようにEPDおよびそのマイクロカプセル化は日本発の技術であるが，現在はE社に先行されている状況である。本プロジェクトの健闘と成功に期待したい。

3.5 おわりに

以上，EPD技術に関して，その原理から最近のトピックスまでを紹介してきた。一部商品化には漕ぎ着けてはいるが，本技術はまだまだ発展途上，言い換えるとまだまだ潜在的な可能性を大きく秘めていると考えている。また，材料の供給に関して，E社のほぼ独占状態であることも，今後の発展に対してある意味で問題であろうと思われる。このユニークな特長を持つ素材に対して，一人でも多くの参入者を得て，そして一日も早く電子ペーパーとしての地位を確立する日が来ることを心から願ってやまない。

文献

1) 太田勲夫，特公昭50-15115
2) 井上修ほか，特開平1-86116
3) B.Comiskey, *et al., Nature,* **394** (16)，pp.253-255（1998）
4) H.Kawai, *et al.,* SID 99 DIGEST, pp.1102-1105（1999）
5) 例えば，太田勲夫，特開昭49-106799 など
6) 太田氏本人との会話，および当時の実験ノートより
7) I.Ota, *et al.,* IEEE Conference on Display Devices, pp.46-50（1972）

第 7 章　デジタルペーパー

8) A.Chiang, *et al.*, SID 79 DIGEST, pp.44-45（1979）
9) B.Singer, A.L.Dalisa, Proceeding of SID, Vol.18/3&4, pp.255-266（1977）
10) I.Ota, et al., Proceeding of SID, Vol.18/3&4, pp.243-254（1977）
11) A.Chiang, *et al.*, SID 80 DIGEST, pp.114-115（1980）
12) K.I.Werner, *et al.*, IEEE Spectrum, p.28（1986）
13) E.Nakamura, *et al.*, SID 98 DIGEST, pp.1014-1017（1998）
14) B.Comiskey, *et al.*, SID 97 DIGEST, pp.75-76（1997）
15) S.Utsunomiya, *et al.*, Eurodisplay 2002, pp.79-82（2002）
16) A.Henzen, *et al.*, SID 03 DIGEST, pp.176-179（2003）
17) K.Amundson, *et al.*, SID 01 DIGEST, pp.160-163（2001）
18) 凸版印刷webサイト http://www.toppan.co.jp/aboutus/release/article474.html
19) T.Whitesides, *et al.*, SID 04 DIGEST, pp.133-135（2004）
20) G.Zhou, *et al.*, IDW'03, pp.239-242（2003）
21) S.Inoue, *et al.*, 2000 IEDM Technical Digest, pp.197-200（2000）
22) T.Kawase, *et al.*, SID 02 Digest, pp.1017-1019（2002）
23) E.Kishi, *et al.*, SID 00 DIGEST, pp.24-27（2000）
24) J.Chung, *et al.*, IDW'03, pp.243-246（2003）
25) NEDO webサイト http://www.nedo.go.jp/nanoshitsu/project/pro23/

《CMCテクニカルライブラリー》発行にあたって

弊社は、1961年創立以来、多くの技術レポートを発行してまいりました。これらの多くは、その時代の最先端情報を企業や研究機関などの法人に提供することを目的としたもので、価格も一般の理工書に比べて遙かに高価なものでした。

一方、ある時代に最先端であった技術も、実用化され、応用展開されるにあたって普及期、成熟期を迎えていきます。ところが、最先端の時代に一流の研究者によって書かれたレポートの内容は、時代を経ても当該技術を学ぶ技術書、理工書としていささかも遜色のないことを、多くの方々が指摘されています。

弊社では過去に発行した技術レポートを個人向けの廉価な普及版《CMCテクニカルライブラリー》として発行することとしました。このシリーズが、21世紀の科学技術の発展にいささかでも貢献できれば幸いです。

2000年12月

株式会社 シーエムシー出版

ディスプレイ材料と機能性色素 (B0911)

2004年 9 月30日　初　版　第 1 刷発行
2010年 2 月24日　普及版　第 1 刷発行

監　修　中澄　博行
発行者　辻　　賢司　　　　　　　Printed in Japan
発行所　株式会社　シーエムシー出版
　　　　東京都千代田区内神田1-13-1　豊島屋ビル
　　　　電話 03 (3293) 2061
　　　　http://www.cmcbooks.co.jp

〔印刷　株式会社 遊文舎〕　　　　　　　ⒸH. Nakazumi, 2010

定価はカバーに表示してあります。
落丁・乱丁本はお取替えいたします。

ISBN978-4-7813-0175-4　C3054　¥3600E

本書の内容の一部あるいは全部を無断で複写（コピー）することは，法律で認められた場合を除き，著作者および出版社の権利の侵害になります。

CMCテクニカルライブラリー のご案内

高分子ゲルの動向
―つくる・つかう・みる―
監修/柴山充弘/梶原莞爾
ISBN978-4-7813-0129-7　　　B892
A5判・342頁　本体4,800円+税　(〒380円)
初版2004年4月　普及版2009年10月

構成および内容:【第1編　つくる・つかう】環境応答(微粒子合成/キラルゲル　他)/力学・摩擦(ゲルダンピング材　他)/医用(生体分子応答性ゲル/DDS応用ゲル　他)/産業(高吸水性樹脂　他)/食品・日用品(化粧品　他)他【第2編　みる・つかう】小角X線散乱によるゲル構造解析/中性子散乱/液晶ゲル/熱測定・食品ゲル/NMR 他
執筆者:青島貞人/金岡鍾局/杉原伸治 他31名

静電気除電の装置と技術
監修/村田雄司
ISBN978-4-7813-0128-0　　　B891
A5判・210頁　本体3,000円+税　(〒380円)
初版2004年4月　普及版2009年10月

構成および内容:【基礎編】自己放電式除電器/交流式除電装置/ブロワー式除電装置/光照射除電装置/大気圧グロー放電/除電効果の測定機器　他【応用編】プラスチック・粉体の除電と問題点/軟X線除電装置の安全性と適用法/液晶パネル製造工程における除電技術/湿度環境改善による静電気障害の予防　他【付録】除電装置製品例一覧
執筆者:久本　光/水谷　豊/菅野　功 他13名

フードプロテオミクス
―食品酵素の応用利用技術―
監修/井上國世
ISBN978-4-7813-0127-3　　　B890
A5判・243頁　本体3,400円+税　(〒380円)
初版2004年3月　普及版2009年10月

構成および内容:食品酵素化学への期待/糖質関連酵素(麹菌グルコアミラーゼ/トレハロース生成酵素　他)/タンパク質・アミノ酸関連酵素(サーモライシン/システイン・ペプチダーゼ　他)/脂質関連酵素/酸化還元酵素(スーパーオキシドジスムターゼ/クルクミン還元酵素　他)/食品分析と食品加工(ポリフェノールバイオセンサー　他)
執筆者:新田康則/三宅英雄/秦　洋二 他29名

美容食品の効用と展望
監修/猪居　武
ISBN978-4-7813-0125-9　　　B888
A5判・279頁　本体4,000円+税　(〒380円)
初版2004年3月　普及版2009年9月

構成および内容:総論(市場　他)/美容要因とそのメカニズム(美白/美肌/ダイエット/抗ストレス/皮膚の老化/男性型脱毛)/効用と作用物質(ビタミン/アミノ酸・ペプチド・タンパク質/脂質/カロテノイド色素/植物性成分/微生物成分(乳酸菌、ビフィズス菌)/キノコ成分/無機成分/特許から見た企業別技術開発の動向/展望
執筆者:星野　拓/宮本　達/佐藤友里恵 他24名

土壌・地下水汚染
―原位置浄化技術の開発と実用化―
監修/平田健正/前川統一郎
ISBN978-4-7813-0124-2　　　B887
A5判・359頁　本体5,000円+税　(〒380円)
初版2004年4月　普及版2009年9月

構成および内容:【総論】原位置浄化技術について/原位置浄化の進め方【基礎編―原理,適用事例,注意点―】原位置抽出法/原位置分解法【応用編】浄化技術(土壌ガス・汚染地下水の処理技術/重金属等の原位置浄化技術/バイオベンティング・バイオスラーピング工法　他)/実際事例(ダイオキシン類汚染土壌の現地無害化処理　他)
執筆者:村田正敏/手塚裕樹/奥村興平 他48名

傾斜機能材料の技術展開
編集/上村誠一/野田泰稔/篠原嘉一/渡辺義見
ISBN978-4-7813-0123-5　　　B886
A5判・361頁　本体5,000円+税　(〒380円)
初版2003年10月　普及版2009年9月

構成および内容:傾斜機能材料の概観/エネルギー分野(ソーラーセル　他)/生体機能分野(傾斜機能型人工歯根　他)/高分子分野/オプトデバイス分野/電気・電子デバイス分野(半導体レーザ/誘電率傾斜基板　他)/接合・表面処理分野(傾斜機能構造CVDコーティング切削工具　他)/熱応力緩和機能分野(宇宙往還機の熱防護システム　他)
執筆者:鴇田正雄/野口博徳/武内浩一 他41名

ナノバイオテクノロジー
―新しいマテリアル,プロセスとデバイス―
監修/植田充弘
ISBN978-4-7813-0111-2　　　B885
A5判・429頁　本体6,200円+税　(〒380円)
初版2003年10月　普及版2009年8月

構成および内容:マテリアル(ナノ構造の構築/ナノ有機・高分子マテリアル/ナノ無機マテリアル　他)/インフォーマティクス/プロセスとデバイス(バイオチップ・センサー開発/抗体マイクロアレイ/マイクロ質量分析システム　他)/応用展開(ナノメディシン/遺伝子導入法/再生医療/蛍光分子イメージング　他)
執筆者:渡邉英一/阿尻雅文/細川和生 他68名

コンポスト化技術による資源循環の実現
監修/木村俊範
ISBN978-4-7813-0110-5　　　B884
A5判・272頁　本体3,800円+税　(〒380円)
初版2003年10月　普及版2009年8月

構成および内容:【基礎】コンポスト化の基礎と要件/脱臭/コンポストの評価　他【応用技術】農業・畜産廃棄物のコンポスト化/生ごみ・食品残さのコンポスト化/技術開発と応用事例(バイオ式家庭用生ごみ処理機/余剰汚泥のコンポスト化　他)【総括】循環型社会にコンポスト化技術を根付かせるために(技術的課題/政策的課題　他)
執筆者:藤本　潔/西尾道徳/井上高一 他16名

※ 書籍をご購入の際は、最寄りの書店にご注文いただくか、㈱シーエムシー出版のホームページ(http://www.cmcbooks.co.jp/)にてお申し込み下さい。

CMCテクニカルライブラリーのご案内

ゴム・エラストマーの界面と応用技術
監修／西 敏夫
ISBN978-4-7813-0109-9　　　　B883
A5判・306頁　本体4,200円＋税（〒380円）
初版2003年9月　普及版2009年8月

構成および内容：【総論】【ナノスケールで見た界面】高分子三次元ナノ計測／分子力学物性 他【ミクロで見た界面と機能】走査型プローブ顕微鏡による解析／リアクティブプロセシング／オレフィン系ポリマーアロイ／ナノマトリックス分散天然ゴム 他【界面制御と機能化】ゴム再生プロセス／水添NBR系ナノコンポジット／免震ゴム 他
執筆者：村瀬平八／森田裕史／高原 淳 他16名

医療材料・医療機器
――その安全性と生体適合性への取り組み――
編集／土屋利江
ISBN978-4-7813-0102-0　　　　B882
A5判・258頁　本体3,600円＋税（〒380円）
初版2003年11月　普及版2009年7月

構成および内容：生物学的試験（マウス感作性／抗原性／遺伝毒性）／力学的試験（人工関節用ポリエチレンの磨耗／整形インプラントの耐久性）／生体適合性（人工血管／骨セメント）／細胞組織医療機器の品質評価（バイオ皮膚）／プラスチック製医療用具からのフタル酸エステル類の溶出特性とリスク評価／埋植医療機器の不具合報告 他
執筆者：五十嵐良明／矢上 健／松岡厚子 他41名

ポリマーバッテリーⅡ
監修／金村聖志
ISBN978-4-7813-0101-3　　　　B881
A5判・238頁　本体3,600円＋税（〒380円）
初版2003年9月　普及版2009年7月

構成および内容：負極材料（炭素材料／ポリアセン・PAHs系材料）／正極材料（導電性高分子／有機硫黄系化合物／無機材料・導電性高分子コンポジット）／電解質（ポリエーテル系固体電解質／高分子ゲル電解質／支持塩 他）／セパレーター／リチウムイオン電池用ポリマーバインダー／キャパシタ用ポリマー／ポリマー電池の用途と開発 他
執筆者：高見則雄／矢田静邦／天池正登 他18名

細胞死制御工学
～美肌・皮膚防護バイオ素材の開発～
編著／三羽信比古
ISBN978-4-7813-0100-6　　　　B880
A5判・403頁　本体5,200円＋税（〒380円）
初版2003年8月　普及版2009年7月

構成および内容：【次世代バイオ化粧品・美肌健康食品】皮脂改善／セルライト抑制／毛穴引き締め【美肌バイオプロダクト】可食植物成分配合製品／キトサン応用抗酸化製品【バイオ化粧品とハイテク美容機器】イオン導入／エンダモロジー【ナノ・バイオテクと遺伝子治療】活性酸素消去／サンスクリーン剤【効能評価】【分子設計】他
執筆者：澄田道博／永井彩子／鈴木清香 他106名

ゴム材料ナノコンポジット化と配合技術
編集／鞠谷信三／西敏夫／山口幸一／秋葉光雄
ISBN978-4-7813-0087-0　　　　B879
A5判・323頁　本体4,600円＋税（〒380円）
初版2003年7月　普及版2009年6月

構成および内容：【配合設計】HNBR／加硫系薬剤／シランカップリング剤／白色フィラー／不溶性硫黄／カーボンブラック／シリカ・カーボン複合フィラー／難燃剤（EVA他）／相溶化剤／加工助剤 他【ゴム系ナノコンポジットの材料】ゾル-ゲル法／動的架橋型熱可塑性エラストマー／医療材料／耐熱性／配合と金型設計／接着／TPE 他
執筆者：妹尾政宣／竹村泰彦／細谷 護 他19名

有機エレクトロニクス・フォトニクス材料・デバイス
―21世紀の情報産業を支える技術―
監修／長村利彦
ISBN978-4-7813-0086-3　　　　B878
A5判・371頁　本体5,200円＋税（〒380円）
初版2003年9月　普及版2009年6月

構成および内容：【材料】光学材料（含フッ素ポリイミド 他）／電子材料（アモルファス分子材料／カーボンナノチューブ 他）【プロセス・評価】配向・配列制御／微細加工【機能・基盤】変換／伝送／記録／変調・演算／蓄積・貯蔵（リチウム系二次電池）【新デバイス】pn接合有機太陽電池／燃料電池／有機ELディスプレイ用発光材料 他
執筆者：城井靖彦／和田善玄／安藤慎治 他35名

タッチパネル――開発技術の進展――
監修／三谷雄二
ISBN978-4-7813-0085-6　　　　B877
A5判・181頁　本体2,600円＋税（〒380円）
初版2004年12月　普及版2009年6月

構成および内容：光学式／赤外線イメージセンサー方式／超音波表面弾性波方式／SAW方式／静電容量式／電磁誘導方式デジタイザ／抵抗膜式／スピーカー一体型／携帯端末向けフィルム／タッチパネル用印刷インキ／抵抗膜式タッチパネルの評価方法と装置／凹凸テクスチャ感を表現する静電触感ディスプレイ／画面特性とキーボードレイアウト
執筆者：伊勢有一／大久保論隆／齊藤典生 他17名

高分子の架橋・分解技術
-グリーンケミストリーへの取組み-
監修／角岡正弘／白井正充
ISBN978-4-7813-0084-9　　　　B876
A5判・299頁　本体4,200円＋税（〒380円）
初版2004年6月　普及版2009年5月

構成および内容：【基礎と応用】架橋剤と架橋反応（フェノール樹脂 他）／架橋構造の解析（紫外線硬化樹脂／フォトレジスト用感光剤）／機能性高分子の合成（可逆的架橋／光架橋・熱分解系）【機能性材料開発の最近の動向】熱を利用した架橋反応／UV硬化システム／電子線・放射線利用／リサイクルおよび機能性材料合成のための分解反応 他
執筆者：松本 昭／石倉慎一／合屋文明 他28名

※書籍をご購入の際は、最寄りの書店にご注文ください。
㈱シーエムシー出版のホームページ（http://www.cmcbooks.co.jp/）にてお申し込み下さい。

CMCテクニカルライブラリーのご案内

バイオプロセスシステム
-効率よく利用するための基礎と応用-
編集／清水 浩
ISBN978-4-7813-0083-2　　　　B875
A5判・309頁　本体4,400円＋税（〒380円）
初版2002年11月　普及版2009年5月

構成および内容：現状と展開（ファジィ推論／遺伝アルゴリズム 他）／バイオプロセス操作と培養装置（酸素移動現象と微生物反応の関わり）／計測技術（プロセス変数／物質濃度 他）／モデル化・最適化（遺伝子ネットワークモデリング）／培養プロセス制御（流加培養 他）／代謝工学（代謝フラックス解析 他）／応用（嗜好食品品質評価／医用工学）他
執筆者：吉田敏臣／滝口 昇／岡本正宏 他22名

導電性高分子の応用展開
監修／小林征男
ISBN978-4-7813-0082-5　　　　B874
A5判・334頁　本体4,600円＋税（〒380円）
初版2004年4月　普及版2009年5月

構成および内容：【開発】電気伝導／パターン形成法／有機ELデバイス【応用】線路形素子／二次電池／湿式太陽電池／有機半導体／熱電変換機能／アクチュエータ／防食被覆／調光ガラス／帯電防止材料／ポリマー薄膜トランジスタ【特ράν】出願動向【欧米における開発動向】ポリマー薄膜フィルムトランジスタ／新世代太陽電池 他
執筆者：中川善嗣／大森 裕／深海 隆 他18名

バイオエネルギーの技術と応用
監修／柳下立夫
ISBN978-4-7813-0079-5　　　　B873
A5判・285頁　本体4,000円＋税（〒380円）
初版2003年10月　普及版2009年4月

構成および内容：【熱化学的変換技術】ガス化技術／バイオディーゼル【生物化学的変換技術】メタン発酵／エタノール発酵【応用】石炭・木質バイオマス混焼技術／廃材を使った熱電供給の発電所／コージェネレーションシステム／木質バイオマスーペレット製造／焼酎副産物リサイクル設備／自動車用燃料製造装置／バイオマス発電の海外展開
執筆者：田中忠良／松村幸彦／美濃輪智朗 他35名

キチン・キトサン開発技術
監修／平野茂博
ISBN978-4-7813-0065-8　　　　B872
A5判・284頁　本体4,200円＋税（〒380円）
初版2004年3月　普及版2009年4月

構成および内容：分子構造（βキチンの成層化合物形成）／溶媒／分解／化学修飾／酵素（キトサナーゼ／アロサミジン）／遺伝子（海洋細菌のキチン分解機構）／バイオ農林業（人工樹皮：キチンによる樹木皮組織の創傷治癒）／医薬・医療／食（ガン細胞障害活性テスト）／化粧品／工業（無電解めっき用前処理剤／生分解性高分子複合材料） 他
執筆者：金成正和／奥山健二／斎藤幸恵 他36名

次世代光記録材料
監修／奥田昌宏
ISBN978-4-7813-0064-1　　　　B871
A5判・277頁　本体3,800円＋税（〒380円）
初版2004年1月　普及版2009年4月

構成および内容：【相変化記録とブルーレーザー光ディスク】相変化電子メモリ／相変化チャンネルトランジスタ／Blu-ray Disc技術／青紫色半導体レーザ／ブルーレーザー対応酸化物系追記型光記録膜 他【超高密度光記録技術と材料】近接場光記録／3次元多層光メモリ／ホログラム光記録と材料／フォトンモード分子光メモリと材料 他
執筆者：寺尾元康／影山嘉之／柚須圭一郎 他23名

機能性ナノガラス技術と応用
監修／平尾一之／田中修平／西井準治
ISBN978-4-7813-0063-4　　　　B870
A5判・214頁　本体3,400円＋税（〒380円）
初版2003年12月　普及版2009年3月

構成および内容：【ナノ粒子分散・析出技術】アサーマル・ナノガラス【ナノ構造形成技術】高次構造化／有機-無機ハイブリッド（気孔配向膜／ゾルゲル法）／外部操作【光回路用技術】三次元ナノガラス光回路【光メモリ用技術】集光機能（光ディスクの市場／コバルト酸化物薄膜）／光メモリヘッド用ナノガラス（埋め込み回折格子） 他
執筆者：永金知浩／中澤達洋／山下 勝 他15名

ユビキタスネットワークとエレクトロニクス材料
監修／宮代文夫／若林信一
ISBN978-4-7813-0062-7　　　　B869
A5判・315頁　本体4,400円＋税（〒380円）
初版2003年12月　普及版2009年3月

構成および内容：【テクノロジードライバ】携帯電話／ウェアラブル機器／RFIDタグチップ／マイクロコンピュータ／センシング・システム【高分子エレクトロニクス材料】エポキシ樹脂の高性能化／ポリイミドフィルム／有機発光デバイス用材料【新技術・新材料】超高速ディジタル信号伝送／MEMS技術／ポータブル燃料電池／電子ペーパー 他
執筆者：福岡義孝／八甫谷彦朝／桐 智 他23名

アイオノマー・イオン性高分子材料の開発
監修／矢野紳一／平沢栄作
ISBN978-4-7813-0048-1　　　　B866
A5判・352頁　本体5,000円＋税（〒380円）
初版2003年9月　普及版2009年2月

構成および内容：定義，分類と化学構造／イオン会合体（形成と構造／転移）／物性・機能（スチレンアイオノマー／ESR分光法／多重共鳴法／イオンホッピング／溶液物性／圧力センサー機能／永久帯電 他）／応用（エチレン系アイオノマー／ポリマー改質剤／燃料電池用高分子電解質膜／スルホン化EPDM／歯科材料（アイオノマーセメント） 他
執筆者：池田裕子／沓水祥一／舘野 均 他18名

※書籍をご購入の際は，最寄りの書店にご注文いただくか，㈱シーエムシー出版のホームページ（http://www.cmcbooks.co.jp/）にてお申し込み下さい。

CMCテクニカルライブラリーのご案内

マイクロ/ナノ系カプセル・微粒子の応用展開
監修／小石眞純
ISBN978-4-7813-0047-4　B865
A5判・332頁　本体4,600円+税（〒380円）
初版2003年8月　普及版2009年2月

構成および内容：【基礎と設計】ナノ医療：ナノロボット 他／【応用】記録・表示材料（重合法トナー 他）／ナノパーティクルによる薬物送達／化粧品・香料／食品（ビール酵母／バイオカプセル 他）／農薬／土木・建築（球状セメント 他）【微粒子技術】コアーシェル構造球状シリカ系粒子／金・半導体系ナノ粒子／Pbフリーはんだボール 他

執筆者：山下 俊／三島健司／松山 清 他39名

感光性樹脂の応用技術
監修／赤松 清
ISBN978-4-7813-0046-7　B864
A5判・248頁　本体3,400円+税（〒380円）
初版2003年8月　普及版2009年1月

構成および内容：医療用（歯科領域／生体接着・創傷被覆剤／光硬化性キトサンゲル）／光硬化、熱硬化併用樹脂（接着剤のシート化）／印刷（フレキソ印刷／スクリーン印刷）／エレクトロニクス（層間絶縁膜材料／可視光硬化型シール剤／半導体ウェハ加工用粘・接着テープ）／塗料、インキ（無機・有機ハイブリッド塗料／デュアルキュア塗料）他

執筆者：小出 武／石原雅之／岸本芳男 他16名

電子ペーパーの開発技術
監修／面谷 信
ISBN978-4-7813-0045-0　B863
A5判・212頁　本体3,000円+税（〒380円）
初版2001年11月　普及版2009年1月

構成および内容：【各種方式（要素技術）】非水系電気泳動型電子ペーパー／サーマルリライタブル／カイラルネマチック液晶／フォトンモードでのフルカラー書き換え記録方式／エレクトロクロミック方式／消去再生可能な乾式トナー作像方式／【応用開発技術】理想的ヒューマンインターフェース条件／ブックオンデマンド／電子黒板等

執筆者：堀田吉彦／関根啓子／植田秀昭 他11名

ナノカーボンの材料開発と応用
監修／篠原久典
ISBN978-4-7813-0036-8　B862
A5判・300頁　本体4,200円+税（〒380円）
初版2003年8月　普及版2008年12月

構成および内容：【現状と展望】カーボンナノチューブ 他【基礎科学】ピーポッド 他【合成技術】アーク放電法によるナノカーボン／金属内包フラーレンの量産技術／2層ナノチューブ【実際技術】燃料電池／フラーレン誘導体を用いた有機太陽電池／水素吸着現象／LSI配線ビア／単一電子トランジスター／電気二重層キャパシター／導電性樹脂

執筆者：宍戸 潔／加藤 誠／加藤立久 他29名

プラスチックハードコート応用技術
監修／井手文雄
ISBN978-4-7813-0035-1　B861
A5判・177頁　本体2,600円+税（〒380円）
初版2004年3月　普及版2008年12月

構成および内容：【材料と特性】有機系（アクリレート系／シリコーン系 他）／無機系／ハイブリッド系（光カチオン硬化型 他）【応用技術】自動車用部品／携帯電話向けUV硬化型ハードコート剤／眼鏡レンズ（ハイインパクト加工 他）／建築材料（建材化粧シート／環境問題 他）／光ディスク【市場動向】PVC床コーティング／樹脂ハードコート 他

執筆者：栢木 實／佐々木裕／山谷正明 他8名

ナノメタルの応用開発
編集／井上明久
ISBN978-4-7813-0033-7　B860
A5判・300頁　本体4,200円+税（〒380円）
初版2003年8月　普及版2008年11月

構成および内容：機能材料（ナノ結晶軟磁性合金／バルク合金／水素吸蔵 他）／構造用材料（高強度軽合金／原子力材料／蒸着ナノAl合金 他）／分析・解析技術（高分解能電子顕微鏡／放射光回折・分光法 他）／製造技術（粉末固化成形／放電焼結法／微細精密加工／電解析出法 他）／応用（時効析出アルミニウム合金／ピーニング用高硬度投射材 他）

執筆者：牧野彰宏／沈 宝龍／福永博俊 他49名

ディスプレイ用光学フィルムの開発動向
監修／井手文雄
ISBN978-4-7813-0032-0　B859
A5判・217頁　本体3,200円+税（〒380円）
初版2004年2月　普及版2008年11月

構成および内容：【光学高分子フィルム】設計／製膜技術 他【偏光フィルム】高機能性／染系系 他【位相差フィルム】λ/4波長板 他【輝度向上フィルム】集光フィルム・プリズムシート 他【バックライト用】導光板／反射シート 他【プラスチックLCD用フィルム基板】ポリカーボネート／プラスチックTFT 他【反射防止】ウェットコート 他

執筆者：綱島研二／斎藤 拓／善如寺芳弘 他19名

ナノファイバーテクノロジー －新産業発掘戦略と応用－
監修／本宮達也
ISBN978-4-7813-0031-3　B858
A5判・457頁　本体6,400円+税（〒380円）
初版2004年2月　普及版2008年10月

構成および内容：【総論】現状と展望（ファイバーにみるナノサイエンス 他）／海外の現状【基礎】ナノ紡糸（カーボンナノチューブ 他）／ナノ加工（ポリマークレイナノコンポジット／ナノボイド 他）／ナノ計測（走査プローブ顕微鏡 他）【応用】ナノバイオニック産業（バイオチップ 他）／環境調和エネルギー産業（バッテリーセパレータ 他）他

執筆者：梶 慶輔／梶原莞爾／赤池敏宏 他60名

※書籍をご購入の際は、最寄りの書店にご注文いただくか、
㈱シーエムシー出版のホームページ（http://www.cmcbooks.co.jp/）にてお申し込み下さい。

CMCテクニカルライブラリーのご案内

有機半導体の展開
監修／谷口彬雄
ISBN978-4-7813-0030-6　　　　　B857
A5判・283頁　本体4,000円+税　（〒380円）
初版2003年10月　普及版2008年10月

構成および内容：【有機半導体素子】有機トランジスタ／電子写真用感光体／有機LED（リン光材料 他）／色素増感太陽電池／二次電池／コンデンサ／圧電・焦電／インテリジェント材料（カーボンナノチューブ）／薄膜から単一分子デバイスへ 他【プロセス】分子配列・配向制御／有機エピタキシャル成長／超薄膜作製／インクジェット製膜【索引】
執筆者：小林俊介／堀田 収／柳 久雄 他23名

イオン液体の開発と展望
監修／大野弘幸
ISBN978-4-7813-0023-8　　　　　B856
A5判・255頁　本体3,600円+税　（〒380円）
初版2003年2月　普及版2008年9月

構成および内容：合成（アニオン交換法／酸エステル法 他）／物理化学（極性評価／イオン拡散係数 他）／機能性溶媒（反応場への適用／分離・抽出溶媒／光化学反応 他）／機能設計（イオン伝導／液晶型／非ハロゲン系 他）／高分子化（イオンゲル／両性電解質型／DNA 他）／イオニクスデバイス（リチウムイオン電池／太陽電池／キャパシタ 他）
執筆者：萩原理加／宇恵 誠／菅 孝剛 他25名

マイクロリアクターの開発と応用
監修／吉田潤一
ISBN978-4-7813-0022-1　　　　　B855
A5判・233頁　本体3,200円+税　（〒380円）
初版2003年1月　普及版2008年9月

構成および内容：【マイクロリアクターとは】特長／構造体・製作技術／流体の制御と計測技術 他【世界の最先端の研究動向】化学合成・エネルギー変換・バイオプロセス／化学工業のための新生技術 他【マイクロ合成化学】有機合成反応／触媒反応と重合反応【マイクロ化学工学】マイクロ単位操作研究／マイクロ化学プラントの設計と制御
執筆者：菅原 徹／細川和生／藤井輝夫 他22名

帯電防止材料の応用と評価技術
監修／村田雄司
ISBN978-4-7813-0015-3　　　　　B854
A5判・211頁　本体3,000円+税　（〒380円）
初版2003年7月　普及版2008年8月

構成および内容：処理剤（界面活性剤系／シリコン系／有機ホウ素系 他）／ポリマー材料（金属薄膜形成帯電防止フィルム 他）／繊維（導電材料混入型／金属化合物型 他）／用途別（静電気対策包装材料／グラスライニング／衣料 他）／評価技術（エレクトロメータ／電荷減衰測定／空間電荷分布の計測 他）／評価基準（床，作業表面，保管棚 他）
執筆者：村田雄司／後藤伸也／細川泰徳 他19名

強誘電体材料の応用技術
監修／塩嵜 忠
ISBN978-4-7813-0014-6　　　　　B853
A5判・286頁　本体4,000円+税　（〒380円）
初版2001年12月　普及版2008年8月

構成および内容：【材料の製法，特性および評価】酸化物単結晶／強誘電体セラミックス／高分子材料／薄膜（化学溶液堆積法 他）／強誘電性液晶／コンポジット【応用とデバイス】誘電（キャパシタ 他）／圧電（弾性表面波デバイス／フィルタ／アクチュエータ 他）／焦電・光学／記憶・記録・表示デバイス【新しい現象および評価法】材料，製法
執筆者：小松隆一／竹中 正／田實佳郎 他17名

自動車用大容量二次電池の開発
監修／佐藤登／境 哲男
ISBN978-4-7813-0009-2　　　　　B852
A5判・275頁　本体3,800円+税　（〒380円）
初版2003年12月　普及版2008年7月

構成および内容：【総論】電動車両システム／市場展望【ニッケル水素電池】材料技術／ライフサイクルデザイン【リチウムイオン電池】電解液と電極の最適化による長寿命化／劣化機構の解析／安全性【鉛電池】42Vシステムの展望【キャパシタ】ハイブリッドトラック・バス【電気自動車とその周辺技術】電動コミュータ／急速充電器 他
執筆者：堀江英明／竹下秀夫／押谷政彦 他19名

ゾル-ゲル法応用の展開
監修／作花済夫
ISBN978-4-7813-0007-8　　　　　B850
A5判・208頁　本体3,000円+税　（〒380円）
初版2000年5月　普及版2008年7月

構成および内容：【総論】ゾル-ゲル法の概要【プロセス】ゾルの調製／ゲル化と無機バルク体の形成／有機・無機ナノコンポジット／セラミックス繊維／乾燥，焼結【応用】ゾル-ゲル法バルク体の応用／薄膜材料／粒子・粉末材料／ゾル-ゲル法応用の新展開（微細パターニング／太陽電池／蛍光体／高活性触媒／木材改質／その他の応用 他
執筆者：平野眞一／余語利信／坂本 渉 他28名

白色LED照明システム技術と応用
監修／田口常正
ISBN978-4-7813-0008-5　　　　　B851
A5判・262頁　本体3,600円+税　（〒380円）
初版2003年6月　普及版2008年6月

構成および内容：白色LED研究開発の状況：歴史的背景／光源の基礎特性／発光メカニズム／青色LED，近紫外LEDの作製（結晶成長／デバイス作製 他）／高効率近紫外LEDと白色LED（ZnSe系白色LED 他）／実装化技術（蛍光体とパッケージング 他）／応用と実用化（一般照明装置の製品化 他）／海外の動向，研究開発予測および市場性 他
執筆者：内田裕士／森 哲／山田陽一 他24名

※ 書籍をご購入の際は、最寄りの書店にご注文ください。
㈱シーエムシー出版のホームページ（http://www.cmcbooks.co.jp/）にてお申し込み下さい。